L'Erreur de Darwin

La seule possibilité pour les partisans de la théorie de l'évolution, c'est d'ignorer les preuves (...)

C'est d'ailleurs ce qu'ils font, et cela va logiquement jusqu'à la diffamation personnelle des chercheurs concernés.

Ce qui contredit l'opinion officielle n'est pas pris en compte, et est si possible transformé en objet de risée par la polémique.

Car si l'on reconnaissait l'authenticité d'une seule découverte, presque tous les livres spécialisés ainsi que les programmes scolaires liés aux orientations spécialisées correspondantes devraient être réécrits (...)

On se sent plongé dans l'obscur Moyen-Âge, quand la science et l'Église avaient établi irrévocablement que la Terre était plate.

Hans-Joachim Zillmer
Darwins Irrtum
Vorsintflutliche Funde beweisen: Dinosaurier und Menschen lebten gemeinsam
LangenMüller
Aktualisierte Auflage des Bestsellers: Bestätigte Thesen

H-T
-3B
R

Hans-Joachim Zilmmer

L'Erreur de Darwin

Traduit de l'allemand par Marc Géraud
édition actualisée

Le jardin des Livres
Paris

Sur notre site www.lejardindeslivres.fr vous pouvez lire 50 pages de chaque livre publié. Vous pouvez même envoyer les premiers chapitres de ce livre à vos amis et relations par e-mail :

www.lejardindeslivres.fr/darwin.htm	Html
www.lejardindeslivres.fr/PDF/darwin.pdf	Pdf

243 bis, Boulevard Pereire – Paris 75827 Cedex 17
tel : 01 44 09 08 78

www.lejardindeslivres.fr
ISBN : 9782-914569-989

« Les particules de suie dans l'atmosphère réfléchissaient la lumière et intensifièrent l'assèchement de la surface terrestre.

Les éléments éjectés tombant sur la terre, déjà refroidis, furent à nouveau fondus à une distance qui allait jusqu'à 1000 km.

Le ciel brûlait et tomba littéralement sous forme d'un nuage incandescent et destructeur sur la surface de la Terre ».

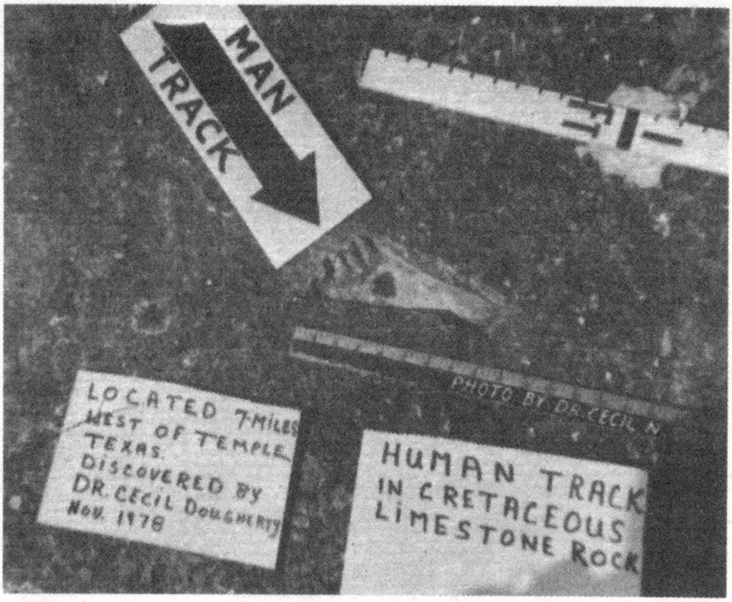
MAN TRACK
LOCATED 7-MILES WEST OF TEMPLE TEXAS. DISCOVERED BY DR. CECIL DOUGHERTY NOV. 1978
PHOTO BY DR. CECIL N
HUMAN TRACK IN CRETACEOUS LIMESTONE ROCK

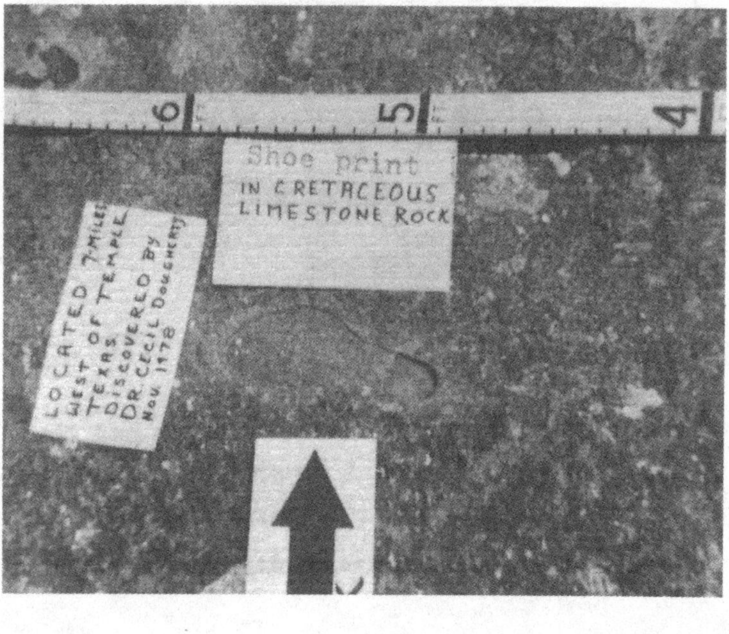
6
5
4
Shoe print IN CRETACEOUS LIMESTONE ROCK
LOCATED 7-MILES WEST OF TEMPLE TEXAS DISCOVERED BY DR. CECIL DOUGHERTY NOV. 1978

Image 1 : une couche de calcaire au bord de la Paluxy River à Glen Rose (Texas), devant laquelle une piste de traces de dinosaures se terminait (photo 3), a été emportée : la série des empreintes pétrifiées (flèche dans le sens de la marche) continue tout droit. Sous la couche rocheuse, on découvrit de nouveau une série d'empreintes pétrifiées de pieds humains T1 à T3 qui jusqu'à présent était cachée sous la couche rocheuse et se situe obliquement par rapport au sens de la marche du dinosaure.

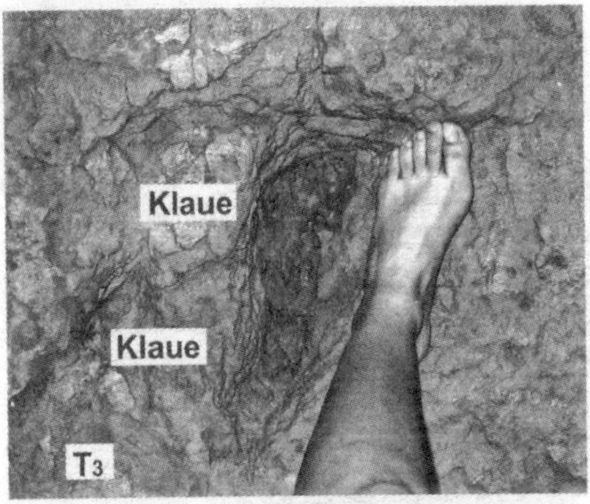

Image 2 : l'empreinte de pied humain T3 de cette série de trois empreintes se trouve au milieu d'une trace de dinosaure à trois doigts. L'empreinte se trouve encore dans la couche originale.

Image 3 : agrandissement de l'empreinte pétrifiée en comparaison avec le pied gauche de Larissa Zillmer en 2001, entrepris sur la réplique de l'empreinte T3 au Creation Evidences Museum de Glen Rose. L'empreinte de pied humain a été assombrie pour être reconnaissable.

Image 4 : même considérée sous un autre angle de vue, il est parfaitement possible de faire entrer le pied humain dans l'empreinte existante ; essai fait sur l'empreinte pétrifiée originale T3.

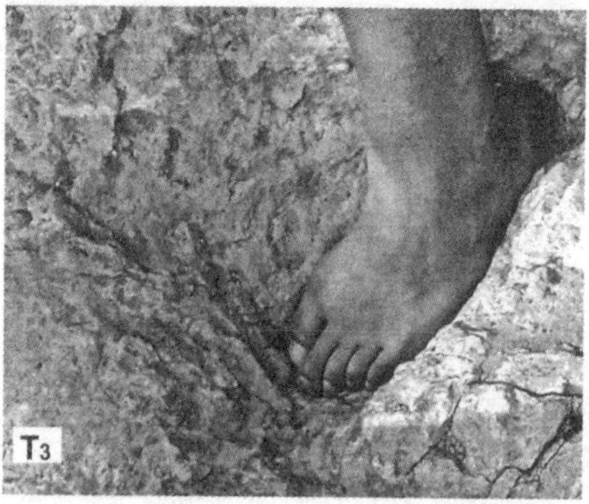

Image 5 : l'empreinte de pied T2 moyenne, conservée de manière seulement partielle, dans la série de trois empreintes de pied humain. À côté à gauche se trouve le pied droit de Larissa. Les flèches indiquent une surélévation au niveau de la surface du sol.

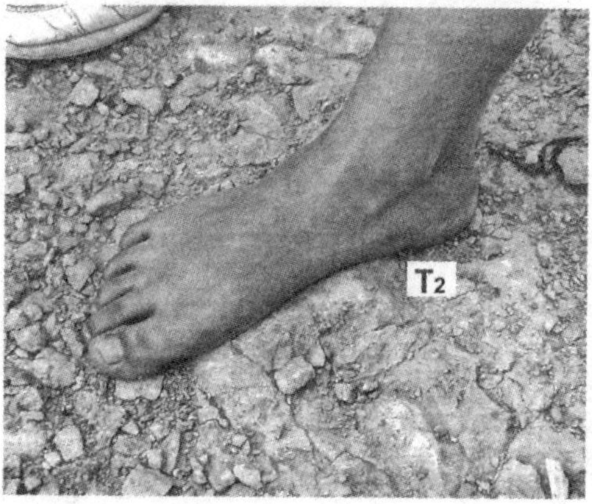

Image 6 : on voit que la surélévation du fond, au bord de l'empreinte T2, s'adapte parfaitement à la face intérieure relevée de la partie moyenne du pied humain. En tout, on a une série de trois empreintes de pied humain distantes d'un pas, dans la succession gauche-droite-gauche.

« On a trouvé, dans les couches d'argile de la limite, de la suie qui provient principalement de forêts de conifères brûlés et de leur résine.

Certaines traditions de l'Inde ancienne parlent de pluie de charbon de bois incandescent »

Remerciements

Je les dois à tous ceux qui ont cru en ce projet inhabituel et l'ont soutenu. En particulier à mon lecteur Hermann Hemminger, qui a toujours soutenu mon travail et a contribué grâce à de précieux tuyaux à l'amélioration du manuscrit, et à l'ensemble de la maison d'édition, surtout la direction de l'édition, qui a été assez courageuse pour publier un livre qui secoue puissamment les fondements de notre image du monde.

Sans l'autorisation d'imprimer les images du Dr Carl Baugh, du Dr Don Patton et du Dr Cecil Dougherty, une documentation exhaustive des découvertes de Glen Rose n'aurait pas été possible. Merci cordialement ! Mais c'est aussi Zecharia Sitchin, Bernard Roidinger, John D. Morris, Peter Krassa, Dr Albert Vollmer, Robert V. Gentry, Robert Helfinstine, Erdogan Ercivan et le Natural Resources Canada que je remercie pour l'autorisation d'imprimer les bonnes images informatives présentées dans ce livre.

Enfin, je voudrais remercier ma famille qui m'a fourni une aide supplémentaire dans la période de développement de ce projet de livre qui a duré plus de deux ans et qui m'a accompagné au Texas. Ma fille Larissa a activement accompli avec moi, par une chaleur brûlante et dans les conditions les plus pénibles, un dur travail dans la Paluxy River : qu'elle en soit particulièrement remerciée.

Je souhaite ne pas remercier M. Franz Ossing du GeoForschungsZentrum de Potsdam, qui m'a strictement interdit d'imprimer la « pomme de terre » (notre Terre) générée grâce aux données satellitaires.

Je voudrais m'excuser auprès de tous les scientifiques qui travaillent consciencieusement. Malheureusement, ils arrivent souvent à des résultats erronés, parce que les nouvelles recherches, le plus souvent excellentes, sont interprétées depuis le point de vue de théories et de dogmes dépassés. Les modèles de pensée des scientifiques, situés à la base de notre image scientifique du monde, qui date de deux siècles, sont pourtant obsolètes et doivent être fondamentalement repensés.

Hans-Joachim Zillmer

Des idées et des théories qui contredisaient les notions que l'on a de l'histoire de la Terre et de l'évolution, ont été confirmées depuis la première édition de l'*Erreur de Darwin* :

a) L'action des « super » raz-de-marées a été plusieurs fois confirmée :

- Vagues d'une hauteur atteignant jusqu'à 130 m en Australie il y a 6000 et il y a 400 à 500 ans (*Natural Hazards*, vol. 24, 2001, p. 231-249).
- Un raz de marée haut de 500 mètres il y a prétendument 120 000 ans à Hawaï (*Geology*, vol. 32, n° 9, septembre 2004, p 741-744).
- Des « super » raz-de-marée ont rempli plusieurs lacs qui n'existent plus aujourd'hui : la mer Caspienne et le lac d'Aral (*Science*, 29/03/2002, vol. 295, p 2379-2380).
- Le nord-ouest du Pacifique au niveau de l'Amérique du Nord a été en quelques heures radicalement transformé par un flot venant du lac Missoula et suivant la période glaciaire (*Science* 29/03/2002 vol.295 p 2379-2380)
- Tsunami de plus de 1000 m de haut sur l'Allemagne du vivant de nos ancêtres.

b) Le bois pétrifié peut se former en quelques jours (*Advanced Materials*, vol. 17, janvier 2005, p 73-77).

c) L'humanité a failli s'éteindre (*Proceedings of the Na-*

tional Academy of Sciences », 1999, vol. 96, p 5077-5082).

d) Il y a eu une modification rapide de l'axe de rotation de la Terre d'environ 20 degrés, accompagnée d'une modification globale du mouvement des plaques, de grandes éruptions volcaniques locales et d'une modification de la polarité du champ magnétique pendant l'ère des dinosaures (*Science*, vol. 287, 21/01/2000, p 455-459).

e) L'existence des dinosaures il y a relativement peu de temps a été confirmée par plusieurs découvertes d'os *non pétrifiés* (cf. *Le mensonge de l'évolution*, 2005, p 53 sq.) ainsi que de quelques cellules manifestement intactes, tissu mou bien conservé et vaisseaux sanguins élastiques et extensibles, appartenant à un tyrannosaure fossile (*Science*, 25/03/2005, vol. 307, p 1952-1955).

f) Le pétrole s'est formé de façon anorganique et non à partir de matière organique morte (*Proceedings of the National Academy of Sciences*, 2002, vol. 99, p 10976-10981).

g) Le Grand Canyon s'est formé en raison de super-raz de marées qui étaient jusqu'à 37 fois plus importants que la plus grande inondation par le Mississippi il y a 10 000 et seulement 1300 ans (in : *House* et al., 2002).

h) Des crânes de l'âge de pierre (néandertaliens et cromagnon) originaires d'Allemagne ont été brusquement rajeunis de presque 30 000 ans et leur âge a été estimé à tout au plus 5000 ans (*Le mensonge de l'évolution*, 2005, p 209 sq.).

i) Les oiseaux modernes ne proviennent pas de dinosaures théropodes (sauriens prédateurs) (*Bild der Wissenschaft* , Onlineticker 16/08/2002).

j) Coexistence de grands mammifères et de dinosaures : on a découvert en Chine les restes fossilisés, vieux de 164 millions d'années d'un proto-castor (*Science*, 24/02/2006, vol. 311, p. 1123-1127), et on a trouvé en outre un mammifère âgé de 128 à 139 millions d'années (*Repenomamus robustus*) qui avait avalé un petit psittacosaurien (*Nature*, vol. 421, 2003, vol. 416, p. 807-814).

k) Les primates pourraient avoir vécu déjà 35 millions d'années plus tôt qu'on ne l'admettait auparavant, pendant le crétacé, avec les dinosaures (*Nature*, 18/04/2002, vol. 416, p. 726-729).

l) Le 29 juillet 2005 a été découvert le corps céleste *2003 UB 13, provisoirement* considéré comme la 10e planète. Cet objet baptisé Xena, accompagné par une lune, est plus grand que Pluton et suit une trajectoire semblable à une comète.

~ Prologue ~

Il était une fois une image du monde, démontrée d'une manière scientifiquement exacte, qui était âgée de 200 ans. Il ne restait plus que peu de choses à explorer, et le savoir couvrait véritablement l'univers...

Ce conte moderne est le résultat des théories de la mécanique céleste d'Isaac Newton et de la doctrine de l'évolution de Charles Darwin. Une harmonie universelle est censée avoir toujours dominé. Selon ces principes, tout, y compris notre Terre, s'est développé de façon progressive et uniforme. Par hasard, un acide aminé a abouti à un unicellulaire. Il ne s'est pas ensuite développé d'abord en un *bicellulaire*, mais directement une forme de vie complexe, comme nous l'enseigne la théorie de l'évolution. Même si cela devait être exact, il se pose une question qui jusqu'à présent n'a pas été formulée : d'où est venue *la* deuxième cellule, après que la première se soit formée par un hasard incroyable ?

Y a-t-il eu simultanément plusieurs hasards incroyables, ou deux seulement, au début ? Dans ce cas, il doit y avoir eu n'importe quand, un jour, un bicellulaire.

Pourquoi ne trouve-t-on pas cet organisme dans la nature, ni un tri ou un tétracellulaire ? D'où vient le code génétique, comment est-il entré dans la cellule : c'est toujours une des plus grandes énigmes de la science. Quoi qu'il en soit, la vie est censée s'être développée d'abord dans l'eau, puis aussi sur la terre. Tout se serait déroulé très lentement mais systématiquement.

La théorie de Charles Lyell, qui fonde la géologie, et affirme que la modification de la surface terrestre est l'effet de forces actuelles infimes, est à la base de l'image que nous nous formons aujourd'hui du monde. Cela signifie que la physionomie apparente de la Terre ne s'est que très peu modifiée au cours de son histoire. La théorie de l'évolution de Darwin s'édifie à son tour sur ce dogme, inconditionnellement, car il ne peut y avoir d'évolution progressive que si des catastrophes terrestres graves et globales n'ont pas eu lieu. Le darwinisme part de la survie de l'espèce la mieux adaptée selon le principe de sélection. Mutation, sélection naturelle et isolation sont les facteurs les plus importants de l'évolution. Les théories que j'ai mentionnées revêtent en science un *caractère de loi intangible*. Dans ce livre, nous montrerons les contradictions de ces théories au moyen de découvertes fossiles, de pétrifications et d'exploitation des traditions antiques : c'est le chaos, et non l'uniformité, qui prédominait. L'*Ancien Testament* en particulier est sollicité pour éclairer des questions ouvertes.

Jusqu'à il y a 200 ans, on était convaincu que Dieu avait créé le monde. La théorie de l'évolution de Darwin a été méconnue pendant longtemps, parce qu'elle rejetait strictement l'histoire biblique de la création et donc la position particulière de l'homme qui l'accompagne, et les renvoyait dans le registre des contes. Dans notre livre, nous démasquons le caractère erroné de la théorie de l'évolution grâce à des preuves solides. De toutes nouvelles recherches dévoilent que l'un des appuis du darwinisme, qui paraissait jusque-là très solide : la loi biogénétique fondamentale d'Ernst Haeckel, est une simple supercherie. Toutes ces théories datent du XIXe siècle et doivent être repensées de fond en comble. Seuls des outsiders peuvent donner l'impulsion à ces études, par des réflexions interdisciplinaires, même si elles entraînent de vives contradictions, comme à l'époque de la publication des livres d'Immanuel Velikovsky.

Les doctrines de l'uniformité que nous avons citées rejettent catégoriquement toute notion de catastrophe terrestre globale, parce que celle-ci aurait donné le coup de grâce à l'idée d'une évolution progressive des espèces. Toutes les observations que l'on fait aujourd'hui sont, sans être modifiées, projetées dans le passé de la Terre. Un système commode, parce que, les conditions annexes étant toujours identiques, tout peut être calculé et interprété. Mais s'il y a eu au moins une fin du monde, aucune des théories de l'uniformité ne peut être juste, et elles doivent obligatoirement conduire à des résultats faux.

Si l'on démontre que les espèces qui se développent prétendument l'une après l'autre *existent en même temps*, la notion d'évolution est réfutée, car dans ce cas le darwinisme constitue *par sa propre définition* un château en Espagne sans fondement réel.

~ 1 ~
Artéfact ou supercherie ?

Pendant les vacances d'été 1988, j'ai lu un livre intéressant de Johannes von Buttlar concernant des découvertes et des trouvailles inhabituelles[1]. Un des chapitres rapporte brièvement que depuis des décennies, dans la région de la Paluxy River, à proximité de Glen Rose, on découvre sans cesse des empreintes de pieds et de chaussures à côté de traces fossiles de pieds de dinosaures. En outre, un vieux marteau abîmé par les intempéries avec un manche de bois brisé a été décrit, marteau qui a été trouvé par la famille Hahn en 1934 à proximité de la petite ville de London, Texas. Ce site de découvertes appartient à la même partie de la ligne de faîte du Llano Uplift que celui de la Paluxy River à proximité de Glen Rose. Seule l'extrémité brisée du manche du marteau dépassait dans les éboulis de roche. La tête et le manche de bois étaient à l'origine complètement entourés par du grès solide. Seule l'éventration du morceau de pierre massif a permis d'expertiser et d'examiner l'artéfact.

Naturellement, ces découvertes sont en contradiction manifeste avec la théorie de l'évolution de Charles Darwin, car les dinosaures sont censés s'être éteints il y a environ 65 millions d'années, et le premier humain à marche verticale, l'*Homo erectus*, s'est développé, selon ce que nous enseigne l'anthropologie, seulement il y a 2 ou au maximum 3 mil-

1 Zillmer, H.-J. : « Traces contemporaines de dinosaures et d'hommes », in « EFODON Synesis », 27/1998, 15-20.

lions d'années. D'après toutes les opinions admises et en particulier la théorie de l'évolution, dinosaures et humains se sont manqués temporellement de plus de 60 millions d'années.

Naturellement, on ne peut faire cadrer avec ces principes scientifiques le fait que des humains et des dinosaures ont laissé des empreintes de pieds dans la même couche géologique. De même, la trouvaille d'un marteau fabriqué par l'homme, qui, conformément à la détermination temporelle géologique, était enfermé par de la roche vieille de 140 millions d'années, ne s'accorde pas du tout avec l'idée de la théorie de l'évolution, qui entre-temps avait déjà été élevée au rang de doctrine, et par là de dogme, donc de loi intangible.

Automatiquement, on doit poser la question de l'âge effectif de la roche, puisque au moment de la genèse des traces de pieds pétrifiées de dinosaures et d'hommes, elle devait encore avoir une consistance molle, *comparable* à ce qui se passe dans le cas des empreintes de plâtre a durcissement rapide ! Il en va de même pour l'inclusion complète du vieux marteau dans du calcaire, qui constitue bien le produit de départ de notre ciment moderne à durcissement rapide. Si l'on suppose que les trouvailles et les traces décrites ne sont pas des supercheries, mais des preuves assurées, on obtient quelques conclusions intéressantes : *les dinosaures et les hommes vivaient ensemble*, et *le calcaire s'est formé du vivant des dinosaures et des hommes*. En d'autres termes : les sédiments se sont formés au temps de la coexistence d'êtres vivants, qui, selon notre image du monde, sont censés ne pas avoir vécu en même temps, pas même approximativement.

La question de la date de ces événements reste ouverte. Il peut sembler évident que les hommes et les dinosaures vivaient ensemble dans notre monde il y a au moins 65 millions d'années, car à cette date, ces animaux primordiaux sont censés s'être éteints très soudainement. La roche aussi est prétendument très ancienne selon les principes de la géologie. Si j'admets que les théories scientifiques sont exactes, il en résulte une nouvelle sensationnelle, car l'humanité ne serait pas relativement jeune, mais aurait un passé dont on ne connaissait pas auparavant la longueur.

Mais cela est-il juste ?

Peut-on penser inversement que les dinosaures ont survécu et se sont éteints il y a seulement quelques milliers d'années ? Dans ce cas, l'humanité serait, conformément à notre image du monde, relativement jeune. Mais cela signifie à son tour, si l'on est conséquent, que la roche de la Paluxy River avec les empreintes de pieds ne peut, elle aussi, s'être formée que dans le passé le plus récent. Cette possibilité constituerait sûrement une nouvelle absolument sensationnelle, qui défierait résolument la contradiction, car si l'on suit ces suppositions, la croûte terrestre ne peut s'être formée qu'il y a peu de temps.

Pourtant, les géologues et les paléontologues sont unanimes pour estimer que les couches rocheuses en question doivent être âgées de 140 millions d'années, et rattachées à la fin du jurassique. Les dinosaures et les hommes seraient par conséquent exactement aussi vieux. Mais la détermination scientifique de l'âge est-elle exacte ? Si je remets fondamentalement en question les datations des géologues, j'obtiens des possibilités alternatives intéressantes, mais qui renversent notre image du monde :

- le calcaire ainsi que les dinosaures et les hommes sont au moins âgés de 65 millions d'années ;
- les dinosaures, les hommes et les couches rocheuses correspondantes sont relativement jeunes, éventuellement âgés seulement de quelques milliers d'années ;
- l'âge commun à déterminer se trouve entre ces valeurs extrêmes.

Les découvertes décrites et les conclusions qui en découlent sont littéralement incroyables. L'image du monde qui paraissait jusqu'à présent assurée se révélerait soudain une fausse piste si l'authenticité des trouvailles en question pouvait être démontrée. Comme j'avais eu l'attention attirée dans divers livres et journaux par des descriptions d'autres trouvailles pareillement inhabituelles, qui semblaient contredire notre conception du monde, j'ai décidé d'être actif et de mettre à l'épreuve sur place l'exactitude des théories.

~ 2 ~
Le marteau fossile

Les examens circonstanciés du marteau fossile confirment son authenticité. Cette découverte nécessite un changement radical de notre image du monde, parce que dans ce cas il ne saurait y avoir de développement lent et par là d'évolution.

La visite à Glen Rose

À l'occasion d'un circuit à travers le Middle West des USA, en 1993, j'ai saisi l'occasion de rendre visite au chef-lieu du Somervell County, Glen Rose. Le *Somervell County Museum* et le *Dinosaur Valley State Park* constituent des curiosités[2]. Le musée abrite des témoignages des temps préhistoriques, et l'on peut voir dans le parc national, dans la Paluxy River et dans ses environs, des traces bien conservées de dinosaures.

Le Somervell County Museum se trouve en plein dans le centre historique du chef-lieu. Lors d'une brève promenade, j'ai eu l'attention attirée par les fossiles exposés d'une manière apparemment hétéroclite. Il s'agissait par exemple de différentes espèces et formes de bois pétrifié, de fragments fossilisés de corail, ainsi que de vieilles dents de requin, de morceaux de pierre taillés dans la roche brute avec des traces de pieds de dinosaures, de trilobites pétrifiés (crabes primitifs), de fragments de crâne de mammifères assez grands, d'os de divers animaux primordiaux, et d'autres trouvailles préhistoriques qui avaient été faites au cours des décennies passées dans les environs de Glen Rose.

La considération attentive des pièces me rendit songeur, parce que ces objets pétrifiés avaient tous été trouvés dans des couches géologiques similaires. Ce qui prouverait l'existence contemporaine des animaux primitifs les plus variés

---

2 APA Guides : « Texas », 1991.

appartenant à des époques que l'on présente comme très différentes. Mais dans ce cas, la théorie de l'évolution de Charles Darwin, l'assise de notre image du monde actuellement valide, serait privée de toute base réelle, car s'il y a une coexistence des dinosaures et des mammifères, il ne peut y avoir aucun développement et donc aucune filiation des espèces.

En fait, j'ai visité le musée pour découvrir le marteau enveloppé de roche. J'avais apporté une photocopie de l'image publiée pour l'identifier. Le musée était surveillé par une dame âgée, la directrice, Jeannie Mack. Lorsque je lui ai posé la question, elle m'a confirmé que ce marteau avait séjourné il y a très longtemps, oublié, sur l'une des étagères proches de son musée. Elle put identifier sans équivoque cette pièce unique sur la photo, et il était ainsi clair qu'il ne s'agissait pas d'une simple invention. La dame ne put m'indiquer le lieu où il se trouvait actuellement, mais elle m'indiqua un autre musée que je ne connaissais pas, à 6 ou 7 kilomètres, en direction du *Dinosaur Valley State Park*.

Après un bref trajet, j'atteignis le *Creation Evidences Museum* à proximité du *Dinosaur Valley State Park*. Il était comparable à deux grands bureaux, situés l'un à côté de l'autre. Différentes pièces et photos étaient exposées, qui montraient dans nombre de cas des traces pétrifiées de pieds d'hommes et de dinosaures. Une partie des empreintes de pieds humains étaient plus grandes que la moyenne. Le directeur en est le Dr Carl Baugh, un archéologue, qui entreprend des fouilles à proximité.

Après un premier entretien, nous visitâmes, ma famille et moi, le *Dinosaur Valley State Park*. Nous trouvâmes d'innombrables traces pétrifiées de pied de dinosaures dans le lit de la Paluxy River et sur le plateau rocheux de la rive. Chose étonnante, ces traces se trouvaient très haut dans les couches géologiques. En fait, l'eau qui s'écoulait sur les traces de pieds aurait dû éroder très rapidement ces marques des animaux primitifs et les rendre ainsi impossibles à reconnaître, mais les traces vieilles d'au moins 65 millions d'années nous paraissaient fraîchement laissées. En outre, je trouvai deux empreintes qui présentaient la forme allongée grossière d'un pied humain, mais aucun détail, comme par exemple le gros orteil, ne pouvait être repéré.

Description du marteau

Nous revînmes au *Creation Evidences Museum*, et le Dr Baugh me fit accéder aux documents nécessaires relatifs aux résultats des examens du marteau fossile. Cet outil antique présente une forme simple, presque comme un marteau de maçon, usuel en Allemagne. Le manche a subi une pétrification cristalline, il est très dur et sa structure est intacte. On pouvait constater que la partie intérieure, partiellement poreuse était transformée en charbon. La combinaison de la carbonisation et de la pétrification ne peut être expliquée scientifiquement. Je ne connais aucune pièce similaire dans le monde entier. Deux processus tout à fait différents doivent s'être déroulés simultanément ou peu de temps l'un après l'autre. Une conservation dans une eau courante est absolument nécessaire pour une pétrification cristalline, alors que pour la genèse de carbone poreux, on pourrait supposer une chaleur extrême. Eau et feu (incandescence) sont deux éléments extrêmement différents, qui s'excluent réciproquement. Cette contradiction apparente sera résolue lors de l'analyse du déroulement du déluge, que nous entreprendrons plus tard.

Les couches externes du manche du marteau me rappellent les troncs et les souches de bois pétrifiés du *Petrified Forest Nationalpark*, Arizona, que j'avais déjà visité en 1988. Les troncs de bois fragmentés que l'on peut y examiner sont totalement pétrifiés et présentent une structure cristalline homogène. Je ne connais aucune pièce dans ce parc qui présente à l'intérieur du charbon, comme le marteau fossile. L'âge de ces troncs d'arbres est officiellement estimé entre

100 et 200 millions d'années. Le bois pétrifié apparaît quand il séjourne dans la terre en formant le dépôt de fleuves ou de lacs ayant débordé. Il est imprégné de silicates dissous dans l'eau, contenus par exemple dans de la cendre volcanique. Ces matières prennent la place de l'hydrogène et de l'air contenus par le bois, et entament le processus de pétrification par silicification. Il peut se former ainsi de l'opale ou du quartz très dur, et le produit final est à peu près cinq fois plus lourd que le bois de pin.

Cette brève description du manche du marteau montre à l'évidence que cet outil fossile doit être authentique et âgé ! Malgré toutes nos prouesses techniques, nous ne sommes pas capables de produire un manche de bois pétrifié contenant dans sa partie intérieure du charbon devenu poreux à l'aide de méthodes modernes, ni même démodées ! Une supercherie est de ce fait exclue. Je dois souligner nettement cette constatation, car tous les artéfacts qui ne cadrent pas avec notre image habituelle du monde sont prétendus faux. Et ce marteau ne peut être expliqué par notre science scolaire, parce que le bois pétrifié, et par conséquent cet outil antique, doivent, selon la conception du monde admise, être au moins vieux de 140 millions d'année. Or pour l'opinion de la science scolaire, il n'y a d'homme fabriquant des outils précieux que depuis quelques milliers d'années. Quelque chose ne cadre pas avec la datation et les grands laps de temps des époques terrestres passées. L'humanité est-elle âgée de X millions d'années, ou est-elle jeune, et les processus de formation rocheuse se sont-ils ainsi déroulés uniquement il y a peu de temps ?

Examen du marteau

Avant d'aborder plus précisément ces questions, je voudrais décrire plus en détail les particularités de la tête du marteau, car cette description complétera définitivement l'énigme. Des examens circonstanciés ont été entrepris indépendamment par divers instituts. John Mackay, le directeur du *Creation Science Foundation* en Australie, a soumis lors de son séjour en Amérique le marteau à des analyses très poussées[3]. Divers métallurgistes australiens, ainsi que l'institut métallurgique reconnu du *Batelle Memorial Laboratory* à Columbus, Ohio, y ont participé. Des microscopes électroniques très perfectionnés ont servi à examiner la structure et la composition de l'acier avec lequel la tête du marteau a été fabriquée.

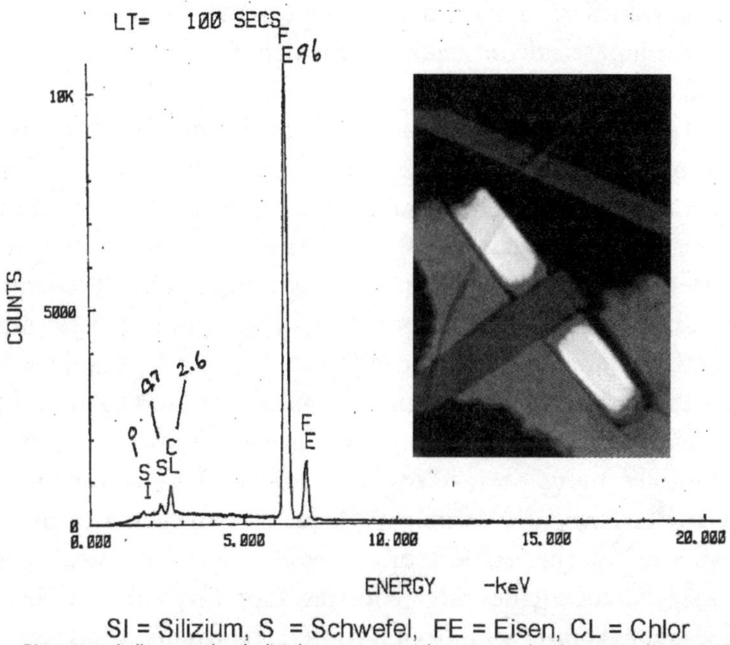

SI = Silizium, S = Schwefel, FE = Eisen, CL = Chlor

Diagramme de l'examen. Le résultat des examens menés au moyen de microscopes électroniques très développés par l'Institut métallurgique « Batelle Memorial Laboratory » est reproduit dans le diagramme et montre du fer presque pur. Les radiographies de la tête du marteau révèlent un acier de structure homogène sans inclusions ou impuretés.

Le résultat des examens fut à la fois mystérieux et énigmatique, car il apparut que la composition chimique de la tête du marteau était à 96,6% constituée de fer, à 2,6% de chlore, et à 0,74% de soufre. Incroyable, ce matériel se compose de fer presque absolument pur ! On ne put mettre en évidence d'autres adjonctions ou impuretés.

3 John Mackay, in « Creation Ex Nihilo », volume 5 N° 4, Australie.

On dispose, parmi les techniques d'examen non destructrices de la qualité de l'acier, de procédés radioactifs, magnétiques et de ceux qui utilisent les ultrasons. On a constaté au moyen de radiographies que l'acier de la tête du marteau ne contient *aucune inclusion ou irrégularité*. Il a donc été traité et durci d'une manière ou d'une autre. En fait, le fer chimiquement pur qui n'a pas été élaboré davantage doit être relativement mou. Mais d'après la structure uniforme mise en évidence, il semble s'agir d'un acier dur qui a été produit au moyen d'une technologie hautement développée à partir de fer chimiquement pur.

Le résultat de l'investigation est tout simplement sensationnel et en même temps presque utopique, car celui qui s'y connaît ne serait-ce qu'un peu en fabrication moderne d'acier sait que dans tous les processus connus de fabrication d'acier de haute teneur, des souillures par du silicium ou du carbone doivent inévitablement se produire ! Je souligne le mot *doivent*. Une production d'acier sans ces impuretés est tout simplement inimaginable ! Même d'autres additions connues dans l'affinage de l'acier, comme le cuivre, le titane, le manganèse, le cobalt, le molybdène, le vanadium, le tungstène ou le nickel, n'ont pu être mises en évidence. Dans les méthodes de fabrication de l'acier que nous connaissons, ces éléments et d'autres sont introduits, selon le domaine d'application, pour conférer certaines propriétés à l'acier.

Est aussi inhabituelle la haute teneur en chlore de la tête du marteau, car dans les processus de la fabrication moderne de l'acier, cette matière ne joue en fait tout simplement aucun rôle, et n'est pas non plus employée aujourd'hui. L'acier à haute teneur qui compose cet outil ne peut donc pas avoir été produit par nos méthodes d'élaboration moderne. La question suivante se pose automatiquement : qui a produit ce marteau et à quelle époque ? Selon l'état officiel de notre recherche et de notre science, ce marteau ne peut en fait tout simplement pas exister ni avoir été fabriqué. Une tête de marteau *falsifiée* est donc fondamentalement exclue. J'avais aussi constaté quelque chose d'analogue pour le manche déjà. Donc deux matériaux, sûrement non falsifiés, pour lesquels nous n'avons aucune explication scientifique, et qui sont réunis dans un outil. Une preuve tout à fait extraordinaire d'une histoire de la Terre ou de l'humanité radicalement différente.

Si notre science scolaire a raison dans sa présentation de l'histoire de la Terre, il ne reste plus qu'une solution possible : ce marteau a été perdu par un extraterrestre lors de sa visite sur la Terre. Mais il existe une autre explication logique que je décrirai dans le reste de ce livre. Quoi qu'il en soit, la solution de ce problème ne concorde pas avec les théories scientifiques traditionnelles.

Le marteau fossile présente encore d'autres particularités. Lors de l'ouverture du morceau de roc originel en 1934, la tête de métal a été endommagée au niveau de l'arrête supérieure, sous forme d'une petite encoche. La surface de cet endroit est apparue brillante comme de l'argent. Même après plus de 60 ans, cet endroit ne s'est pas modifié de façon constatable. On ne repère aucune trace de rouille ! Il se pourrait que la responsabilité de ce phénomène soit attribuée à la haute teneur en chlore, accompagnée d'une absence complète de carbone, qui autrement aurait produit au contact de l'air la réaction nécessaire à la corrosion. Le reste de la surface de la tête du marteau consiste en une surface noircie sombre, comme celle qui pourrait avoir résulté d'un incendie, ce dont témoigne aussi la partie intérieure carbonisée du manche.

L'analyse de ce revêtement donne 82,9% de silicium, 3,6% de soufre, 2,5% de calcium, 1,3% de chlore et 0,78% de potassium. La composition de cette croûte pourrait correspondre à la réaction chimique entre les éléments du métal et les parties du matériel rocheux entourant le marteau d'un côté, et d'un autre côté les substances dissoutes dans l'eau souterraine. On voit apparaître sur une partie de la tête du marteau un reste de roche qui semble collé et fusionné avec le métal.

John Mackay et des experts américains ont émis la supposition que ces phénomènes à la surface du métal pourraient s'être formés sous une pression d'au moins deux atmosphères, avec protection simultanée contre le rayonnement ultraviolet, ce qui présuppose à vrai dire des conditions atmosphériques radicalement différentes des nôtres. Il n'a pas été possible de donner une autre explication plausible à ces phénomènes inhabituels. En résumé, on se trouve en présence des faits suivants :

- le marteau a été fabriqué par des hommes ;
- le manche consiste en bois pétrifié, carbonisé à l'intérieur ;
- la tête du marteau est faite d'un métal très pur, que nous ne pouvons pas produire, et il ne se corrode (rouille) pas ;
- le marteau était complètement enveloppé de roche ;
- une chaleur extrême (lave ?) et de l'eau courante ont agi sur le marteau ;
- à l'époque de la fabrication du métal, il devait vraisemblablement régner sur la Terre une pression d'au moins deux atmosphères qui a été suivie d'une chute de la pression atmosphérique.

Origine naturelle de l'acier ?

Si le métal de la tête du marteau ne peut pas avoir été produit avec nos méthodes modernes, la question se pose : peut-il être tout simplement d'origine naturelle ? On peut imaginer diverses explications. Une possibilité facile à envisager serait que ce métal soit fait d'un matériau déjà prêt présent dans le noyau d'une météorite métallique. Il n'aurait plus fallu alors que façonner et élaborer l'acier trouvé.

D'un point de vue technique, l'expérience montre qu'un procédé de ce genre, sans affinage supplémentaire de l'acier, accompagné en même temps de souillures inévitables, ne donne pas un bon marteau dur. En outre, le matériel de la plupart des météorites contenant du fer se présente associé à du nickel, et à de faibles souillures par du cobalt, de l'aluminium, du soufre, du phosphore, du chrome et du carbone. Or, à part du soufre, aucun autre élément n'a été mis en évidence dans le métal du marteau. La théorie de la météorite est donc exclue.

On pourrait aussi imaginer que le matériel de base a été trouvé dans un gisement quelque part sur terre. Mais on n'a pu jusqu'à présent mettre en évidence aucune trouvaille correspondante. Le minerai de fer apparaît presque toujours associé à d'autres éléments, et si ce n'est pas le cas, on a affaire à du fer mou, non à de l'acier.

Comme aucune de ces possibilités ne peut être envisagée, il ne reste qu'une conséquence, c'est que ce marteau a été fabriqué au moyen d'un procédé technique inconnu de nous, dans des conditions atmosphériques foncièrement différentes.

Quand a-t-il été fabriqué ?

On peut montrer que l'ensemble du marteau était autrefois complètement enveloppé par un grès massif, et l'est toujours partiellement. Une partie du métal a établi une liaison chimique avec le matériel rocheux environnant. Il en découle obligatoirement que le marteau fossile doit être apparu avant la genèse du matériel rocheux ! L'âge de la roche est estimé par les géologues à au moins 140, éventuellement même 400 millions d'années. Si cette appréciation était juste, le marteau devrait au moins être aussi vieux. Obligatoirement, l'humanité devrait exister non pas depuis peut-être 4 millions d'années, mais être âgée d'au moins

140 millions, peut-être aussi selon les données géologiques de 400 millions. Si l'on réfute cette détermination temporelle et si l'on met en évidence une erreur dans son fondement théorique, le marteau, mais du coup aussi la roche et l'extinction des dinosaures, pourraient n'être âgés que de 10 000 ans. Et c'est précisément cela, la non concordance et l'erreur fondamentale des méthodes de détermination de l'âge, que je mettrai en évidence au fil de ce livre. Dans notre cas, on obtient des conséquences fondamentales pour le déroulement théorique du développement de l'histoire de la Terre.

Comme les propriétés techniques, optiques, chimiques et physiques que j'ai décrites ne permettent pas d'envisager une falsification du marteau, la science scolaire traditionnelle a donc involontairement déplacé l'âge de l'humanité très loin dans le passé. En fait, trop loin. Pourquoi ? Parce qu'alors la théorie de l'évolution que l'on connaît aurait été disqualifiée et serait apparue comme une pure invention. Dans ce cas, l'homme était déjà présent avant les singes, qui du point de vue scientifique dominant auraient pu se développer au plus tôt après l'extinction soudaine des dinosaures, il y a soi-disant 65 millions d'années. Car c'est alors seulement que l'évolution progressive des grands mammifères est censée avoir commencé. C'est une contradiction fondamentale des énoncés de la science scolaire. Une question rhétorique, mais tout à fait conséquente du point de vue de l'évolution, se pose d'elle-même : le singe provient-il des hommes ? Sous cet angle de vue, une évolution et un développement fortuits et lents de l'homme, avec nombre de hasards et de mutations, à travers de longues périodes de temps, apparaît comme un conte de fées.

La seule possibilité pour les partisans de la théorie de l'évolution, c'est d'ignorer les preuves de la coexistence de l'homme et des dinosaures ou de la présenter comme une supercherie. C'est d'ailleurs ce qu'ils font, et cela va logiquement jusqu'à la diffamation personnelle des chercheurs concernés. Ce qui contredit l'opinion officielle n'est pas pris en compte, et est si possible transformé en objet de risée par la polémique. Car si l'on reconnaissait l'authenticité d'une seule découverte, presque tous les livres spécialisés ainsi que les programmes scolaires liés aux orientations spécialisées correspondantes devraient être réécrits. Tout deviendrait soudain radicalement différent. Mais qui veut librement s'exposer à tant de peines, ou qui admet aussi volontiers des erreurs fondamentales, même si elles doivent être attribuées aux modèles de pensée des grands auteurs du XIXe siècle ?

On se sent plongé dans l'obscur Moyen-Âge, quand la science et l'Église avaient établi irrévocablement que la Terre était plate. Des hommes comme le dominicain Giordano Bruno (1548-1600) ont même dû perdre leur vie pour de nouvelles idées. Mais déjà l'écrivain Plutarque (46-120) avait proclamé que l'univers était infini et comptait beaucoup de mondes habités, et il avait reconnu avec justesse que la Terre n'est pas le centre de l'univers ou de notre système solaire.

Une autre théorie

Comme je le montrerai encore dans ce livre, une série de catastrophes naturelles gigantesques (Déluge) a eu lieu dans le monde il y a tout au plus 10 000 ans. La croûte terrestre fut alors plissée, brisée, déplacée et emportée, donc complètement déformée, et des inondations majeures, aussi hautes que des montagnes dans certaines contrées, ont englouti de vastes domaines[4]. Lors de ces événements, au cours d'une inondation, le marteau fossile a été enveloppé d'une boue molle qui a par la suite durci rapidement, et le bois du manche du marteau s'est pétrifié dans des circonstances catastrophiques en quelques jours. Sont en faveur de ce scénario le bois pétrifié du manche et la croûte fusionnée à l'acier de la tête du marteau, qui ne peut s'être formée que

4 Voir illustration.

dans des conditions de grande pression et de chaleur extrême.

Si le marteau est récent et si le manche de bois s'est pétrifié rapidement, alors la roche *enveloppant* le marteau doit aussi être jeune ! Il en résulte en même temps que la détermination de l'âge des couches géologiques est foncièrement fausse, et que dans ce cas, au moins 140 millions d'années d'histoire terrestre doivent disparaître sans compensation.

Ce saut dans le temps se fonde donc sur de grandes catastrophes naturelles, car les processus cataclysmiques se déroulent à une vitesse extrême, quasiment comme une espèce *d'accélération du processus de sédimentation géologique, d'évolution uniforme et de longue durée*. Dans ce cas, c'est la croûte terrestre, non la planète Terre en tant que telle, qui sans compensation, à la vitesse d'un glissement de terrain, devient plus jeune.

Sans ces ères que l'on réduit presque à une durée nulle, il ne peut y avoir, comme dans le cas de la théorie de l'évolution, absolument aucun homme et aucun mammifère, et ce pour des raisons de brièveté temporelle, puisque les *grands* mammifères sont censés n'avoir pu se développer progressivement qu'après l'extinction massive des dinosaures, seules des espèces primitives de la taille d'un rat étant censées avoir existé du vivant des dinosaures.

~ 3 ~
Toutes les espèces existaient simultanément

Le postulat nécessaire à une évolution qui se serait accomplie conformément à la loi de Darwin, est le développement lent des espèces et la survie *des individus les mieux adaptés à l'environnement, par la sélection accompagnée du* refoulement contemporain *des espèces moins bien adaptées. Si la* coexistence *de toutes les espèces animales, y compris l'homme, à un certain moment est prouvée, la théorie de l'évolution ne peut être que fausse, puisque* son *postulat est par définition invalide. C'est précisément ce que prouvent les découvertes de fossiles et de traces pétrifiées.*

Roche semblable au béton

Dans la zone de la Paluxy River, il n'y a guère de roche compacte qui présente une épaisseur de plusieurs mètres. On a mis en évidence un très grand nombre de couches différentes superposées. Ces couches rocheuses sont d'épaisseur variable et présentent des degrés de compacité très différents. Il y a alternance de couches faites de roc extrêmement dur et de gravier plus ou moins solidifié, comparable dans l'ensemble aux peaux d'un oignon. En tout cas, toutes les couches rocheuses sont strictement séparées et pour cette raison ne peuvent pas s'être formées au même moment ou très lentement l'une après l'autre. Les couches les plus solides ont des fissures de tension, comme celles qui apparaissent lors du refroidissement et du durcissement de matériaux à la consistance molle, le béton frais par exemple. La comparaison avec le béton qui prend s'impose parce que le calcaire représente une roche sédimentaire produite par dépôt. Il se durcit par l'addition de carbonate de calcium, le calcaire carbonaté. La solidité du sédiment formé dépend entre autres facteurs de la masse de calcaire présente, la provenance massive de ce durcisseur n'étant pas élucidée scientifiquement. Mais au fil de ce livre, je mettrai en discussion une théorie que j'ai développée, qui explique ce phénomène et la formation rapide des sédiments qui lui est associée. Car, en tant qu'ingénieur du bâtiment, je suis plongé dans la perplexité par le fait que le mortier, tout comme le béton, se forment par suite du mélange de cailloux ou d'autres fondants ainsi que d'eau et de ciment, lequel est obtenu en fin de compte à partir de calcaire soumis à la chaleur. Pourtant, le calcaire solide se compose des mêmes matériaux fondamentaux. C'est pourquoi il est aisé d'admettre que les montagnes faites principalement de calcaire se sont formées rapidement et non à travers de longues périodes.

Les diverses couches rocheuses se sont formées lors des inondations qui se superposaient rapidement, par poussées temporellement peu distantes. Il en résulte une image concluante. Un animal ou un homme marche sur la vase molle ou aussi sur un autre sol boueux, et laisse des traces profondes. Quelques heures plus tard, le flot arrive et apporte un nouveau matériel mou sous forme de sédiments, couvrant le sol marin déjà déposé auparavant et donc aussi les empreintes de pied qui y sont restées. Cette nouvelle couche à grains fins n'a qu'une épaisseur déterminée, et conserve les traces contenues dans la dernière couche. La roche ainsi née d'un durcissement hydraulique (calcaire, plâtre, ciment) peut, une fois que la prise a eu lieu, être à nouveau éliminée et libérer ainsi des traces qui avaient été causées dans la couche située au-dessous. On procéderait de façon analogue en prenant des empreintes dans du plâtre, dans un but de représentation ou de preuve.

Il est apparu que l'on trouvait des traces de dinosaures, de grands mammifères et d'hommes dans les mêmes couches, chose confirmée de façon impressionnante par les expositions dans les deux musées de Glen Rose. Parmi les couches de roche examinées jusqu'à présent, il y en a, selon les examens effectués, huit ou même plus qui contiennent des traces de ce genre, et simultanément des vestiges d'espèces différentes qui, selon la théorie de Darwin, n'ont absolument jamais, même approximativement, vécu au même moment, ce qui prouverait la nullité de la théorie de l'évolution en ce qui concerne la macroévolution (passage d'une espèce animale à une autre).

Découvertes des 100 dernières années

En 1908, une grande marée a partiellement arraché la roche calcaire de la Paluxy River et a mis au jour des empreintes de pieds de dinosaures. On a trouvé diverses empreintes géantes de différentes espèces de sauriens. On a découvert en outre des séquences entières d'empreintes de pieds humains, qui mesuraient environ 35,5 cm et présentaient nettement toutes les caractéristiques d'un pied humain. On pouvait même parfois reconnaître distinctement les cinq orteils. La taille de l'empreinte laissait conclure à un homme de plus de 2 mètres de haut.

Dans les années suivantes, on a trouvé dans un périmètre de quelques kilomètres des centaines d'empreintes qui proviennent de dinosaures. Et l'on met sans cesse en évidence à côté et à l'intérieur de ces traces d'animaux des empreintes d'êtres humains ainsi que de grands mammifères.

Il ne s'agit là absolument pas de traces de pieds humains singulières et isolées, mais toujours de séquences continues droite-gauche, qui constituent de vrais sentiers avec des empreintes alternantes de pieds gauches et droits, et qui peuvent être comparées avec les mouvements de marche ou de course d'un homme moderne. Des empreintes singulières ont même été extraites de la roche solide et pour certaines conservées par des propriétaires de fermes ou d'autres habitants. Un exemplaire très beau et distinct est devenu célèbre sous le nom d'« *empreinte de pied de Burdick* ». Il a été découvert vers 1940 dans le domaine de Glen Rose et s'est trouvé longtemps dans un magasin banal, avec des minéraux, en Arizona. Un géologue, le Dr Don Patton a pu, en collaboration avec un archéologue, le Dr Baugh, mettre en évidence par des examens circonstanciés que cette empreinte provient de la région de la Paluxy River dont le *calcaire est tout à fait spécial*, et qu'elle présente toutes les propriétés d'un pied humain accomplissant un mouvement spécial vers le côté.

Cette pièce de roche isolée avec son empreinte de pied a été entièrement découpée en morceaux séparés par quatre sections dans la région des orteils et du talon. Sur la coupe de profil, on peut nettement reconnaître entre et sous les orteils un segment de couche recourbé, tel qu'il en apparaît quand une pression est exercée ponctuellement sur un soubassement mou. Le matériel plastique compressé sous le pied suit un trajet courbe, correspondant aux rapports de pression locaux produits dans le matériel en question. En plus, on peut très joliment reconnaître sous les régions correspondant aux orteils que la roche, ou plutôt la boue d'alors, a été comprimée localement. La structure condensée est documentée par une coloration plus sombre opposée aux parties non modifiées de la roche, qui sont plus claires. On peut s'en convaincre d'une manière particulièrement nette en examinant la coupe au niveau de la zone du talon (voir photos).

Entre les orteils, à son tour, la boue molle de l'époque, aujourd'hui une roche calcaire solidifiée, a jailli en hauteur. La structure courbe de la roche aujourd'hui dure peut être repérée nettement, et restitue l'image qualitative attendue au niveau des deux coupes traversant la zone des orteils. Avant que cette section ait été effectuée, cette empreinte de pied humain était considérée dans les cercles scientifiques comme une *supercherie manifeste*, parce que l'empreinte présentait de manière bien trop nette tous les caractères d'un pied humain. Les résultats des examens que nous venons de décrire ont prouvé que l'on n'a pas pu falsifier les caractéristiques typiques de la roche calcaire que je viens de décrire. Quand on soumet un morceau de rocher à un travail comme la taille de la pierre, on ne peut obtenir des résultats similaires, pour les raisons que nous avons discutées ! *Une falsification est de ce fait exclue*. Plus tard, en 1970, des recherches poussées ont été entreprises dans les environs de Glen Rose par le Dr Cecil Dougherty avec des méthodes scientifiques. Les résultats ont été publiés dans son livre *Valley of the Giants*, la Vallée des Géants[5].

Le 11 juillet 1971, la Paluxy River était totalement asséchée, et cette circonstance facilita considérablement l'examen. Ce qu'il y a d'étonnant avec les découvertes du Dr Dougherty, c'est qu'elles ont été faites directement dans les couches rocheuses les plus élevées ainsi qu'à la surface. Les lieux où l'on trouve des traces fossilisées de pieds de dinosaures semblent au premier regard ne pas être inhabituels, mais il faut se rendre compte que ces animaux sont censés être éteints depuis au moins 65 millions d'années. L'opinion scientifique est que la roche s'est formée très lentement, couche après couche, au cours d'une très longue période de temps. Par conséquent, des traces de toute espèce censées être aussi âgées devraient se trouver enfouies beaucoup plus profondément dans les formations rocheuses.

En aucun cas il n'est possible de faire des découvertes aussi anciennes dans les couches géologiques supérieures. Cela contredit l'image du monde de la géologie et la théorie de Lyell qui la fonde, selon laquelle la modification de la surface terrestre ne peut être due qu'à l'action actuelle de forces infimes. Et sur ce fondement, on voit s'élever à son tour *inconditionnellement* la théorie de l'évolution de Darwin. Est-ce que le fait que les vestiges du prétendu Âge de pierre, ou de la période romaine, âgés tout au plus de quel-

---

5 Dougherty, 1984.

ques milliers d'années, se trouvent pour certains plus profondément enfouis dans la surface terrestre que les découvertes relatives aux dinosaures, qui sont censés être âgés d'au moins de 65 et au plus de 250 millions d'années, ne donne à penser ? Ne voit-on pas presque quotidiennement mentionnées dans les journaux des découvertes de squelettes entiers des dinosaures les plus divers, au niveau de la surface de la terre, et ce dans le monde entier, par exemple dans le désert de Gobi en Mongolie ? Des témoignages correspondants associés aux découvertes simultanées de restes humains sont littéralement inquiétants. En dehors des traces de pieds d'hommes et de dinosaures, le Dr Dougherty a trouvé l'empreinte pétrifiée d'une queue de dinosaure et d'une patte de chien tout à fait normale, qui a été trouvée en 1980 à seulement un mètre de l'empreinte de pied à trois doigts d'un dinosaure, aux environs de la *Jeannie Mack Farm*. Or il est censé ne pas y avoir eu de chiens et d'autres mammifères un peu gros du temps des dinosaures.

Le Dr Dougherty a examiné pendant 10 ans la zone autour de Glen Rose, et la région de cette ville elle-même. Il a durant ce laps de temps documenté plus de 100 traces de pieds de dinosaures et 50 d'hommes, avec et sans empreintes de chaussure, ainsi que quelques autres découvertes curieuses. Les traces de pieds humains trouvées sont souvent très grandes et doivent provenir de personnes géantes. Le Dr Dougherty a trouvé une empreinte de pied d'une longueur de 54,61 cm et d'une largeur maximale de 20,32 cm dans la partie antérieure du pied. Il y avait dans la *même couche* des empreintes de dinosaures à trois doigts. Si ces empreintes de pieds étaient des supercheries, la question se poserait : pourquoi essaie-t-on justement d'imiter des empreintes aussi grandes et donc inhabituelles, alors que cela rend visiblement très probable le soupçon de supercherie ? Ne copie-t-on pas normalement quelque chose de connu ?

Mais les hommes de grande taille ne sont pas aussi inhabituels. On a trouvé en Italie le squelette d'un homme grand de presque 3 mètres[6]. L'homme contemporain le plus grand est sans doute l'américain Robert Pershing Wadlow, mort en 1940, dont la taille authentifiée était de 2,72 m[7]. De même, dans la Bible et dans l'épopée suméro-babylonienne de Gilgamesh, peut-être les écrits les plus anciens au monde, on trouve souvent des mentions détaillées de géants censés avoir vécus avant le Déluge. J'aborderai encore plus précisément dans un chapitre ultérieur de ce livre le problème de la croissance géante.

Recherches de ces dernières années

Le Dr Baugh a entrepris depuis 1982, en collaboration avec le Dr Patton, le Dr Clifford Wilson un archéologue australien, et d'autres scientifiques, des examens intensifs qui durent jusqu'à aujourd'hui. Il est étonnant que l'on découvre toujours des preuves et des fossiles nouveaux, non documentés jusque-là, sous forme pétrifiée. Malheureusement, quelques supercheries ayant trait à la Paluxy River ont été démasquées. Mais qui a entrepris ces supercheries, et pour quelle raison ? On ne le sait pas. En tout cas, même dans des investigations et des découvertes en d'autres parties du monde, des supercheries ont sans cesse émergé. Les critiques renvoient d'emblée dans les médias à ces imitations, et trouvent là un prétexte pour ne pas s'occuper des découvertes authentiques. Le magazine scientifique *Nature*[8] faisait déjà mention en 1986 des empreintes de pieds humains dans la région de Glen Rose, et les considérait comme des falsifications. Pourtant, dans l'édition suivante, l'authenticité des empreintes a été confirmée par un géologue, le Dr John Morris de l'*Institute for Creation Research* d'El Cajun en Californie. La controverse continue. C'est pour ces raisons que le Dr Baugh mène très scrupuleusement ses

6 Baugh, 1991.
7 « P. M. », édition spéciale *Dinosaures*, Munich 1997, 34.
8 *Nature*, 320/1986, p. 308.

examens. Les fouilles ne sont entreprises qu'une à deux fois par an, à proximité du *Creation Evidences Museum*. À ces occasions, des experts de diverses spécialités sont régulièrement invités, les fouilles étant documentées au moyen d'enregistrements vidéo et de photos.

On peut trouver et examiner sans difficultés des traces de pieds de dinosaures et d'autres animaux dans toute la région. On peut alors sur place se convaincre facilement que les traces suivent une couche déterminée et disparaissent quelques mètres plus loin sous la couche déposée au-dessus. Qu'est-ce qui est plus tentant alors que d'éliminer cette couche déposée sur les empreintes et de mettre au jour des traces intactes ? Quand on a de la chance, on trouve au-dessous des empreintes d'êtres humains.

Pour convaincre le public et les médias de l'originalité et donc de l'authenticité des traces, il n'y a à proprement parler, vu les circonstances que j'ai présentées, qu'une seule méthode : il faut décoller devant des caméras de télévision en marche et en présence de représentants des médias et de scientifiques une couche de roche intacte. Si l'on a de la chance, on verra des empreintes originales, qui sont intactes depuis leur genèse. De l'avis de la science scolaire, ces traces de pieds devraient même être vieilles de 140 à 400 millions d'années. C'est exactement la méthode que le Dr Baugh a suivie. Le risque était que lors de cette fouille précisément, on ne trouve aucune trace. S'il avait fallu s'y reprendre à deux fois, les personnes invitées ne seraient sûrement pas venues de si loin. Dans un de ses livres, il rapporte une fouille pratiquée en janvier 1987[9]. Plusieurs professeurs et scientifiques étaient sur place, et la presse du *Fort Worth Star Telegram* était représentée. Le reporter Mark Schumacher de la télévision *Dallas Channel 5 KXAS-TV* arriva en hélicoptère de Dallas.

9 Baugh, 1991.

On découvrit à cette occasion des empreintes de pieds où figuraient nettement les cinq orteils d'un homme. Cette manière de procéder permet d'exclure des falsifications de traces pétrifiées, même sans examen circonstancié. En même temps, on démasque le caractère illusoire de l'image du monde usuelle propre à l'évolution, car des dinosaures et des hommes, selon la théorie et les lois biogénétiques en vigueur, ne peuvent pas avoir vécu en même temps. Les examens ont même montré que l'on peut trouver des traces de pieds d'hommes au-dessous de couches contenant des traces de dinosaures. D'après Darwin, les hommes devraient donc être plus âgés que certaines espèces de dinosaures, car plus les couches rocheuses sont géologiquement profondes, plus les fossiles qu'elles contiennent doivent, conformément à l'évolution, être primitifs et âgés.

On a même découvert une piste complète avec plusieurs empreintes de dinosaures dans la couche supérieure. Si les dinosaures avaient disparu depuis 65 millions d'années, alors on ne devrait pas trouver de traces correspondantes à la surface de la terre, parce qu'elles devraient être effacées par les influences de l'érosion. Les dinosaures et les hommes ont-ils vécu ensemble dans un passé pas tellement lointain ? Est-ce parce qu'elles sont récentes, et non très anciennes, que les traces trouvées sont encore bien reconnaissables ?

Dans le lit de la Paluxy River, on trouve habituellement non pas des empreintes de pieds singulières et isolées, mais des séquences continues d'empreintes alternantes du pied gauche et droit. Ces pistes sont le plus souvent appelées selon leurs découvreurs. En dehors du *Dinosaur Valley State Park* se trouvent le *Clark Trail* et le *Taylor Trail*. Les deux pistes sont éloignées uniquement de quelques mètres et présentent des traces très ressemblantes. Le *Taylor Trail*, du nom de son découvreur Stan Taylor, se trouve dans l'actuel lit de la rivière, et donc dans des couches rocheuses notablement plus profondes que le *Clark Trail* qui se trouve sous la couche calcaire supérieure, sur la ligne de faîte. Considérées géologiquement, des millions d'années séparent les deux pistes, avec les empreintes de pieds d'hommes et de dinosaures que chacune contient.

Le *Taylor Trail* est connu depuis la fin des années soixante dix. À l'époque, seules neuf empreintes avaient été découvertes, la roche calcaire déposée sur cette trace ainsi que les galets fluviaux de la Paluxy River ayant été éliminés. Ces traces se trouvent maintenant directement dans le lit de la rivière, et sont lors des hautes eaux inondées et obstruées par les galets de la rivière. Même les traces plus anciennes sont encore bien reconnaissables, mais l'érosion progressive les a rendues un peu plus indistinctes. Par bonheur, la roche calcaire présente dans cette région a une structure très ferme, contrairement à la roche du *Clark Trail*, et se prête de ce fait mieux à des examens plus précis.

Nouvelles investigations

Après plusieurs mises à jour répétées des anciennes empreintes du célèbre *Taylor Trail*, le Dr Baugh et le Dr Patton ont ouvert en 1988 une nouvelle série d'empreintes, servant de complément et de continuation aux traces découvertes jusque-là. Les investigations qui durent depuis cette époque ont montré que le *Taylor Trail* se compose d'au moins quatre pistes de dinosaures différentes qui se croisent. La trace la plus intéressante et la plus longue consiste en 15 empreintes qui se suivent, et qui sont orientées de façon à peu près parallèle à la direction actuelle de la rive. Les empreintes singulières ont été numérotées de – 7 à + 6. Des investigations précises ont montré que dans les empreintes pétrifiées de pieds du dinosaure et sur leur bord, on pouvait trouver et mettre en évidence des traces humaines. Bien des fois, on peut reconnaître nettement plusieurs orteils ou plus rarement tous les orteils, alors que pour d'autres empreintes seul le gros orteil peut être distingué. Mais c'est là chose normale, quand on pense que les conditions lors de la marche sur un sol boueux sont très variables, car la vitesse de la marche et sa direction changent à chaque pas, en fonction de la différence de consistance du sol.

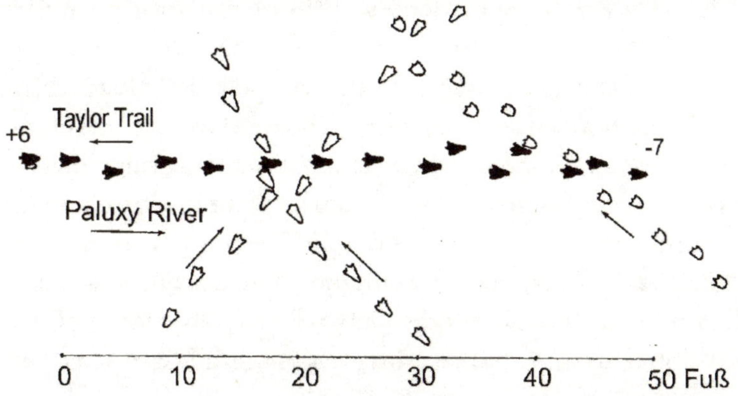

Taylor Trail. Ce schéma représente toutes les empreintes découvertes jusqu'à aujourd'hui dans le Taylor Trail. Les traces noires contiennent les impressions à trois doigts de dinosaures avec des traces de pieds humains.

En tout cas, on a l'impression qu'un homme a marché dans les traces de pieds d'un dinosaure ! Si l'on se représente un sol boueux, il est évidemment plus simple de marcher dans une trace déjà présente, parce que naturellement il ne s'y trouve pas de boue, ou au moins il s'en trouve peu. Bien sûr, les empreintes de pieds d'un grand dinosaure se prêtaient particulièrement bien à ce procédé. Nous avons réalisé divers essais de champ, où nous imitions la marche sur un sol mou. Les résultats peuvent très bien être comparés avec les traces pétrifiées que l'on a trouvées, et présentent les mêmes caractères. En raison des circonstances et de la mollesse de la boue, l'homme et le dinosaure doivent tous deux avoir marché sur la même surface de terrain dans un laps de temps très bref. Les traces causées doivent peu de temps après avoir été recouvertes par une masse molle, et ainsi conservées. Il ne peut pas s'être écoulé des jours, des mois et a fortiori des années, comme l'indique l'opinion scientifique, jusqu'à ce que les pétrifications soient achevées, parce qu'autrement elles auraient été érodées par des intempéries ou d'autres influences. Il ne saurait y avoir de doute à ce sujet.

Nouvelle visite à Glen Rose

Le *Taylor Trail* était depuis 1994 de nouveau recouvert par l'eau, et dut être remis au jour en août 1996, afin que les investigations puissent continuer. J'en fis l'occasion de rendre une nouvelle visite à Glen Rose et donc au Dr Baugh ainsi qu'à son *Creation Evidences Museum*. Je devais voir sur place de mes propres yeux la preuve de la coexistence des dinosaures et de l'homme. Le 6 août 1996, j'arrivai avec ma famille à Ft. Worth, et nous allâmes directement à la petite ville de Glen Rose. Je rendis d'abord visite au courtier Grover Gibbs qui a un bureau directement situé dans le centre historique. Au début des années soixante-dix, il avait guidé des visiteurs venus de Dallas dans les fouilles du Dr Dougherty. Il était ainsi un témoin oculaire de preuves extraordinaires, et il confirma l'authenticité des photos que je lui montrai, représentant les traces aujourd'hui malheureusement érodées.

Puis nous nous rendîmes au *Creation Evidences Museum* en-dehors de la ville. Malheureusement, le Dr Baugh n'était pas présent. Il avait entrepris sa troisième expédition dans la forêt tropicale de la Nouvelle-Guinée. Le but de ce voyage était la découverte et la documentation de dinosaures vivants. En tout cas, les indigènes font état de dragons évocateurs, et ont une peur énorme des monstres, qui sont même censés manger des hommes et pillent régulièrement les tombes des membres morts de la tribu. Toutefois, le Dr Patton, géologue, était là. Il dirigeait la fouille et la nouvelle mise au jour du *Taylor Trail*. Il était devenu, lui précisément, le spécialiste de cette piste, et l'avait examinée d'une façon particulièrement minutieuse au cours des années précédentes. Par des températures tropicales, ma fille Larissa et moi nous accomplîmes les travaux dans le fleuve, en collaboration avec d'autres aides venus de différentes parties de l'Amérique. Les circonstances étaient désagréables, et pas seulement à cause des sangsues écœurantes, des plantes vénéneuses et des serpents. Il fallut éliminer plus de 30 cm de galets du lit de la rivière, ainsi que des traces, et monter les talus sur la rive. Puis on remplit des sacs de sable que l'on répandit sur toute la zone de la piste, afin qu'elle puisse être complètement asséchée.

Après une semaine de travail, la télévision japonaise apparut, le dernier jour de la fouille. Elle tourna des images de notre travail et de la mise au jour du *Taylor Trail* . Malheureusement, je dus, ce jour-là, retourner en Allemagne pour des raisons professionnelles. Ma fille rayonnait d'enthousiasme pour les découvertes et les preuves, et elle ne voulut pas retourner avec moi en Allemagne, car il y avait encore une semaine de vacances scolaires. En tout cas, des conflits intellectuels sont préprogrammés pour elle si dans son lycée, pendant l'enseignement scientifique, la théorie de l'évolution et donc la loi de Darwin lui est présentée comme une loi indiscutable.

Pendant mon séjour à Glen Rose, j'eus aussi l'occasion d'examiner, au niveau des talus de la rive de la Paluxy River, une couche d'une épaisseur globale d'un peu plus d'un mètre. Nous fîmes à cet endroit, ma fille et moi, des trouvailles qui ne concordent pas avec la théorie de la constitution lente de dépôts d'animaux morts. Dans des circonstances normales, les escargots, les coquillages et d'autres êtres vivants meurent dans l'eau et tombent jusqu'au fond. Lorsque cela se passe assez souvent et longtemps, il doit se former une couche de fossiles, comme dans le cas que nous examinons. Quand des coquillages meurent et descendent jusqu'au fond, les muscles se relâchent et les coquilles s'ouvrent. Seul un coquillage *vivant* est normalement *fermé*. Or dans cette couche, nous trouvions uniquement des empreintes de coquillages fermés d'espèce et de taille variées. Ce fait indique que les coquillages ne sont pas morts d'une mort naturelle. Ces animaux ont été surpris par une mort extrêmement soudaine, si bien qu'ils n'avaient pas la possibilité de relâcher leurs muscles et par conséquent d'ouvrir leurs coquilles. Les coquillages fermés impliquent une cause de mort soudaine, et leur survenue massive dans les pièces pétrifiées, sur l'ensemble de la terre, doit à vrai dire être considérée comme la preuve d'une catastrophe qui s'est déroulée très rapidement.

Même les pétrifications que l'on trouve en Allemagne sont censées s'être formées au cours de vastes périodes de temps. Mais comment explique-t-on les pétrifications d'animaux qui doivent s'être formées comme une sorte d'instantané ? Une pétrification bien connue est celle d'un poisson relativement grand qui a dans sa gueule un poisson plus petit et qui a été pétrifié pendant son repas. Le poisson s'est-il étouffé à cause de son repas trop plantureux, conformément à l'interprétation scientifique, ou a-t-il été surpris par un événement extrêmement soudain, tué et conservé (voir photo 67) ?

Des processus de solidification rocheuse qui se déroulent rapidement permettent que se pétrifient non seulement les squelettes, mais aussi les parties molles des animaux. Chez un petit saurien de 24 cm, qui a été trouvé dans le sud de l'Italie, l'« *intestin parfaitement pétrifié* » peut encore fort bien être reconnu. Les chercheurs italiens Dal Sasso et Signore signalent aussi des fibres musculaires conservées ainsi que des dépôts rougeâtres qui doivent provenir du foie[10]. Cet animal a été rapidement conservé et pétrifié, car autrement les entrailles se seraient putréfiées et décomposées, ou auraient servi de source alimentaire à d'autres animaux.

À Holzmaden en Allemagne, on a trouvé une scène de naissance pétrifiée. Il s'agit d'un ichtyosaure long de 55 cm, dont la tête se trouvait encore entre les os du bassin de la

10 « Fokus », N° 14/1998,p. 308.

mère. Cette naissance fossilisée ne constitue pas un destin singulier, c'est ce que montrent les squelettes massifs de ces poissons-sauriens, qui ont été littéralement pétrifiés l'un sur l'autre en grandes quantités, comme des harengs dans un saloir. L'énorme accumulation de cadavres d'animaux dans l'espace le plus étroit et leur conservation rapide laissent imaginer directement une catastrophe monstrueuse. Dans le cas d'autres animaux pétrifiés, on peut encore reconnaître la chair qui correspond à une teinte différente de la pierre. Mais un animal complètement pétrifié avec « *la peau et les poils* » doit avoir été enveloppé au cours d'une période brève par un matériel mou. Si ce processus durait longtemps, il ne resterait, jusqu'à l'achèvement de la pétrification, plus aucune chair et vraisemblablement aussi aucun vestige d'ossements. Est-ce un hasard si des découvertes correspondantes constituent plutôt la règle que l'exception ?

Nous avons aussi pu découvrir sans difficulté des pétrifications de vers. Ces derniers étaient faciles à découvrir en coupe transversale et à la surface de la roche calcaire. Quand on peut voir un vers en coupe transversale au bord de la roche, il doit être enveloppé par le calcaire attenant à cet endroit. Comme on pouvait aussi découvrir des vers fossilisés au bord et à la surface des pierres, les animaux doivent obligatoirement avoir été surpris par un événement soudain, inclus et pétrifiés. En outre, cette répartition donne pour les vers un âge plus élevé que pour la roche qui les entoure, parce qu'ils doivent avoir été rapidement entourés par elle quand elle était molle : ils n'auraient pas pu pénétrer dans le calcaire déjà solidifié. C'est encore et toujours le même scénario : il doit y avoir eu un durcissement soudain, violent et rapide de la boue originellement molle.

Il est conforme au bon sens et à l'expérience quotidienne que des traces de pieds ne puissent pas se pétrifier en pleine nature, car elles ne sont pas assez longtemps conservées, jusqu'à ce que la vase molle se pétrifie, donc se durcisse, lentement, au terme de millions d'années. Cette représentation géologique, qui permet de définir la *longue* durée de la genèse des couches rocheuses singulières, est semble-t-il fausse. Il est tout à fait évident que les couches de sable et de calcaire doivent durcir aussi vite que du béton avec les traces de pieds qui y sont contenues, pour qu'elles puissent être conservées. C'est pourquoi les couches géologiques ne constituent pas une horloge étalonnée des ères terrestres, comme le montre l'exemple suivant :

Dans les années 1980 et 1983, au volcan de Mount St. Helens dans l'État de Washington (USA), en quelques heures, des couches géologiques épaisses chacune de 8 mètres ont été déposées par un flot de vase (cf. photo 84). Cette formation en tout épaisse de 16 mètres, formée en 2 jours de catastrophe, aurait pu se constituer non en 3 ans, mais aussi en 2 jours ou en 5000 ans. Il n'est pas possible de déterminer par des mesures l'âge ou la durée de formation de couches sédimentaires.

Le bois pétrifié est considéré comme une preuve d'un grand âge de la croûte terrestre, car la pétrification est censée se produire pore par pore, très lentement, pendant une longue période, des millions d'années. Pourtant, dans le cadre de catastrophes terrestres, le bois pétrifié peut se constituer rapidement, en quelques heures ou en quelques jours (cf. p. 2 : b). Même le tableau décrit plus haut de la mort rapide des escargots, des coquillages et des vers, suggère la formation rapide de couches sédimentaires et par là un horizon événementiel de catastrophes naturelles, le déluge.

Il apparaîtra dans le cadre de ce livre que l'ensemble de la Terre a été exposé il y a tout au plus 10 000 ans, ou plutôt 6000 ans voire encore plus tard, à des catastrophes naturelles dévastatrices et à une inondation, au cours desquelles presque toute vie sur ce monde a été anéantie (cf. p. 2 : c). Jusqu'à cette catastrophe, les hommes et les dinosaures, mais aussi de grands mammifères, vivaient ensemble.

~ 4 ~
Énigmes temporelles

Les découvertes de traces de pieds pétrifiées ne sont qu'une pièce dans le puzzle de l'image du monde qu'il s'agit de décrire à neuf. Si les dinosaures ont vécu à la même époque que les hommes, alors on doit faire dans les couches géologiques correspondantes d'autres découvertes qui ne peuvent coexister selon la théorie de Darwin. Elles contrediraient aussi le point de vue de la géologie, pour qui les couches terrestres, considérées globalement, se sont formées continuellement et pendant un très grand laps de temps, lentement, l'une après l'autre, millimètre par millimètre.

Dinosaures à la surface de la Terre

Le Dr Baugh rapporte qu'on a trouvé, à côté de pièces singulières, deux squelettes de dinosaure avec 100 os, dans des couches (trop) *proches de la surface*[11]. On peut faire cette observation pour presque toutes les découvertes correspondantes dans le monde entier. En Australie, dans la région de Kimberley à Winton, on a découvert une piste de dinosaure longue de plus de 80 km avec plusieurs milliers d'empreintes de pieds de différentes espèces de dinosaures. La découverte d'empreintes de pieds pétrifiées n'est donc pas un hasard ou un événement particulier. À considérer la chose précisément, il semble que ce soit la règle. Il doit avoir régné dans de grandes parties du monde des conditions climatiques et géologiques foncièrement identiques, qui ont conduit à la conservation des empreintes. Mais pourquoi n'observe-t-on plus de nos jours de pétrifications, ni d'un point de vue global, ni où que ce soit en un lieu déterminé ?

Après 64 millions d'années, chaque type de vestige de

11 Baugh, 1991.

l'époque des dinosaures, que ce soit le squelette ou la trace de pied, devrait être profondément caché dans le sol terrestre ! Les explications comme les glissements de terrain, les influences dues aux tremblements de terre, les failles des strates géologiques ou les bouleversements des plaques de la croûte terrestre, pour les découvertes qui sont faites au grand jour, ne peuvent satisfaire qu'un observateur non intéressé ou livrer une raison suffisante dans certains cas singuliers.

En avril 1998, le journal *Illustrierte Wissenschaft* a fait un rapport sur une découverte inhabituelle. Le géologue amateur britannique Alan Dawn a trouvé les ossements presque complets d'un saurien aquatique long d'environ trois mètres, carnivore. Ce squelette de l'animal éteint soi-disant il y a 150 millions d'années ne se trouvait pas enterré à plusieurs mètres du sol, comme on pourrait le supposer d'un point de vue géologique et biologique, au contraire, *les os dépassaient même de la terre*[12].

Des archéologues ont trouvé en Mongolie intérieure un grand squelette de saurien. La plus grande pièce jamais découverte jusqu'à présent en Asie. Le dinosaure long de 21 mètres et haut de 7 mètres doit avoir pesé 100 tonnes. Il a été découvert dans la partie occidentale de la steppe de Xilin-Gol. Cette région est appelée « *le dino-cimetière* » parce qu'on y a déjà découvert plusieurs fois des squelettes et des œufs pétrifiés de dinosaures[13]. On trouverait donc après 70 millions d'années, aussi simplement, un squelette dans la steppe ? Même si l'on tient compte de tempêtes importantes et de vents correspondants, les découvertes de ce genre devraient être considérées comme un coup de chance extraordinaire. Pourtant, d'autres communiqués de presse publiés ces derniers mois témoignent de découvertes similaires dans le monde entier.

12 « Illustrierte Wissenschaft », 7ème année, avril 1998, 24.
13 « Bild », 10/12/1996.

Au Brésil, une femme emmenait son chien promener et a découvert ainsi, tout simplement, un squelette de dinosaure entier. À Sumatra, des pêcheurs avaient pris un squelette dans leur filet, et craignaient, à leurs dires, que ce ne soient les restes d'un dragon! Les scientifiques qui s'y rendirent identifièrent cette pièce comme étant les restes d'un dinosaure aquatique. Ainsi donc, après au moins 64 millions d'années, on attrape tout simplement un squelette avec un filet de pêche absolument normal ? Ces vieux ossements ne devraient-ils pas être depuis longtemps putréfiés, couverts de coraux ou pulvérisés d'une autre manière par les meules du temps ? Partout dans le monde, on trouve des œufs de dinosaures, et même des nids complètement intacts. Silencieusement, j'ai supposé un jour, ce qui n'est nullement assuré, que les nids réguliers avec de grands œufs proviennent aussi de dinosaures, bien que sous ce rapport j'aie toujours pensé dans un premier temps à des oiseaux. En fait, il n'est pas non plus prouvé encore que tous les œufs proviennent de dinosaures. Quoi qu'il en soit, un œuf venant d'une découverte analogue dans la province chinoise du Henan a été examiné par des rayons laser au Methodist-Hospital d'Arcadia, Californie, et radiographié. On a pu de cette manière rendre visible l'embryon contenu par l'œuf. Ces découvertes facilement destructibles avec un contenu initialement fragile, *mais qui pourtant ne s'est pas putréfié ou décomposé pendant la pétrification, témoignent d'un processus très rapide de conservation*.

Les dinosaures ne sont pas inhumés comme les hommes. On trouve les restes de nos ancêtres humains surtout dans des tombes. Ils ont donc été protégés d'une désagrégation rapide. Mais même ces ossements pourrissent en un temps relativement bref. Comment se fait-il en général qu'il y ait encore après cette longue période de temps tellement de restes de dinosaures, qui n'ont pas été consciemment enterrés ? On a trouvé les ossements de ces animaux primitifs dans le monde entier, en Amérique du Nord et du Sud, en

Afrique, en Europe, en Australie, en Mongolie ou aussi dans l'Antarctique. Partout, ces squelettes et ces traces pétrifiés sont trouvés très près de la surface, et aussi directement dans la couche supérieure. Si on le considère plus précisément, ce fait doit rendre plus que songeur.

En fait, si un animal était mort dans les temps primordiaux, il devrait s'être décomposé. Des squelettes de quelques mètres de long et surtout de haut ne restent pas si simplement conservés, et ce même dans un sable friable ! Ni sous forme complète et en tant que structure osseuse tridimensionnelle. En Afrique, le sol devrait être empli d'os fossiles et commençant à se pétrifier d'un grand nombre d'animaux morts au cours des années passées, si notre image du monde concernant les temps primordiaux était exacte. Comme ce n'est pas le cas, il n'y a pas besoin d'arguments supplémentaires. Il n'y a qu'une solution : les cadavres ont été recouverts et conservés dans le laps de temps le plus bref par un matériel déposé durcissant rapidement, du sable, du loess, ou de la cendre.

Il faut dans ce cadre, à côté de ces découvertes datant de l'époque des dinosaures, qui ne documentent que la présence physique à une période qui ne nous est pas connue, renvoyer encore une fois au marteau fossile fabriqué par l'homme, que j'ai décrit exhaustivement dans le chapitre précédent et qui a été trouvé dans une couche rocheuse temporellement comparable. Or cette découverte n'est pas un cas isolé. D'autres objets aussi ont été trouvés inclus dans une roche solide. Les lieux de ces découvertes sont disséminés dans le monde entier.

David Brewster rapporte en 1844, sous le titre *Questions et communications relatives à un clou trouvé enfoncé dans un bloc de grès, obtenu à Kongoodie (Mylnfield) Quarry, nord de la Grande Bretagne*, à la *British Association for the Advancement of Science*, que l'on a découvert, dans une carrière du nord de l'Angleterre, des clous qui ont été extraits d'un bloc de grès massif. La découverte analogue d'une figure de glaise est décrite par Frederick Wright en 1887 sous le titre *Man and the Glacial Periode*[14].

Le 22 juillet 1844, on a trouvé à Rutherford-Mills, Angleterre, un fil d'or produit mécaniquement encastré dans un roc pur, à 2,50 m de profondeur[15]. Les sphères métalliques d'Afrique du sud représentent une autre énigme. Dans une mine de pyrophyllite à Ottosdal, on est tombé sur des sphères dont le pourtour est gravé de cannelures. Ces artéfacts métalliques doivent être plus âgés que le pyrophyllite entourant ces sphères, qui est estimé à un âge de 2,8 milliards d'années ! Doit-on maintenant rejeter l'âge de l'humanité aussi loin dans l'histoire temporelle de la Terre ? Dans ce cas, les hommes auraient déjà vécu dans ce monde avant les dinosaures, les trilobites et d'autres animaux existant avant nous dans ce que l'on présente comme l'histoire de l'évolution. De ce point de vue, il aurait dû y avoir déjà des êtres humains au début du développement de la vie, quand seuls existaient des unicellulaires et d'autres formes de vie primitive. C'est ce qui serait prouvé, selon les règles et la détermination de l'âge géologiques, par les découvertes que je viens de décrire, s'il ne s'agit pas de supercherie ou si la datation scientifique de la roche est fausse.

C'est encore et toujours le même problème qui se pose : quelque chose ne peut absolument pas correspondre à la détermination temporelle, aux âges de la Terre et à l'évolution. Luc Bürgin parle dans le livre *Mondblitze* du problème des sphères gravées et s'est mis en relation avec le Dr Roelf Marx du *Klerkdorp-Museum*, qui possède quelques unes de ces nombreuses sphères. Il en est ressorti une histoire curieuse. Une sphère ovoïde était exposée dans le musée. Après quelque temps, on constata que l'objet sphérique avait tourné. On pensa que la femme de ménage ou des vi-

14 Wright, 1887, 379-381
15 Buttlar, 1996.

siteurs du musée avaient changé la position de la sphère. Après avoir parfaitement collé le boîtier de verre et le support, l'objet ovoïde recommença à tourner. On observa que cet œuf de métal tournait autour de son axe en 128 jours. Des phénomènes similaires purent être observés sur d'autres sphères. Mais Bürgin rapporte aussi la découverte de sphères artificielles qui ont été trouvées dans une mine de charbon près de la ville de Most. Ces objets présentaient aussi des cannelures, mais ils sont constitués, en dehors de l'acier, par des roches volcaniques. Dans de rares cas, ces sphères ont la capacité correspondante de s'orienter vers le pôle Nord[16].

Près d'Olancha, en Californie, on a trouvé en février 1961 une géode rocheuse (corps rocheux minéral sphérique) présentant à la surface des coquillages fossiles, dont l'âge est estimé à au moins un demi million d'années. Des radiographies ont montré dans les deux moitiés de la géode sciée un instrument technique non identifié, fait d'un métal brillant. Les deux moitiés étaient à l'origine reliées par une pointe ou un axe métallique[17].

D'autres objets, comme une vis ou une monnaie étrange, font aussi partie des découvertes qui étaient enchâssées dans de la roche ou dans des couches rocheuses profondément enfouies. La raison en est évidente, car tous ces objets devraient être plus âgés que la roche qui les entoure, dont l'âge est estimé par la géologie, sans exception, à au moins plusieurs millions d'années. La trouvaille d'un cheveu dépassant d'un bloc de pierre de la pyramide de Chéops est intéressante ; il a été découvert par le Professeur Joseph Davidovits de l'Institut des Géopolymères en France, lors de l'examen au microscope d'échantillons de roche[18]. Soit ce cheveu est plus ancien que la pierre, formée en

16 Bürgin, 1994 et Däniken, E. v. : « Golfbälle der Götter », in : « Ancient Skies », I/1988.
17 Steiger, 1989.
18 Langbein, 1996.

premier, soit le bloc de pierre est de fabrication artificielle. Des examens et des mesures des blocs employés pour construire la pyramide avaient livré un taux d'humidité trop élevé pour une pierre naturelle, mais qui d'un autre côté aurait été normal pour du béton. Ce qui serait l'indice d'une fabrication au moins partiellement artificielle des blocs de la pyramide de Chéops, car il y en a aussi indubitablement qui sont authentiques. Si cette hypothèse sensationnelle n'est pas juste, il faut accorder au cheveu trouvé un âge incroyable, puisqu'il doit être plus âgé que la roche. Mais les deux solutions sont en contradiction manifeste avec notre conception conventionnelle du monde.

Une autre trouvaille extraordinaire a été faite dans une couche contenant divers fossiles, à quelques kilomètres de Glen Rose, à proximité de la Chalk Mountain. Il s'agit d'un doigt humain fossile totalement pétrifié qui se compose du même matériel calcaire que les couches rocheuses situées dans la région de Glen Rose. On ne peut découvrir aucune différence visible quand on le compare avec le doigt d'un homme vivant. Des études comparatives permettent de conclure à une personne féminine, la taille du doigt pétrifié est supérieure d'environ 20% à la valeur moyenne. Même l'ongle est complètement conservé. Une section et d'autres examens (radiographies) de la structure interne du doigt pétrifié on montré que l'on pouvait mettre en évidence non seulement les os originels, mais aussi la moelle osseuse. Elle a été remplacée par des minéraux naturels pendant l'enveloppement dans le matériel mou du sol[19].

Cette trouvaille est en tout cas inhabituelle, et presque unique, car la pétrification complète a touché non seulement les os, mais aussi la chair. Cela ne peut s'être produit que sous l'action d'un processus très soudain de plongée dans un sol mou dans un environnement dépourvu d'oxygène, le durcissement du sol et donc du doigt devant s'être

19 Baugh, 1991.

accompli très rapidement, car autrement il y aurait eu décomposition du tissu.

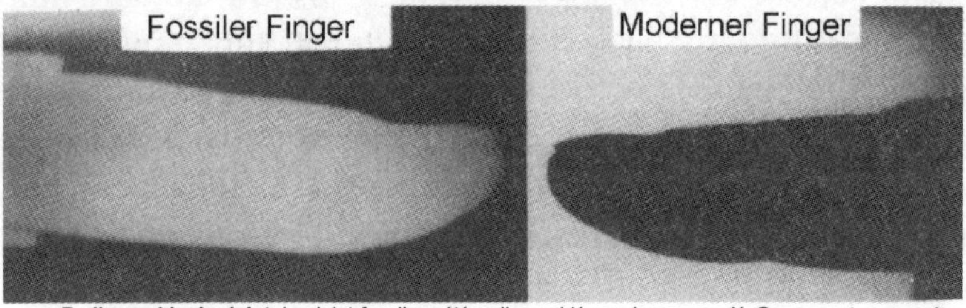

Radiographie du doigt. Le doigt fossile a été radiographié par des rayons X. On ne peut reconnaître aucune différence en le comparant avec le doigt d'une personne vivante.

Le 17 juin 1987, lors d'une fouille organisée par le Dr Baugh du *Creation Evidences Museum*, on a trouvé une dent qui présente une coloration noire. Elle se trouvait à 10 cm à peine au-dessus de la deuxième couche de roche calcaire dans un sol non remanié. On put conclure qu'il s'agissait de la dent d'un enfant en raison de sa taille et de sa forme. Un dentiste venu de Dallas confirma d'abord cette hypothèse à la suite d'une inspection, et constata dans la forme extérieure et les mesures de cette pièce des concordances avec l'incisive supérieure d'un homme. Lors de cette fouille, on trouva en outre les ossements d'une tortue, les racines d'une fougère fossile et le 18 août 1992 ainsi que le 11 août 1993, à proximité immédiate, deux nouvelles dents[20].

En résumé, il est encore impossible de porter un jugement définitif sur la provenance de ces objets. Alors que d'un côté les examens visuels de ces dents par des dentistes ont relevé des similarités avec des dents humaines modernes, les investigations les plus diverses de la structure et de la nature de la surface par différents instituts n'ont pas permis de s'en forger une image exacte. La conclusion actuelle est que la dent est d'origine inconnue. Il semble que des indices humains caractéristiques au niveau de l'apparence soient associés à des propriétés de dents de poisson, relatives à la structure de l'émail de la surface. Des découvertes simi-

20 Helfinstine, 1994.

laires n'ont jusqu'à présent jamais été signalées. Il n'est donc pas encore possible de tirer une conclusion définitive. Il existe, selon les examens pratiqués jusqu'à aujourd'hui, deux possibilités. Soit il s'agit dans ce cas d'une espèce jusqu'ici inconnue de poisson doté de dents qui à l'examen visuel ressemblent à celles de l'homme, soit il s'agit de dents d'un homme qui a peut-être vécu avant le déluge, avec une structure de l'émail qui ressemble à celle d'une espèce de poisson. Quoi qu'il en soit, ces deux alternatives possibles ne peuvent s'accorder avec les formes que nous connaissons.

George Adams, un habitant de Glen Rose, a trouvé deux crânes humains fossiles et le squelette d'une femme haute de 2,10 m dans des couches géologiques très anciennes, ou mieux trop anciennes. Le lieu où ont été trouvés ces ossements se trouve à quelques kilomètres de Glen Rose, mais dans la région de la Paluxy River. Toutefois, l'âge précis de ces squelettes fossiles n'a pas encore pu être déterminé. Une autre trouvaille remarquable est constituée par l'empreinte d'une main humaine. Dans la *Dinosaur Valley State Park*, le Dr Dougherty a trouvé en 1978 l'empreinte d'une main gauche d'enfant, à côté des empreintes de pieds d'un dinosaure[21]. Le Dr Baugh a fait une trouvaille similaire associée à des traces de pieds d'hommes et de dinosaures dans une couche géologique identique[22]. Dans ce cas, il s'agit d'une main droite. Directement à côté de cette empreinte se trouvent des empreintes de pieds humains, dans lesquelles on peut voir les cinq orteils. L'image globale donne l'impression d'un homme se trouvant dans une position à demi agenouillée qui s'appuie sur sa main droite. Une seule conclusion peut être tirée de l'impression causée par des empreintes juxtaposées de pieds de dinosaures et d'hommes ainsi que par une empreinte de main humaine distincte : les dinosaures et les hommes vivaient en même

21 Dougherty, 1984.
22 Baugh, 1981

temps. Comme nous l'avons déjà indiqué, le Dr Dougherty a trouvé en 1980 l'empreinte d'une patte de chien à côté de l'empreinte d'un pied de dinosaure à 3 doigts. Et en outre une série de 7 empreintes pétrifiées des pattes d'un grand félin – probablement un tigre à dents de sabre – qui du fait de la taille de l'empreinte devait avoir une hauteur au garrot d'environ 2 m[23]. On a trouvé en plus une partie du crâne d'un tigre à dents de sabre. Cet animal lui aussi vivait avec des dinosaures et des hommes, à la même époque qu'eux. On a découvert en outre dans les mêmes couches le fer d'un cheval avec une partie des os. Si l'on doit en croire la science scolaire, *il n'y avait à l'époque des dinosaures que de petits mammifères primitifs, tout au plus gros comme des rats*. Les découvertes de grands mammifères ne sont pas à leur place dans ces couches rocheuses, et devraient *sans exception* constituer des supercheries. Mais si l'exactitude d'une seule découverte est démontrée, ce qui s'est déjà produit dans ce livre pour des séries tout entières, l'histoire de la genèse de tous les êtres vivants ainsi que le fondement de la géologie doivent être entièrement repensés à neuf.

Trilobites

Nous n'avons jusqu'ici présenté que des trouvailles relatives à des hommes ou à des animaux qui sont censés avoir vécu des millions d'années plus tard que les dinosaures, mais dont les restes se trouvent dans les mêmes couches géologiques. Cependant, il y a aussi d'un autre côté des fossiles qui sont censés provenir de périodes situées *avant* l'ère des dinosaures, et dont les restes eux aussi sont trouvés en même temps que ceux d'hommes, de mammifères et de dinosaures, dans les mêmes couches. Les trilobites, qui sont d'espèce et de taille différentes, sont exemplaires de ce fait. Ils sont censés s'être éteint très soudainement au plus tard il y a 400 millions d'années, donc 150 millions d'années avant le début de la domination des dinosaures. Ces animaux sont

23 Dougherty, 1984.

des crabes archaïques (arthropodes) dotés d'un grand nombre de petits pieds et d'une carapace de chitine dure divisée en trois, qui vivaient surtout à proximité des côtes dans des mers peu profondes, des vallées fluviales ou des marécages.

Ces trilobites sont considérés par la science scolaire comme des fossiles-guides, qui jouent un grand rôle en géologie en tant que méthode de datation indirecte, car le début et la fin de la durée de vie de l'ensemble de l'espèce sont supposés *connus et démontrés*. On admet selon la théorie de Darwin que les formations les plus anciennes contiennent aussi uniquement les organismes les plus simples. Donc, si l'on trouve une couche contenant uniquement des formes de vie primitives, alors il *est obligatoire*, conformément au darwinisme, que la couche correspondante soit aussi âgée. Les organismes complexes, comme les ossements de l'homme, ne peuvent par conséquent apparaître *que* dans des formations géologiquement plus jeunes et par là situées plus haut. Donc un système simple mais rigoureusement articulé, qui n'admet aucune exception et qui est pour cette raison facile à ébranler, puisque justement l'exception semble être la règle.

Quoi qu'il en soit, la géologie elle-même date à son tour l'histoire de la Terre au moyen des fossiles-guides contenus dans les couches rocheuses. Des doutes officiels sont *fondamentalement exclus*. Mais l'évolution à son tour est ainsi prouvée, car le darwinisme peut en appeler à la datation des couches par la géologie, du fait que l'on constate que les organismes trouvés doivent avoir un âge déterminé, puisqu'ils ont été trouvés dans une couche rocheuse dont l'âge lui correspond. Ainsi, on a créé une chaîne de preuves refermée sur soi, constituant une conclusion *inductive* (preuve si-alors), tout simplement géniale. Comme la théorie de la descendance n'est plus considérée uniquement comme une théorie, mais comme une loi inébranlable et par là comme un dogme, on peut utiliser le darwinisme pour démontrer le darwinisme lui-même et démontrer par là l'évolution. La conclusion inductive acquière une force probante et ne peut donc plus être révoquée en doute. En d'autres termes : la preuve qui se prouve elle-même, ou bien un « *perpetuum mobile* » intellectuel.

Je ne sache pas que l'on ait pu en un point quelconque de la Terre documenter la suite de l'évolution par l'examen et la fouille des couches terrestres et des fossiles qu'elles contiennent, sans lacune ou au moins seulement approximativement. Lors de discussions sur ce thème, les géologues accordent qu'il faut creuser peut-être 50 sites différents de la Terre pour pouvoir suivre tous les degrés de développement de la prétendue évolution. Mais comment connaît-on, avec tellement de sites de découvertes, la succession exacte ? Ici, la loi de Darwin apporte son aide, car plus les organismes trouvés sont primitifs, plus ils doivent être âgés. Selon le darwinisme, les espèces plus simples ne doivent pas apparaître dans des couches plus jeunes et donc plus haut situées, en même temps qu'une vie mieux développée. C'est aussi simple que cela.

Selon la loi de Darwin, les trilobites ne devraient donc pas être trouvés avec des dinosaures, des mammifères ou des hommes. D'après la théorie – on devrait dire en fait la loi – de l'évolution, semblables découvertes sont fondamentalement exclues. Ce serait la même chose que trouver un dinosaure vivant à notre époque.

Dans les couches calcaires de la Paluxy River, on trouve aussi, à côté des empreintes de pieds de dinosaures, de mammifères et d'hommes, un grand nombre de trilobites. Le *Somervell County Museum* de Glen Rose abrite un nombre impressionnant de ces fossiles et d'autres, représentants des organismes primitifs, ainsi que des pétrifications d'animaux hautement développés, qui ont été trouvées dans la région de la Paluxy River au cours des dernières décennies.

On trouve aussi exposés au *Creation Evidences Museum* des objets similaires extraordinaires. En 1968, William Meister s'adonnait avec sa famille à son hobby. Il aime collectionner les fossiles. À 43 miles au nord-ouest de Delta, Utah, il a fait une découverte importante. Alors qu'il martelait un endroit du roc, une couche s'est écaillée. À son grand étonnement, il a vu sur la plaque rocheuse les empreintes de deux pieds humains, naturellement pétrifiés. Il s'agissait d'une empreinte du pied droit et gauche, sans particularités visibles comme en causent les orteils ou le talon. Il n'était pas difficile de reconnaître que cet homme avait porté des chaussures, car le bord de la semelle avait laissé des contours nettement marqués dans le sol originellement mou.

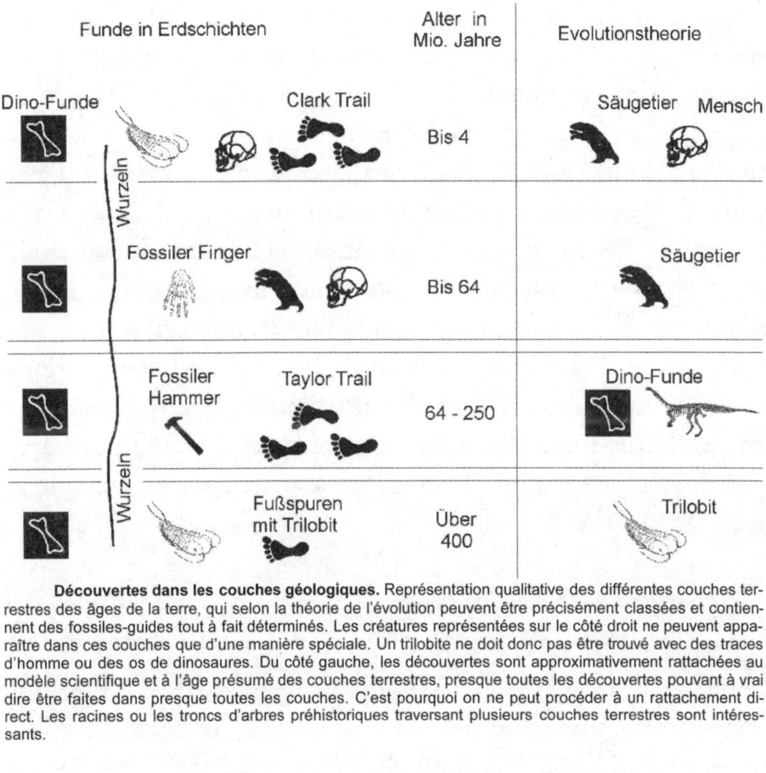

Découvertes dans les couches géologiques. Représentation qualitative des différentes couches terrestres des âges de la terre, qui selon la théorie de l'évolution peuvent être précisément classées et contiennent des fossiles-guides tout à fait déterminés. Les créatures représentées sur le côté droit ne peuvent apparaître dans ces couches que d'une manière spéciale. Un trilobite ne doit donc pas être trouvé avec des traces d'homme ou des os de dinosaures. Du côté gauche, les découvertes sont approximativement rattachées au modèle scientifique et à l'âge présumé des couches terrestres, presque toutes les découvertes pouvant à vrai dire être faites dans presque toutes les couches. C'est pourquoi on ne peut procéder à un rattachement direct. Les racines ou les troncs d'arbres préhistoriques traversant plusieurs couches terrestres sont intéressants.

En raison du poids du corps, les talons avaient laissé une dépression un peu plus profonde que la pointe des pieds, ce à quoi l'on pouvait s'attendre au demeurant dans cette sorte d'empreinte. Considérée pour soi seule, la trouvaille d'une empreinte pétrifiée de chaussure est déjà presque impensable, car il n'y a d'homme portant des chaussures que depuis un petit nombre de millénaires[24]. Mais la plus grande surprise, l'aspect scientifique le plus sensationnel, vient du bord intérieur du talon. Le pied gauche avait écrasé un trilobite, qui n'était pas difficile à identifier pour un spécialiste comme Meister. Cette trouvaille sans équivoque, qui ne fut aucunement commentée par des scientifiques établis, prouve que le darwinisme et par là l'évolution relèvent de l'invention. Selon les thèses courantes, cet homme devrait avoir vécu il y a plusieurs centaines de millions d'années, puisque les trilobites sont censés s'être éteint depuis des temps immémoriaux, avant même l'époque où les dinosaures vivaient. Même la datation de la roche contenant l'empreinte a été repoussée à l'âge des trilobites par les géologues. Selon la thèse courante, l'homme devrait donc être plus âgé que l'espèce des dinosaures, car en vertu de l'histoire de l'évolution, ces animaux sont censés ne pas avoir encore existé au temps des trilobites. L'homme vivait donc au début de l'évolution ? Cette conclusion se profile s'il ne s'agit pas d'une supercherie ou si l'on n'envisage pas un extraterrestre qui un jour a visité la Terre et a laissé ses empreintes de pieds. Il faut encore mentionner que d'autres traces de pieds pétrifiées ont été trouvées à proximité de ce site de découvertes, mais sans les particularités du cas que je viens de décrire.

Histoire terrestre abrégée ?

Le trilobite vivait avec tous les autres animaux et l'homme, à la même époque qu'eux. C'est ce que montrent sans équivoque les découvertes dans les couches géologiques de la Paluxy River. La genèse des couches terrestres a duré moins longtemps que les géologues et les partisans du darwinisme ne veulent bien le croire. Des découvertes contemporaines de nombreux êtres vivants variés – y compris les trilobites en tant que fossiles-guides – montrent que les

---

24 Däniken, 1974. Steiger, 1989. Brown, 1980.

dinosaures, les hommes et les mammifères ne peuvent pas avoir vécu il y a 400 millions d'années, époque de l'extinction des trilobites, mais qu'ils ont existé ensemble jusqu'à l'anéantissement presque complet de la Terre il y a relativement peu de temps par un déluge mondial.

Les chapitres précédents ont déjà présenté beaucoup de preuves de l'hypothèse selon laquelle les couches de la surface terrestre se sont formées foncièrement plus vite que la géologie ne l'admet, car dans le cas contraire il ne pourrait y avoir ni les empreintes de pieds pétrifiées ni le marteau fossile enveloppé de roche calcaire.

On trouve d'autres preuves de cette affirmation dans les découvertes de fougères et d'arbres des temps primitifs. Ils étaient beaucoup plus grands qu'aujourd'hui quand ils poussaient à l'époque historique précoce ou antédiluvienne. Ces plantes gigantesques sont bien connues grâce à des pétrifications dans le monde entier. Les grandes fougères, peut-être hautes de 20 à 30 m, avaient aussi des racines de taille correspondante. On peut trouver dans les couches de la Paluxy River non seulement des empreintes de pieds, mais aussi des racines fossiles, qui pour certaines traversent verticalement plusieurs couches rocheuses solides. Ces plantes ont été dans le laps de temps le plus bref recouvertes et conservées, car autrement un pourrissement de ces parties végétales facilement dégradables aurait eu lieu. La position verticale à travers plusieurs couches rocheuses révèle à son tour que celles-ci se sont formées en se succédant l'une après l'autre d'une manière extrêmement rapide.

Pour les raisons présentées, ces couches ne peuvent en aucun cas s'être superposées lentement. Il n'y a qu'une conclusion susceptible d'être tirée de l'image globale qui découle des découvertes décrites : la Terre est plus jeune, et sans doute *beaucoup plus jeune* que la géologie et le darwinisme ne voudraient le faire croire. On doit au moins soustraire *sans compensation* 400 ou 500 millions d'années à l'histoire de la Terre, pour la raison qu'il ne peut pas y avoir eu de développement du trilobite jusqu'à l'homme, et que *tout existait simultanément*. On peut lire, dans le cahier spécial *Dinosaures* du magazine *P.M.* : « *D'une part, il n'y a dans bien des régions de la Terre aucune roche du trias, du jurassique et du crétacé en général. Soit il n'y en a jamais eu, soit elles ont été au cours des millions d'années réduites en sable par l'érosion et entraînées jusqu'à la mer. La carte de l'époque des dinosaures a donc de grandes lacunes*[25] ». Est-ce que je comprends correctement : des couches terrestres, qui de la Terre sont censées s'être formées dans une période de l'histoire remontant a plus de 200 millions d'années, disparaissent du sol dans de grandes régions de la Terre tout simplement, sans laisser de trace, sont tout bonnement réduites en sable ? Où est donc conservé ce sable ? Tous les déserts de ce monde et toutes les masses sédimentaires des mers ne suffisent guère à le contenir, comme le prouvent les forages entrepris au fond de la mer ! La première pensée était exacte, car il n'y a jamais eu d'ères du trias, du jurassique et du crétacé. Les régions où se trouvent des couches terrestres provenant de ces prétendues périodes ont été frappées par une monstrueuse catastrophe.

Les roches furent liquéfiées, se solidifièrent ensuite très vite de nouveau et constituèrent une nouvelle croûte terrestre. Toute sorte de restes de provenance organique et animale y furent enfermés de façon foudroyante. D'autres régions, qui furent moins touchées par les conséquences du déluge et de l'activité volcanique, dus à l'impact d'une comète, présentent justement moins de formations rocheuses de ce genre, ou n'en présentent pas du tout. En d'autres termes, les impacts cosmiques avec les ruptures de la croûte terrestre qui les suivirent engendrèrent des températures variables, diminuant selon l'éloignement du centre de l'impact où elles pouvaient atteindre 100 000°C. Les différences d'intensité de ces températures expliquent que la roche elle aussi fondit à des degrés variables. Les animaux ou les plan-

25 « P.M. », cahier spécial « Dinosaurier », Munich 1997, 10.

tes qui se trouvaient trop près des foyers de la catastrophe se consumèrent simplement sans laisser quelque trace que ce soit. Les substances terrestres ramollies mises en mouvement par les masses d'eau tourbillonnant à l'intérieur des terres enfermèrent soudain les animaux déjà morts ou aussi encore vivants, si bien que les fossiles que nous connaissons aujourd'hui furent enfermés et se pétrifièrent.

Ce qui précède explique que l'on trouve souvent dans la roche des animaux enfermés avec « *la peau et les poils* », ou aussi seulement sous forme de squelette : l'intensité de la température prédominante est déterminante pour le type du fossile. Plus les artéfacts et êtres vivants étaient éloignés du centre de l'impact, plus ils furent conservés sous forme complète. On comprend aussi pourquoi la carte des dinosaures présente de grandes lacunes, car c'est seulement quand les conditions décrites prédominaient avec des températures et des pressions correspondantes que tels et tels animaux ou plantes en général étaient inclus et conservés. Des zones qui n'étaient pas aussi intensément ravagées ou également des régions aux environs immédiats du lieu de l'impact contiennent en conséquence moins de fossiles, ou n'en contiennent même aucun. Je présenterai d'autres preuves de cette affirmation au cours de ce livre.

Mais peut-être doit-on rayer de l'histoire de la Terre beaucoup plus que cette période de 400 millions d'années ? Si les couches terrestres situées à la surface se sont formées et solidifiées rapidement, il faut poser d'autres questions : pourquoi la Terre ne peut-elle pas s'être développée aussi vite avant le déluge ? Y a-t-il eu un deuxième grand événement, peut-être la naissance soudaine de notre Terre ? Quand on considère attentivement beaucoup de couches terrestres superposées, on peut le plus souvent en reconnaître deux espèces fondamentalement différentes. La couche inférieure et donc la plus ancienne présente souvent des inclinaisons tout à fait considérables, est faite de strates de roche éruptive et apparaît érodée au niveau de la surface la plus haute. Au-dessus se trouvent souvent beaucoup de couches horizontales, qui apparaissent différentes, mais consistent globalement en roches sédimentaires. Or les couches horizontales et donc parallèles, non érodées au niveau de leur surface, signent que des phases de dépôt se sont suivies rapidement pendant une inondation. La roche basale avec ses strates abîmées souvent très obliques s'est constituée pendant une catastrophe, tandis que les couches parallèles situées au-dessus ont été engendrées par une grande inondation. Cette succession des couches est perturbée dans des cas individuels par des influences catastrophiques plus ou moins intenses.

Comme il ne peut pas y avoir eu d'évolution, il n'est pas nécessaire non plus de supposer de longs intervalles de temps pour la constitution des acides aminés et la formation *fortuite* d'un unicellulaire, début de la véritable évolution. On pourrait alors peut-être rayer directement d'autres centaines de millions d'années. Peut-être la Terre primordiale s'est-elle refroidie beaucoup plus vite qu'on ne l'admet ? Notre planète maternelle est-elle en réalité relativement jeune ?

Jusqu'à il y a quelques années, l'étude intensive de différentes littératures m'avait convaincu que l'humanité, du fait des trouvailles que j'ai décrites, était à tout le moins vieille de 60 millions d'années, et que la Terre avait donc aussi un certain âge. Mais une objection m'a toujours préoccupée : si l'humanité est âgée, pourquoi les mines de minerai ne sontelles pas épuisées depuis longtemps ? Quand on réfléchit à la quantité de matière première irremplaçable que nous avons consommée et exploitée au cours des cents dernières années, il ne devrait plus rien rester après au moins 60 millions d'années d'histoire de l'humanité ! Mais si l'on suit l'idée de la coexistence de toute vie jusqu'au déluge il y a au maximum 10 000 ans, alors cette objection s'intègre logiquement dans l'argumentation d'une Terre plus jeune !

Trouvailles dans le monde entier

Je n'ai jusqu'à présent fait état que des découvertes dans la région de Glen Rose. Les fouilles dans ce domaine sont très productives en raison des couches rocheuses d'orientation horizontale, mais il existe des trouvailles équivalentes dans le monde entier. Un archéologue, le Dr Rex Gilroy, directeur du *Mount York Museum* en Australie, a trouvé dans ce pays des traces pétrifiées d'hommes géants et un crâne à proximité de traces de pieds d'un brontosaure[26].

Différentes découvertes de fossiles. Pourquoi y a-t-il des découvertes de fossiles qualitativement différentes ? Dans le domaine A, à proximité d'impacts cosmiques ou d'éruptions terrestres, tout ce qui vit se consume : pas de découvertes. Un peu plus loin (domaine B) la température était tellement élevée que le tissus corporel a été brûlé, mais les os sont restés — souvent noircis comme s'ils étaient brûlés — et ont été enterrés dans la boue des masses d'eau et conservés, parce qu'il y a eu un durcissement rapide. On voit ainsi apparaître des squelettes dans des rocs massifs. Si la distance par rapport à l'épicentre est encore plus grande (domaine C), les animaux restent préservés avec leur chair, téguments et poils, et sont conservés par les mêmes processus que dans le domaine B. On voit ainsi des animaux complètement conservés dans des rocs massifs. Dans le domaine D, il n'y a ni température élevée, ni grande vague. Les couches de boue elles aussi ne sont pas très marquées, si bien que les corps des animaux ont été emportés par les masses d'eau du déluge, et ont été enterrées pour certains dans des charniers collectifs, formant un chaos d'éléments broyés. Preuve : beaucoup de charniers collectifs des espèces animales les plus variées dans le monde entier.

À Hughenden, à peu près 200 km au nord-est de Winton dans le Queensland, on trouve aujourd'hui encore en grand nombre des fossiles marins. Il y aurait eu ici dans des temps immémoriaux une mer intérieure. L'attraction de cette ville est constituée par un squelette de dinosaure haut de 14 m, qui a été trouvé dans la Gorge de Porcupine[27]. Au sud-ouest de Winton en Australie orientale, on a trouvé beaucoup de traces de pieds, qui peuvent être visitées à tout moment. On peut se convaincre soi-même que les animaux des différentes époques ont vécu simultanément. Il ne s'agit pas là uniquement de traces de pieds de dinosaures, mais de

26 Baugh, 1991.
27 « Reise Know-How », 1993, 294.

tous les animaux possibles de taille variable, comme les émeus et d'autres animaux. Si nous croyons à la théorie de l'évolution, ces trouvailles contemporaines dans une couche rocheuse sont naturellement impossibles, et pourtant on peut malgré cela voir les preuves dures comme la pierre. Les couches correspondantes ont un âge estimé d'un point de vue géologique à 100 millions d'années[28].

On trouve aussi en Australie des ossements et des squelettes entiers de dinosaures, et des mêmes espèces que partout dans le monde. Il doit donc y avoir eu, du vivant des dinosaures au moins, des isthmes entre les continents. Mais il est vraisemblable qu'il n'y avait à ce moment qu'un seul grand continent plus ou moins soudé. Lors de ma visite au *Queensland Museum* de Brisbane en 1996, j'ai pu admirer le squelette intégralement reconstitué d'un grand dinosaure et un fragment du plateau rocheux original avec les traces de cet animal et d'autres.

Il y a aussi au Turkménistan, outre des traces de pieds de dinosaures en grand nombre et des restes de squelettes d'animaux préhistoriques, des empreintes pétrifiées de pieds d'hommes. Ces trouvailles sont comparables à celles de la région de Glen Rose, ce qui prouve que nous n'avons pas affaire à n'importe quels événements fortuits au Texas : ils ont partout dans le monde des parallèles biologiques et géologiques. On a aussi trouvé des traces pétrifiées de pieds de dinosaures en Afrique, en Géorgie, en Ouzbékistan ainsi qu'en Allemagne. À Münchehagen, en Basse-Saxe, on peut visiter quelques traces de sauriens pétrifiées qui sont en partie protégées dans un hall. Au bord de la Wieherngebirge, à Barkhausen près de Bad Essen, on peut expertiser des pistes pétrifiées de sauropodes et d'un théropode dans une plaine rocheuse aujourd'hui escarpée. Dans l'ensemble, l'aspect est le même qu'à Glen Rose, sauf qu'il n'y a pas d'empreintes de pieds humains. Les traces de pieds solidifiées pour former de

28 « Reise Handbuch », 1993, 244.

la pierre ne représentent donc pas un phénomène local, il faut que se soit déroulé dans le monde entier un processus identique qui aujourd'hui ne peut plus être observé.

Dans la vallée de Gadafaova au Niger, en Afrique, il existe une sorte de charnier collectif de dinosaures. Des centaines d'exemplaires différents sont morts sur une longueur de 175 km dans l'ancienne vallée fluviale. Ils sont enfouis tout au plus à 10 m de profondeur, les vertèbres dépassant pour certaines sous forme d'une chaîne de petits monticules dans le sable du désert. Le phénomène de la découverte en surface après 65 millions d'années peut aussi être observé dans le monde entier, mais ne correspond en aucune manière à notre image du monde géologique actuelle

Dans le désert de Gobi, en Mongolie, il y a de riches ossuaires de sauriens, les squelettes étant pour la plupart situés directement à la surface. Au *Musée de la Mongolie intérieure*, dans la capitale Hohhot, on trouve, à côté de squelettes de sauriens venus des environs, un mammouth pétrifié qui a été découvert dans une mine de charbon. Un mammouth pétrifié est une vraie rareté, et la découverte dans du charbon est intéressante. Je n'ai pu savoir si le mammouth avait été trouvé dans de la houille ou dans de la lignite, plus jeune. La lignite dans le bassin du Rhin et dans quelques régions d'Asie (Sibérie, Mongolie) s'est formée il y a environ 60 millions d'années. Mais on connaît aussi des gisements qui ne se seraient formés qu'il y a cinq millions d'années.

Dans le premier cas, il y a un problème temporel, car les différents mammouths, d'une taille allant jusqu'à quatre mètre, se sont développés il y a 24 millions d'années et de ce fait ne peuvent pas, au contraire des dinosaures, être trouvés dans de vieilles veines de charbon. Les ancêtres des mammouths, de la taille d'un porc, vivaient il y a 55 millions d'années, donc eux aussi seulement *après* l'extinction des dinosaures. À proximité de Vernal, à la frontière entre l'Utah et le Colorado, se trouve le *Dinosaur National Monu-*

ment. On peut y voir comment des paléontologues extraient d'une falaise large de 183 mètres et haute de 24 des ossements fossiles de dinosaures qui se trouvent dans un désordre extrême, soudés côte à côte dans le roc. Tous ces os doivent avoir été conservés très vite dans un milieu dépourvu d'air, car dans une pétrification successive, os après os, une grande partie d'entre eux au moins se putréfie. La roche contenant les squelettes doit donc, après avoir enveloppé sous forme de boue molle les squelettes, s'être formée très vite pour constituer une unité compacte, donc s'être durcie.

En revanche, on explique aux visiteurs qu'il y a longtemps, un fleuve méandreux a entraîné sur un banc de sable d'innombrables cadavres de dinosaures. Des courants et les charognards ont dispersé les restes. Le sable a recouvert petit à petit un grand nombre des os. Au cours d'intervalles de temps encore plus longs, des lacs ont entreposé des *milliers* de mètres de boue et de sable sur les os. Les sédiments et les os se sont *lentement* transformés en pierre. Ensuite, l'érosion, la déformation et la courbure de la surface terrestre ont emporté de nouveau les couches rocheuses épaisses de plusieurs kilomètres, jusqu'à ce que les os soient de nouveau situés à la surface de la terre, comme dans les temps primitifs. Les géologues croient donc en un processus lent de plissement des montagnes. Des couches rocheuses dures comme du béton, friables, doivent en même temps avoir été déformées à froid.

Si une grande pression est exercée sur une couche de roc solide, étalée horizontalement, ce roc va se fendre en divers endroits, car la roche ne peut supporter que de faibles forces de traction. Pour empêcher les fissures correspondantes, le béton est renforcé par une armature en acier, afin que les tensions de traction engendrées par la courbure puissent être supportées, ce que le béton friable n'est pas en état de faire. Si ces forces ne peuvent pas être supportées, il apparaît des fissures aux endroits les plus sollicités. L'enveloppement rapide des os fossiles et l'absence de fissures des couches rocheuses courbées témoignent d'un état plastique et élastique du matériel rocheux initial avant la déformation. Comment autrement des os pourraient-ils parvenir *dans un roc solide* ? La réponse ne peut qu'être : *la roche était molle au moment de l'inclusion rapide*. Il n'y a pas d'autre solution. C'est aussi de cette manière que se sont formées des traces pétrifiées de pieds humains, dont l'âge varierait entre 150 et 600 millions d'années. Des fossiles correspondants ont été découverts dans le Kentucky, et documentés en 1938 dans la *Science News Letter*[29]. Henry Schoolcraft et Thomas Benton rapportent des découvertes similaires dans *The American Journal of Science and Arts* en 1822[30]. La taille de ces empreintes de pieds fait conclure qu'elles doivent elles aussi provenir d'hommes très grands. Dans la *Science News Letter* du 29 octobre 1938, on signale d'autres traces pétrifiées de pieds humains, qui ont été trouvées en Pennsylvanie[31]. Dans une veine contenant du charbon, dans le Fisher Canyon, à Pershing County au Nevada, on a découvert en 1927 l'empreinte d'une chaussure. La semelle est si nettement figurée que l'on peut même voir des traces d'une sorte de retors. L'âge de cette empreinte a été estimé entre 160 et 195 millions d'années[32]. Si cette empreinte de pied est restée conservée, la couche charbonneuse doit avoir été molle et malléable au moment où la trace a été laissée.

Le parallèle avec les empreintes laissées dans la roche calcaire ne peut être méconnu. Le charbon ne peut donc pas, ou pas seulement, se former par un processus de houillification ou de combustion d'éléments organiques. Ce charbon constituant une roche sédimentaire était à un certain moment mou, et doit avoir durci rapidement, car autrement l'empreinte laissée aurait été érodée. Le phénomène

29 « Science News Letter », 10 décembre 1938, 372.
30 Schoolcraft, H.R. et Benton, T.H. : « Remarks on the Prints of Human Feets, Observed in the Secondary Limestone of the Mississippi Valley », in « The American Journal of Science and Arts », 5ème année 1822, 223-231.
31 « Human-Like Tracks in Stone are Riddle to Scientists », in « Science News Letter », 29 octobre 1938, 278-279.
32 Däniken, 1974, Tomas, o. J. Geise, 1997.

de durcissement rapide des roches sédimentaires ne se limite donc pas à des cas individuels ou à certains types de roche.

Découvertes extraordinaires dans des veines de charbon

Selon l'état de notre savoir, le charbon lui aussi doit s'être formé il y a des millions d'années. Pourtant, c'est un fait qu'à différentes époques et en différents endroits du monde, des trouvailles extraordinaires sont faites dans des morceaux de charbon ou des veines charbonneuses. Ainsi, on a trouvé un dé à coudre qui était inclus dans du charbon. C'est ce que rapporte J. Q. Adams dans *American Antiquarian* en 1883, sous le titre *Le dé à coudre d'Ève*[33]. En juin 1976, Harry Wiant signale dans le périodique *Creation Research Society Quarterly* une cuillère trouvée enchâssée dans du charbon[34]. Dans le même bulletin, Wilbert Rusch publie en 1971 un article intitulé : *Traces de pieds humains dans la roche*. Il y décrit la trouvaille surprenante d'une bouilloire en fer dans un morceau de charbon[35]. John Buchanan décrit en 1853 un instrument artificiel fabriqué en fer, dans les environs de Glasgow, Écosse, qui se trouvait dans une veine de charbon[36].

En 1885, on a trouvé, dans un bloc de charbon de l'ère tertiaire, un dé presque parfait pesant 785 g, qui a été exposé jusqu'en 1910 au musée de Salzbourg. Il était composé d'un alliage de charbon, de nickel, d'acier, avec une faible teneur en soufre[37]. Autre trouvaille inhabituelle dans du charbon, une chaîne d'or de 8 carats. Ce cas est documenté

33 J. Q. Adams : « Eve's Thimble » in « American Antiquarian », 5ème année, 1883, 331-332.
34 Harry V. Wiant : « A Curiosity from Coal », in « Creation Research Society Quarterly », cahier n°1 de la 13ème année, 1976, 74.
35 Wilbert H. Rusch sen. : « Human Footprints in Rocks », in « Creation Research Society Quarterly », 7ème année, 1971.
36 Buchanan, J. : « Discovery of an Iron Instrument Lately Foun Imbedded in a Natural Seam of Coal in the Neighbourhood of Glasgow », in « Proceedings of the Society of Antiquarians of Scotland », 1ère année, 1853.
37 Buttlar, 1996.

dans le journal *Morrisonville Times*, une ville de l'Illinois, le 11 juin 1891[38].

Selon un rapport du *Scientific American* du 5 juin 1852, il se trouvait aussi une nef ou un vaisseau métallique avec une doublure d'argent dans des couches correspondantes[39]. Cette liste pourrait encore être allongée, car les objets les plus divers, comme par exemple une cloche de bronze, ou aussi des plantes du passé le plus récent de la Terre, ont été trouvés dans des lieux où ils n'auraient en fait pas dû se trouver. En outre, tous ces articles décrits, de fabrication artificielle, doivent être plus anciens que le charbon, puisqu'ils étaient enchâssés dedans. Naturellement, on a trouvé aussi en différents endroits dans des veines de charbon des restes de dinosaures et d'autres animaux des temps primitifs. On a trouvé, dans une mine de charbon à Bernissart, Belgique, un cimetière du monde primitif en bonne et due forme, avec les restes d'une espèce de dinosaure (iguanodons), de tortues, de crocodiles et d'un grand nombre de poissons. Comme le charbon ainsi que les dinosaures sont censés être très anciens, il ne paraît pas y avoir au premier regard de contradiction éclatante. La découverte commune de charbon, d'animaux primitifs, de dinosaures et d'objets de fabrication artificielle prouve que ces animaux et l'homme doivent avoir vécu *avant* la constitution du charbon, puisque les artéfacts ont été trouvés *dans* le charbon. Ce fait doit sans cesse être souligné. Si tous les restes proviennent de la même époque, une question cruciale se pose : les mammifères, les dinosaures et l'homme vivaient-ils ensemble il y a au moins 65 millions d'années, *ou bien* peuplaient-ils la Terre il y a un temps relativement bref ? Le déluge mondial déjà évoqué serait une explication logique. Il pourrait être responsable de la formation du charbon et du pétrole, car une inondation violente pourrait avoir ense-

38 « Morrissonville Times », 11 juin 1891, 1.
39 « A Relic of a By-Gone Age », in « Scientific American », 5 juin 1852, 298.

veli des arbres et d'autres plantes. Une pression élevée, causée par exemple par les masses superposées ou les ondes de pression, ainsi que la chaleur produite par le déluge dans un milieu dépourvu d'air, pourraient avoir mis en branle le processus de houillification des arbres. Mais le facteur le plus important en fonction du type de charbon est la température élevée. Une fois que ce processus a commencé, chaleur et pression sont automatiquement produites, si bien qu'aucune adjonction de chaleur et de pression supplémentaire n'est nécessaire. Il faut songer ici que le charbon apparaît sous différentes formes, comme la houille et la lignite, l'anthracite et la tourbe. La différence entre ces différents types consiste avant tout en la teneur en composé carboné, qui s'enrichit lors du processus de houillification : la tourbe contient 40-60% de composés carbonés, la lignite 60-70%, la houille 70-90% et l'anthracite 90-99%.

Le charbon a-t-il été formé exactement aussi vite que les couches calcaires que nous avons décrites ? Des examens récents semblent le confirmer. Les enchâssements des objets les plus variés dans des gisements de charbon, que nous avons décrits, seraient susceptibles d'être expliqués de façon concluante par des processus d'évolution rapide. Pour que le processus de houillification puisse se dérouler rapidement, il faut un catalyseur permettant d'accélérer ces réactions chimiques. On a observé que beaucoup de gisements se trouvent sur d'anciennes couches d'argile ou de glaise et se présentent associés à des matériaux provenant d'éruptions volcaniques. Ces conditions sont réalisées dans les circonstances accompagnant le déluge. Quand on pense que les réserves de charbon du monde sont estimées peut-être à 5000 milliards de tonnes, on est tenté de chercher pour ce fait une cause globale, donc universelle. Indépendamment de cela naturellement, des catastrophes localement délimitées peuvent, dans des cas singuliers, être responsables de la genèse de gisements de charbon.

Le Mont Sainte Hélène

Le 18 mai 1980, le volcan St Helens entra en éruption sur la côte ouest des USA, dans l'État de Washington. Cela conduisit en 1982 à la création du parc national *Mount St. Helens Volcanic Monument*, qui plaça la région directement touchée par la catastrophe sous la protection des autorités des parc nationaux. Les événements de l'époque anéantirent totalement à peu près 150 miles carrés de forêt. De grandes quantités de lave s'écoulèrent du volcan dans les vallées. Le cône volcanique fut réduit de 400 m, et il resta un cratère large de 1,5 km ouvert vers le nord. Ce parc compte aujourd'hui au nombre des merveilles naturelles les plus impressionnantes d'Amérique. Des centaines de milliers de souches et de troncs d'arbres ont été emportés dans le *Spirit Lake*, accompagnés par un gros volume de matériel biologique et de cendre volcanique. En un petit nombre d'années, il se forma au fond du lac un dépôt de matériel provenant d'organismes et surtout du bois, qui fut enrichi et pénétré par de la cendre volcanique. La tourbe ainsi formée a souvent la même structure et le même aspect que le charbon. L'écorce des arbres se détacha, tomba jusqu'au fond et constitua d'épaisses couches de dépôts. Les souches d'arbres et les troncs résiduels furent déposés dans la boue présente, pour certains en position verticale, parce que le chicot de la racine, plus lourd, tombait le premier.

Si une éruption volcanique se répétait, les arbres et les couches de tourbe présents seraient complètement ensevelis par de la cendre volcanique blanche et d'autres sédiments du lac, en l'absence d'air. Toutes les conditions nécessaires à une genèse définitive de charbon bitumeux seraient alors rassemblées. En 1986, le Dr Steve Austin entreprit des recherches intensives, et aujourd'hui encore, les processus géologiques sont surveillés[40]. On peut conclure de ces données que le processus de formation du charbon ne s'est pas

40 Austin, S. : vidéo « Mount St. Helens : Explosiv Evidence for Creation », Institute for Creation Research, 1992.

obligatoirement déroulé il y a des millions d'années, et à travers une longue période, mais que ce processus peut se produire dans des conditions favorables relativement vite en un laps de temps très bref. Dans la mine *Castle Gate*, Utah, on a trouvé dès 1924, dans une mine de charbon, l'empreinte d'un dinosaure à trois doigts[41]. Entre-temps, des centaines de traces similaires ont été trouvées dans l'Utah et le Colorado ; elles constituent souvent des pistes entières. Toutes les empreintes ont en commun d'avoir été trouvées à chaque fois dans le plafond de la veine. Elles sont en outre souvent souillées de sable ou de calcaire.

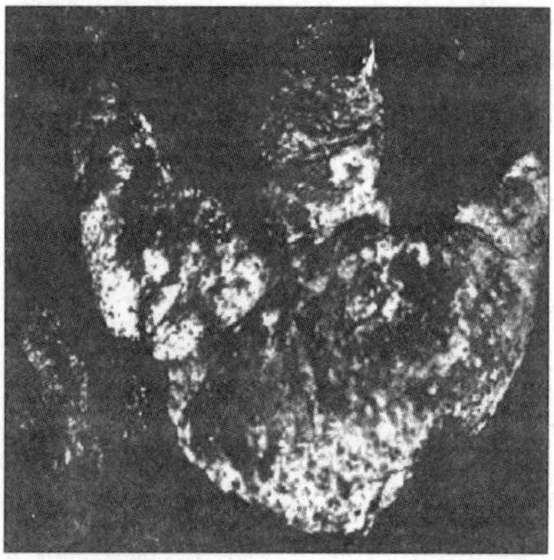

Empreinte dans du charbon. Dans la mine de « Castle Gate » (Utah), on a trouvé en 1924 cette empreinte d'un dinosaure à trois doigts, dans le plafond d'une veine de charbon, avec des restes de la boue charriée par les eaux qui se trouvaient autrefois au-dessus.

Comment des traces de pieds de dinosaures peuvent-elles se localiser dans le plafond des veines de charbon ? Ces animaux doivent avoir marché à travers un terrain légèrement boueux, s'être enfoncés jusqu'à la couche de charbon qui se trouve au-dessous et avoir laissé leurs empreintes dans la couche supérieure du gisement de charbon. Il est clair que le charbon doit avoir été jusqu'à ce moment *mou*, avant de durcir rapidement, car autrement les influences de l'érosion auraient fait disparaître les traces. On a le même scénario que dans la constitution des traces pétrifiées dans du calcaire ou du grès.

41 « Natural History », 3/1924.

Selon la thèse scientifique, le charbon se forme, en traversant un stade de lignite, par un processus de houillification, au cours duquel des processus géochimiques (pression, température) prédominent. D'où provient la pression nécessaire et la température exigée pour faire durcir le charbon près de la surface au fond d'un lac ? Le charbon ne peut s'être formé que si l'on admet un événement cataclysmique qui toutefois doit avoir, en raison de son ubiquité, un caractère global[42].

Selon le point de vue scientifique, la végétation morte qui est le point de départ du charbon est censée avoir constitué une couche organique dans le sol et aurait été recouverte de telle manière que l'oxygène, qui l'aurait décomposée, était absent. La chaleur nécessaire serait venue, sous forme de chaleur géothermique, tout simplement de l'*intérieur de la Terre*. Une veine de charbon serait née de cette couche avec le temps. Et les dinosaures marchaient sur cette couche chauffée, à l'abri de l'oxygène ? La chaleur normale de l'intérieur de la Terre suffit-elle à la surface pour expliquer les processus de houillification ?

J'aborderai plus précisément, quand je présenterai la description du déluge, une possibilité de genèse du charbon et du pétrole qui constitue une alternative à la thèse courante.

Le paradoxe du temps et l'évolution

Il se pose constamment, à propos des découvertes que je décris et de beaucoup d'autres similaires, le problème du rattachement à une époque déterminée, parce ces trouvailles sont faites au mauvais endroit, et dans une couche géologique prétendument bien trop âgée. On parle toujours, *catégoriquement* pour cette raison, de *supercheries*. Mais qui cache dans le monde entier des objets artificiels dans des couches géologiques profondes, censées être vieilles de

42 Zillmer, H.-J. : « Dinosaurierspuren in weicher Kohle », in « EFODON Synesis », 28/1998, 13-18.

centaines de millions d'années ? Si l'on veut croire les affirmations de la géologie sur l'âge des couches rocheuses, des trouvailles d'origine artificielle ou organique dans ces couches sont impossibles. Ou bien l'homme peut-il avoir vécu à l'époque des unicellulaires sans autres animaux et plantes ? Soit toutes les découvertes correspondantes sont des supercheries, ce que la science scolaire *doit inconditionnellement affirmer* pour conserver son modèle de pensée *sans même examiner le cas particulier*, soit la reconnaissance ne serait-ce que d'une seule trouvaille fait éclater comme une bulle de savon la théorie du grand âge de la Terre et de l'évolution qui l'accompagne.

Si l'on suppose donc qu'au moins *une trouvaille est authentique*, il faut établir une nouvelle théorie, complètement différente. Comme les objets inclus dans la roche ou aussi dans le charbon doivent être plus âgés que le matériel qui les enveloppe, il n'y a plus qu'une conclusion : la roche est foncièrement plus récente qu'on ne l'a admis jusque-là, et doit avoir eu à l'époque de l'inclusion de l'objet concerné une consistance molle. Les objets que j'ai décrits ont été inclus dans un matériel mou ou liquide par un processus cataclysmique, le déluge à l'échelle mondiale. Ce processus devrait avoir eu lieu il n'y a pas trop longtemps. Dans ce cas, le paradoxe temporel serait supprimé. Ceci supposé, l'authenticité des découvertes décrites ne constitue pas une énigme, mais un *phénomène donné dans la nature, contraignant*.

La conséquence incommode serait toutefois que la datation des roches devrait être bien plus récente. Par conséquence, la croûte terrestre elle aussi serait foncièrement plus jeune qu'on ne l'a pensé jusque-là, si l'on admet que les événements ont un caractère et un déroulement global. Dans ce cas, il ne peut pas non plus y avoir eu d'évolution, en raison du problème temporel. Il y a tout simplement trop peu de temps pour permettre aux espèces de se développer ! Mais s'il ne peut pas y avoir eu d'évolution, la question suivante se pose : d'où viennent les êtres vivants hautement développés ? Il n'y a qu'une réponse : *ils ont été créés, par quelqu'un, quel qu'il soit.*

Jusqu'à il y a 200 ans, les hommes de l'occident croyaient en la Bible. Et n'est-il pas écrit que Dieu a fait, ou plus exactement créé, l'homme à sa ressemblance ? Comme Dieu en tant qu'être spirituel, au cas où il existe, ne peut vraisemblablement pas être vu ni appréhendé, la foi fut remplacée par l'évolution, plus explicable logiquement au premier abord, parce qu'elle présentait l'alternative à tout point de vue unique sous un aspect matériel, tangible. Désormais, on ne devait plus croire en une création divine faite à la hâte. Avec la théorie de Darwin, l'humanité possédait une explication réelle qui auparavant faisait défaut. Tous les faits présentés dans ce livre démasquent toutefois l'idée d'évolution comme étant une impasse.

~ 5 ~
Monstres chronophages

Les déterminations temporelles directes de la géologie ne donnent de résultats quelque peu utilisables que si l'on présuppose que les doctrines de l'uniformité de Lyell et Darwin se sont appliquées pendant les longues ères de la Terre. S'il y a eu une fin du monde, les conditions annexes et les suppositions ne peuvent tout simplement plus être exactes. Les méthodes de datation directe ne peuvent donc donner obligatoirement que des valeurs imaginaires dépourvues de sens. S'il les datations directes souffrent d'une erreur dans la théorie, *les méthodes (de comparaison) indirectes de détermination ont été en bonne et due forme* manipulées *pour appuyer le darwinisme. Il est définitivement impossible que ces méthodes permettent de déterminer l'âge précis des roches.*

Charniers collectifs

Seule la détermination temporelle scientifique, dont on prétend avoir démontré sans équivoque la valeur sous la forme des méthodes directes et indirectes, soutient le fait d'une Terre âgée, que la géologie affirme avoir prouvé. Les ères singulières de l'histoire de la Terre sont connues, elles portent des noms comme *néozoïque*, *mésozoïque*, *paléozoïque* ou *cryptozoïque*, et même leur durée a été précisément établie. Cependant, si le Déluge a bien eu lieu, les méthodes scientifiques de datation, pour autant qu'elles sont censées déterminer l'âge d'un objet quand il est supérieur à 5000 ans, mais atteint au maximum 10 000 ans, ne peuvent qu'être fausses. Dans ce chapitre, j'examinerai de façon critique les déterminations d'âge des géologues, et je montrerai que les fondements de la détermination temporelle sont faux. Or cela disqualifierait en même temps le cours de l'histoire de la Terre, que nous connaissons tous, en le ramenant au rang de théorie fondamentalement fausse, et même d'invention libre. Selon les estimations, 95% de tous les fossiles connus sont des animaux vertébrés d'origine marine, et 4,75% des fossiles proviennent de plantes et d'algues. La plus grande partie des 0,25% restant concerne d'autres animaux invertébrés, comme les insectes. La plus petite partie de l'ensemble des fossiles concerne des animaux terrestres, avec parmi eux les mammifères ainsi que l'homme. Dans le monde entier, les découvertes sont de plus en plus fréquentes, et comptent environ 1300 squelettes de dinosaures ; le nombre des crânes et des autres os fossilisés appartenant à l'homme est encore plus petit. Pour qu'un fossile se constitue en général, il doit être incorporé dans des dépôts sédimentaires sous l'eau la plus courante possible, afin que les pores aériens soient emplis de cristaux de calcite ou de pyrite. La possibilité de découverte de fossiles correspondants se réduit ainsi à des cas tout à fait spéciaux.

Le type de la plupart des découvertes peut faire conclure à une catastrophe marine. Il est intéressant de noter que l'on trouve aussi des fossiles marins à des altitudes de plusieurs milliers de mètres. Naturellement, seuls peu de restes d'animaux marins et d'hommes sont conservés du fait de la violence de l'inondation.

En outre, on peut s'attendre, avec une inondation de ce genre, à ce que les restes des animaux terrestres soient emportés. On devrait aussi trouver dans des cavernes et des fissures rocheuses situées en hauteur d'assez grandes quantités d'os provenant d'animaux qui s'enfuyaient et cherchaient des abris. De fait, on connaît dans le monde entier de véritables ossuaires. Dans les mines d'asphalte et les cavernes de La Brea près de Los Angeles en Californie[43], on a trouvé, serrés l'un contre l'autre, les restes de plusieurs centaines d'animaux appartenant aux espèces et aux genres les plus divers, comme des chevaux, des paresseux, des chameaux, des mammouths, des bisons, des paons et des buffles. Les

43 Note de l'Editeur: lire au sujet de La Brea le livre d'Immanuel Velikovsky, *Les Grands Bouleversements Terrestres* qui a servi de base aussi bien à Berlitz qu'à Zilmer.

ossements de ces animaux formaient un désordre impossible à identifier, comme dans une décharge. Charles Berlitz fait état de sites de découverte de ce genre dans son livre *La recherche de l'Arche de Noé* :

« *Dans le Pays de Galle et le Devonshire, et dans nombre de régions du sud de l'Angleterre, on trouve sur des collines des charniers entiers emplis d'os broyés de hyènes, d'hippopotames, d'éléphants, d'ours polaires et d'autres animaux connus. Dans les fissures rocheuses du Mont Genay en France se trouvent des ossements de rhinocéros, d'éléphants, de lions et d'aurochs ; dans les Alpes suisses, ceux de crocodiles, d'autruches géantes et d'ours polaires. Au Dakota, des os de chameaux et de chevaux ont été comprimés par une pression importante en blocs gigantesques faits d'os d'animaux difficilement identifiables. Dans le Nebraska, on trouve les restes de rhinocéros et de porcs géants*[44].»

On a trouvé des os de baleine au nord du Lac Ontario à 132 m au-dessus du niveau de la mer, et au Vermont à 150 m. On a découvert, sur des collines et dans des fentes rocheuses en France, une accumulation d'os fragmentés de mammouths, de rhinocéros laineux et d'autres animaux. À Burgund, en France, il y a une couche sédimentaire située à plus de 400 m de hauteur contenant des restes disloqués de rennes, de chevaux, de mammouths et d'autres animaux. À Plymouth en Angleterre, on a trouvé brisés en d'innombrables fragments les restes des espèces animales les plus variées, comme le lion, l'hippopotame, le bison, le loup, le mammouth, le rhinocéros, l'ours et le cheval. Ces os brisés des différents animaux constituaient un mélange désordonné, qui était amalgamé avec des éclats de pierre aigus[45].

Les falaises de Gibraltar sont traversées par des fissures rocheuses emplies de nombreux ossements brisés et éclatés correspondant aux restes de lièvres, de bœufs, de rhinocé-

---

44 Berlitz, 1987.
45 Hancock, 1995.

ros, de lynx, d'ours, de hyènes, de panthères et d'autres animaux. Les restes de ces animaux, brisés en mille morceaux, ne sont pas usés et ne portent pas de traces de dents[46]. Dans le nord de la Sibérie, les îles Ljachow portaient autrefois le nom d'Îles aux os, parce que la terre ferme était complètement parsemée d'os et que l'on pouvait aussi faire des découvertes analogues dans la mer.

La grotte de Cumberland, dans le Maryland, Etats-Unis, est un autre gisement collectif connu d'os de diverses espèces animales. Lors du creusement d'un fossé, on a trouvé en 1912 une grotte contenant une remarquable collection d'animaux. Les restes de ces animaux appartenaient à des habitants des zones climatiques les plus variées : froide à tempérée (lemming, lièvre, porc-épic), ou aussi plus chaude (crocodile). On a également trouvé des restes d'espèces animales éteintes ou encore en vie (écureuil, vison). Mais on trouvait également dans ce désordre hétéroclite des os des habitants de régions sèches (coyote, furet) ainsi que de zones riches en eau (castor, rat musqué), comme aussi des animaux des pleines terres (cheval). Toutes ces créatures diverses sont mortes *ensemble*. Le rassemblement des restes d'animaux des zones climatiques les plus variées en un endroit déterminé ne peut absolument pas être expliqué par de longues périodes glaciaires telles que les établit la science scolaire. Les découvertes de la grotte de Cumberland mettent en évidence précisément le contraire : un événement cataclysmique à un moment déterminé. Mais une autre constatation paraît encore plus importante pour les examens ultérieurs présentés dans ce livre : les os brisés de cette grotte ne présentent aucune trace d'une action *un peu longue* de l'eau. Par conséquent, les os ne peuvent pas avoir été charriés pendant une longue période dans un fleuve. On peut plutôt conclure que les corps des animaux ont été précipités, par une vague violente du déluge, contre les rochers, si bien que les squelettes et les os se sont brisés et que

46 Velikovsky, *Mondes en Collision*, 1994

toutes les espèces animales ont été mélangées, et mêlées avec des galets et de la roche.

On ne discute pas très volontiers le fait que les charniers collectifs contenant des cadavres d'animaux ont été trouvés dans *des couches géologiques très différentes* (jurassique, crétacé, tertiaire), ainsi que dans des veines de charbon profondément enfouies. Seule une inondation catastrophique soudaine peut avoir causé dans le monde entier des charniers contenant les animaux les plus variés. En même temps, les processus de pétrification sont aussi des indices de circonstances extraordinaires. Un corps animal succombe à une destruction mécanique (température), chimique (acides) ou biologique (putréfaction). C'est pourquoi aucun processus de pétrification n'a lieu de nos jours, bien que d'innombrables êtres vivants meurent quotidiennement. Pour que le corps d'un animal soit préservé de la destruction et se pétrifie, le matériel organique doit être entouré d'une enveloppe protectrice. Comme les pétrifications se trouvent normalement dans des formations rocheuses, cette roche doit, au moment correspondant, avoir été liquide ou au moins molle. Il ne peut y avoir eu de pétrification étalée sur un grand laps de temps que dans des cas exceptionnels. Or les fossiles ne sont pas l'exception, mais sont au contraire des objets qu'il est facile de trouver dans le monde entier. On a trouvé dans un banc de calcaire en Angleterre d'innombrables trilobites dans une position particulière : ils étaient enroulés. Les anneaux du tronc de l'espèce de trilobite que l'on y trouve étaient faits de chitine, comme chez le cloporte que nous connaissons. Ces animaux ont la faculté de s'enrouler en cas de danger. Et c'est précisément dans cet état que l'on a trouvé les trilobites, massivement morts en position enroulée lors d'une catastrophe qui s'est déclenchée soudainement.

Les ammonites constituent un autre exemple de mort massive. Leur disparition soudaine et totale représente une énigme scientifique non résolue. Ces animaux marins autrefois massivement répandus possédaient une sorte de coquille d'escargot et étaient de bons nageurs. Comment ces animaux, qui *peuplaient presque toutes les mers*, sont-ils morts dans le monde entier ? Les nautiles, étroitement apparentés aux ammonites, ont toutefois survécu, jusqu'à aujourd'hui pour certaines espèces. Cette contradiction apparente était jusqu'à présent considérée comme une preuve convaincante réfutant le caractère global d'une catastrophe survenue dans le passé de la Terre, car autrement, dit-on, les nautiles *n'auraient pas pu survivre*.

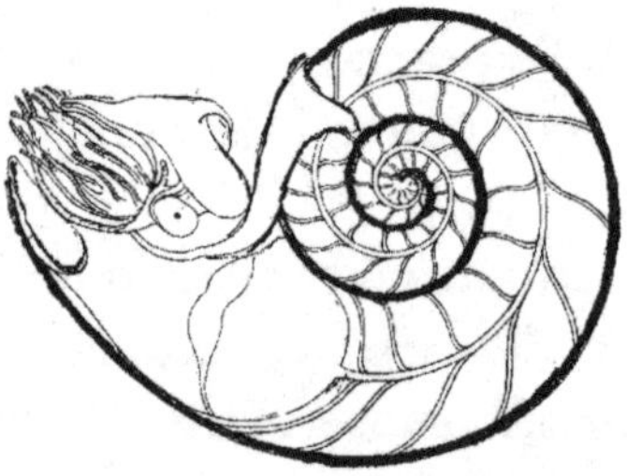

Coupe transversale d'un nautilus. On reconnaît les cloisons tournées vers l'arrière. C'est pourquoi ils ont survécu dans les profondeurs de la mer, contrairement aux ammonites.

La solution de l'énigme se trouve dans la *structure foncièrement différente de la coquille des deux espèces d'animaux*. Les courbures des cloisons étaient placées d'une façon opposée, ce qui rendait les nautiles capables de plonger plus profondément que les ammonites, qui ne vivaient que dans les parties peu profondes des mers[47]. Or cette différence livre la solution de l'extinction des ammonites. Comme elles étaient des animaux de surface, elles étaient exposées sans défense à la violence d'une inondation massive et à la diminution de la température, alors que les nautiles ont pu survivre dans les profondeurs de la mer avec des températures constantes – capacité de stockage thermique de l'eau. Les ammonites

47 Vollmer, 1989.

peuplaient les mers sous forme de différentes espèces depuis environ 400 millions d'années et s'éteignirent avec les dinosaures il y a à peu près 65 millions d'années selon la théorie courante. Une énigme et un argument scientifiques tous deux apparemment opposés à une extinction massive à l'échelle du monde constituent un *argument logique tout simplement percutant en faveur d'un déluge mondial*.

Les découvertes de charniers contenant les espèces animales les plus variées ne peuvent pas concorder avec notre image du monde selon laquelle la Terre ne se modifie que lentement. Cette extinction massive à l'échelle du monde constitue l'un des thèmes les plus vivement discutés du passé le plus récent. La cause de cette mort massive et de cette extinction de nombreuses espèces animales est diversement envisagée et fait l'objet de discussions controversées. La théorie de la catastrophe, prohibée entre-temps, a pourtant dernièrement été de nouveau de plus en plus discutée.

Détermination d'âge assurée ?

Avec la datation par la méthode du radiocarbone[48], on obtient souvent pour le même objet des résultats différents. D'un autre côté, des résultats incroyables ne sont pas exceptionnels. La datation de la coquille d'un mollusque est documentée dans le journal *Science*. L'âge fut fixé à 2300 ans grâce au radiocarbone. Le seul problème, c'est qu'il s'agissait d'un exemplaire encore *vivant*[49]. Dans un autre cas, on obtint pour la coquille d'un escargot vivant un âge de 27 000 ans[50]. Le principe qui fonde la méthode contestée au radiocarbone se base sur la désintégration du carbone radioactif, et a été découvert par Willard Libby en 1947. Tous les êtres vivants absorbent de petites quantités d'isotopes radioactifs du carbone, symbole chimique C, dans le cycle de leur métabolisme. Ces isotopes C-14 sont produits dans les hautes couches de l'atmosphère par le puissant rayonne-

48 Pour une explication plus précise, voir le glossaire.
49 « Science », 141/1963, 634-637.
50 « Science », 224/1984, 58-61.

ment cosmique au cours d'une réaction avec l'isotope de l'azote de l'air, et sont intégrés au manteau aérien. L'absorption de ces isotopes finit avec la mort de l'être vivant. Les atomes radioactifs accumulés dans le corps jusqu'au moment de la mort se désintègrent selon un certain taux, que l'on connaît sous le nom de demi-vie et qui est de 5730 ans pour le C-14. Après le double du temps, dans ce cas après 11 460 ans, le taux représente encore 25% de la valeur de départ. Si nous doublons ce temps pour atteindre 23 000 ans, alors le nombre restant des isotopes initialement rassemblés dans le corps ne se monte plus qu'à 6,25%. C'est assez peu, si l'on pense que la concentration des atomes de C-14 dans le corps est elle-même déjà relativement faible.

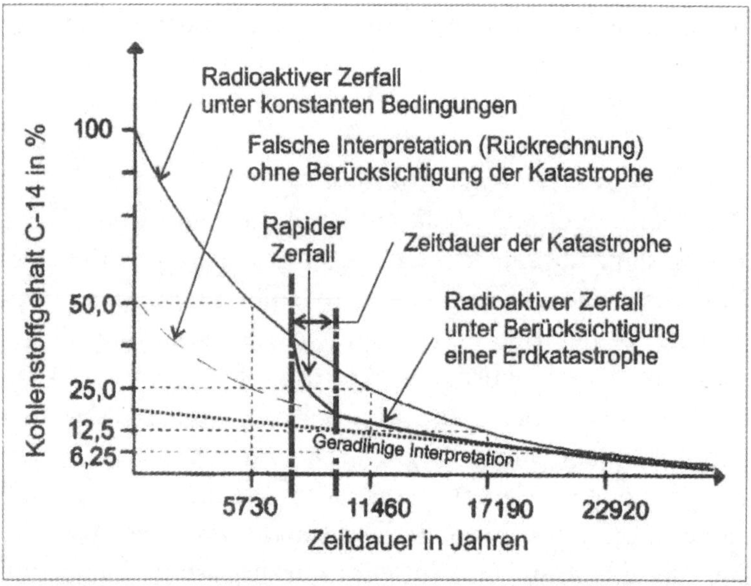

Vertigineuse horloge. Si la concentration en C-14 de l'atmosphère s'élève à la suite d'une catastrophe terrestre seulement de 12 pourcents, l'âge au C-14 avant ce point est trop élevé de 100 pourcents.

Ces considérations montrent que des déterminations d'âge concernant un laps de temps de 20 000 ans ou plus ne peuvent pas être même approximativement assez précises, car le pourcentage des isotopes encore présents est trop faible. Avec cette méthode, des déviations minimes conduiraient à de grandes erreurs de mesure. C'est uniquement pour les 5000 dernières années que la méthode au radiocarbone livre souvent des résultats utiles, avec un taux d'erreur de peut-être 10%, vu que pour des laps de temps plus grands, le nombre des isotopes que l'on peut mesurer en général a diminué de manière drastique et tend vers zéro.

À ces incertitudes liées à la technique de la mesure s'ajoutent des facteurs d'incertitude qui remettent fondamentalement en question les mesures. Dans la théorie que nous avons présentée, nous partions de l'idée que la teneur de carbone dans l'enveloppe aérienne était relativement constante au cours du passé de la Terre. Est-ce vraiment le cas ? Les événements les plus variés peuvent avoir exercé dans le passé une influence plus ou moins forte sur les couches atmosphériques les plus élevées, dans lesquelles les isotopes C-14 sont formés :

- pollutions atmosphériques par des éruptions volcaniques ;
- gaz d'échappement et émissions en tous genres ;
- modification de l'intensité du rayonnement cosmique (activité des taches solaires) ;
- essais nucléaires ou accidents dans des réacteurs nucléaires ;
- météores ou autres corps célestes massifs pénétrant dans l'atmosphère.

Des changements et des bouleversements climatiques déclenchés par des catastrophes terrestres ont exercé une influence significative. S'il avait régné, avant l'inondation, une autre atmosphère avec une teneur en carbone inférieure, les résultats des mesures feraient croire à un âge beaucoup trop élevé. Les datations des plantes qui poussent directement à côté des autoroutes constituent un exemple bien connu. La teneur en carbone artificiellement élevée de ces plantes, due aux gaz d'échappement des voitures, fait apparaître des mesures fausses.

Il y a donc beaucoup d'événements qui endommagent plus ou moins la couche d'ozone ou peuvent modifier le rayonnement cosmique. Ces événements font croître rapidement la formation du carbone radioactif, puisque le rayonnement cosmique augmente considérablement. C'est pourquoi les mesures par le radiocarbone sont de plus en plus mises en doute pour les intervalles de temps un peu longs.

La comparaison suivante fera apparaître simplement l'ensemble de la problématique. Quand on trouve une bougie entièrement brûlée dans une pièce fermée munie d'une fenêtre, on peut, en se basant sur la teneur en oxygène et en dioxyde de carbone de la pièce ainsi que sur la taille et le restant de cire de la bougie rapportée à la taille de départ, calculer quelle a été la durée de la combustion. On admet et on suppose ce faisant certaines conditions annexes comme la fermeture de la pièce et la teneur présente en oxygène. Jusqu'à ce point, la situation correspond à la détermination scientifique courante de l'âge. Mais qui sait si la fenêtre, comparable au ciel, n'a pas été à un moment quelconque ouverte et aussi refermée après un temps déterminé ? Combien de temps l'interruption a-t-elle duré ? Y avait-il dans le passé, par exemple lors de l'ouverture de la fenêtre, des conditions particulières pouvant être responsable d'une combustion accélérée ? Peut-être la bougie a-t-elle été éteinte dans le passé par le vent ou d'autres événements, et rallumée par un autre processus ? Questions simples, mais pas de réponses[51]. La durée de vie de la bougie n'est déterminable que quand certaines hypothèses et présuppositions sont faites. Il y a également des conditions annexes équivalentes et inconnues dans la datation de l'âge des matières organiques et aussi anorganiques.

L'âge de fragments de crâne fossilisés appartenant à nos ancêtres humains est normalement daté avec les méthodes indirectes, car autrement il faudrait détruire pour l'exami-

51 Petersen, 1986.

ner une partie des restes osseux présents en petit nombre. C'est ce qui se produit grâce à la datation de la couche géologique dans laquelle on a trouvé les restes osseux. Mais j'ai déjà consacré à ce thème une discussion polémique. Comme la science connaît certes les incertitudes des déterminations de l'âge que j'ai présentées, mais n'en tient pas compte, on a développé des méthodes scientifiques de mesure censées rendre crédibles et démontrables les datations selon les modalités décrites jusqu'à présent.

Chronologies manipulées

La dendrochronologie (chronologie basée sur les cernes annuels) constitue un procédé bien connu. Dans cette technique, les cernes formés dans les troncs d'arbres, d'épaisseur variable, sont comparés et mis en correspondance avec ceux d'arbres diversement âgés, et l'on prétend obtenir ainsi un calendrier des largeurs des cernes annuels, qui embrasse un laps de temps sans lacune d'environ 10 000 ans.

Mais cette méthode, que les partisans de la théorie de la glaciation considèrent comme infaillible, fait partie des *méthodes les plus inexactes de la détermination de l'âge*. Peut-on considérer en général comme un fait assuré que dans le passé, il ne s'est jamais constitué qu'un seul anneau par an, comme c'est le cas aujourd'hui ? L'épaisseur d'un cerne annuel dépend des conditions climatiques locales et donc des éléments déterminant un taux de croissance précis. Même le profane trouve évident que le climat soit partout très variable. Il pleut souvent plus sur un versant de montagne que sur la plaine située devant. Le point cardinal exerce aussi une influence, car les versants orientés au nord et couverts d'ombre offrent de moins bonnes conditions de croissance que des versants tournés vers le sud, plus intensément ensoleillés. Des arbres qui croissent peut-être à une distance de quelques kilomètres seulement l'un de l'autre présentent dans les cas extrêmes des variations dans l'épaisseur des cernes annuels et ne sont plus comparables. Mais normalement, le lieu de la croissance des anciens arbres n'est pas connu. De ce point de vue, le chevauchement des cernes annuels d'arbres anciens différents ne peut apparaître qu'arbitraire, en particulier quand on considère la durée de vie relativement brève de l'épicéa, ce qui implique qu'il faille déterminer beaucoup de chevauchements, et que la possibilité d'erreurs augmente. La chronologie basée sur les épicéas est censée atteindre sans interruption les 12 000 ans. Les professeurs Hans-Ulrich Niemitz et Christian Blöss ont publié, sous le titre « *L'auto-illusion de la méthode au C-14 et de la dendrochronologie* », d'importants doutes quant aux méthodes de datation : « *Le connaisseur sait que la méthode au C-14 aurait déjà depuis longtemps été ruinée sans l'aide protectrice de la dendrochronologie : une mesure au C-14 doit, pour être crédible, être calibrée, et seule la dendrochronologie constitue une source de calibrage suffisamment importante*[52] ». Mais ils ajoutent en même temps : « *En revanche, on ne sait guère que la dendrochronologie, sans le C-14, n'aurait jamais abouti à établir une séquence des cernes des arbres* ».

Deux méthodes incertaines se soutiennent et se prouvent réciproquement : on voit ainsi se développer à nouveau la méthode de la preuve qui se prouve elle-même, analogue au système qui est employé entre géologie et darwinisme pour déterminer les âges de la Terre. Quand on emploie un procédé élaboré dans ce but, il faut une méthode de mesure qui soit fondamentalement inattaquable, ce qui n'est pas le cas dans les occurrences en question. À partir de deux méthodes incertaines, il ne peut en aucun cas se développer une preuve, mais tout au plus une présomption.

La méthode des varves constitue une possibilité encore plus incertaine de détermination de l'âge de notre jeune passé terrestre. Ces varves (argile varvée) et les colorations calcaires annuelles sont censées livrer des valeurs d'âge absolument certaines pour les 10 000 dernières années. On

52 « Zeitensprünge », N° 3/1996.

part du principe que chaque année, il se dépose une couche d'argile dans un lac. Toutefois, si le déluge global que je décris dans ce livre a eu lieu, ce sont, dans ce seul laps de temps, d'innombrables couches d'argile qui se sont formées l'une après l'autre avec les différentes vagues de l'inondation. Des époques de plusieurs milliers d'années peuvent ainsi se réduire à un jour seulement. Les portes sont toutes grandes ouvertes à l'arbitraire et au hasard dans cette méthode[53]. Des réflexions similaires valent pour toutes les autres méthodes de datation, comme la « *magnétostratigraphie, qui repose sur le paléomagnétisme des roches magnétiques et sédimentaires*[54]». Avec ce procédé, on prétend pouvoir entreprendre des datations pour des périodes de plus de 50 000 ans. Dans ce cas aussi, on ne connaît pas le taux de formation par période et l'intensité du magnétisme présent sur Terre lors de la solidification de la roche.

Toutes les méthodes de datation sont imprécises, parce que l'on ne connaît tout simplement pas les conditions locales antérieures et variables du passé. On essaie sans cesse de projeter dans le passé des rapports constants d'aujourd'hui, à l'aide des théories de l'uniformité de Darwin et de Lyell.

La datation erronée des objets anorganiques

La méthode au C-14 ne permet de déterminer que l'âge des matériaux organiques. Les matières anorganiques (roche) ne peuvent pas être datées par cette méthode. D'autres procédés ont été développés dans ce but, et je voudrais examiner de façon critique quelques méthodes.

Dans la plupart des procédés de détermination de l'âge (analyse par thermoluminescence, procédé de résonance de spin électronique), la demi-vie ou la quantité de radiation libre sont utilisées comme étalon. Elles reposent sur les mécanismes connus des séries de désintégrations de la radioactivité naturelle, en particulier celle de l'uranium 238, qui

53 Blöss et Niemitz, 1997.
54 Friedrich, 1997.

est le plus répandu dans la nature. J'essaierai de remettre en question la base de la détermination de l'âge et de montrer ainsi que la datation n'est exacte que dans un cas théorique spécial, qui au demeurant n'existe pas en raison du manque de conditions de base nécessaires.

On suppose que seuls les isotopes radioactifs existant aujourd'hui encore dans l'atmosphère étaient aussi présents dans le passé. Peut-être y a-t-il, dans la roche, des restes d'une radiation qui nous est inconnue, et que l'on ne peut plus trouver aujourd'hui dans l'atmosphère ? Si l'on se basait sur l'autre temps de désintégration de cet isotope, qui entre de façon linéaire dans le calcul de l'âge, on obtiendrait un âge radicalement différent. On suppose en outre que l'intensité de la radiation radioactive ne s'est guère modifiée au cours des prétendus 4,5 milliards d'années de l'histoire de la Terre. Mais manifestement, et conformément aux développements que j'ai présentés jusque-là, cette base théorique de toutes les déterminations d'âge doit être fondamentalement rejetée, et la méthode en tant que telle doit l'être elle aussi strictement.

Dès que la géologie reconnaîtra ce hiatus, qu'elle rejettera le darwinisme comme étant une voie erronée et qu'elle prendra en compte les répercussions des catastrophes dans l'histoire de la Terre, il sera peut-être possible d'entreprendre des estimations meilleures et plus exactes de l'âge de la Terre.

Durcissement rapide des roches sédimentaires

Depuis quelques années, certains scientifiques s'occupent de ces questions de détermination de l'âge et les critiquent. Les investigations de Robert Gentry, que j'expliquerai précisément dans le chapitre suivant, confirment que des doutes pèsent sur les fondements théoriques de la datation par le granite, une pierre primitive du socle continental, au contraire des sédiments formés plus tard, les roches déposées comme le schiste, le calcaire ou le grès[55]. Si l'on fait abstraction du refroidissement de la lave en fusion, personne n'a jusqu'à présent pu observer la formation d'une roche. Toutes les explications relatives à la genèse ou mieux au processus de solidification des composants minéraux originels doivent de ce fait constituer *presque sans exception des présomptions*. Comme on a besoin normalement pour obtenir la solidification d'un matériel rocheux lâche d'une température et/ou d'une pression énormes, la géologie ne peut expliquer la présence à la surface de la terre de roches correspondantes, métamorphiques, donc transformées à partir de sédiments ou de magma (exemple : le calcaire cristallise lorsqu'il est soumis à une pression et donne du marbre), que par un processus de bouleversement violent : les roches doivent avoir été constituées à N kilomètres au-dessous de la croûte terrestre par le biais de la pression et de la chaleur, mais après seulement qu'elles ont été enfoncées par des bouleversements dans cette croûte terrestre pour ensuite être rejetées à la surface. Un *voyage* extravagant et, vu les *conditions présentées comme uniformes* au cours de notre histoire terrestres, souverainement *invraisemblable*, qui n'est requis comme modèle de pensée que pour expliquer la pression qu'il faut exercer obligatoirement pour obtenir une compression en apparence nécessaire et par là une condensation des sédiments. À la surface, quand règnent les conditions atmosphériques normales que nous connaissons, il ne peut pas se former de roche solide à partir d'un matériel non agrégé, car la chaleur et/ou la pression ou un durcissement hydraulique (carbonate de calcium) seraient nécessaires.

Mais comme la Terre, selon les théories fondamentales, n'est censée se modifier que lentement, on ne peut reconnaître qu'un caractère local au processus de bouleversement des couches terrestres. C'est pourquoi on qualifie aussi scientifiquement ce processus du métamorphisme de *régional,* en le considérant donc qu'il s'est développé d'une ma-

---

55 Gentry, 1992.

nière limitée dans l'espace. Fait étrange, on peut trouver dans le monde entier de la roche ainsi transformée par métamorphisme : *l'exception est la règle*. Ne doit-on pas en conclure l'existence d'un processus qui s'est déroulé dans le monde entier, d'un métamorphisme *global* ? Mais cela impliquerait des catastrophes terrestres, qui pourtant sont censées ne pas avoir eu lieu de cette manière et avec cette ampleur. Même parmi les géologues, il n'y a pas d'unanimité quand il s'agit de savoir si la roche primitive qu'est le granite a été transformée par métamorphisme, ou bien s'il s'agit d'une authentique roche solidifiée. J'essaierai d'expliquer par une théorie radicalement différente la solidification rapide à la surface de la terre de ces roches ainsi que des sédiments.

La pierre originale qu'est le granite s'est formée à partir de la substance autrefois liquide de la Terre primitive, et est censée s'être solidifiée lentement pendant un grand laps de temps pour aboutir à diverses formes cristallines. La roche plutonique grenue consiste pour l'essentiel en quartz, mica et feldspath, ou en un conglomérat équivalent. L'écorce terrestre se compose à 60% de feldspaths, et ceux-ci apparaissent à leur tour partiellement sous forme de feldspaths plagioclases. Le produit de dégradation du feldspath est le kaolin : la *matière première de la fabrication de la porcelaine* (terre à porcelaine). Mais l'argile se compose de façon prédominante de kaolin, et mêlée à du sable et à d'autres additifs, soumise à une haute pression et à un processus de cuisson à des températures dépassant 900°C, elle donne des carreaux de céramique. Ce processus peut-il s'être déroulé dans la nature dans des circonstances cataclysmiques ? Si, contrairement à notre image du monde conditionnée par la science scolaire, on suppose une température élevée de ce genre pendant une catastrophe, il faut réponde par l'affirmative à cette question. Mais *dans ces conditions, les roches ont durci rapidement*, comme le béton ou la céramique brûlée.

Je le décrirai encore plus exhaustivement plus loin, l'impact du déluge (impact d'une météorite) a entraîné des températures bien supérieures à 1000°C, et allant jusqu'à dépasser 100 000°C à proximité de l'impact, comme l'on montré des simulations informatiques. Toutes les conditions nécessaires à un processus de cuisson du mélange constituant la terre.

La cuisson du calcaire et de la glaise (marne) à haute température donne du ciment, lequel est responsable du durcissement rapide du béton. Un type de ciment important, le ciment Portland, contient jusqu'à 5% de gypse ou d'anhydrite. Le *calcium* (carbonate de calcium), en tant que durcisseur hydraulique, est responsable de la solidification du mélange constituant la terre, et est connu comme un important *élément formateur de roche* dans le calcaire, le marbre, la dolomite et le gypse. Des ions calcium sont même contenus en faible concentration dans l'eau de mer d'aujourd'hui ; ils agissent comme durcisseurs. La teneur en calcium de la mer primitive était auparavant sans doute considérablement plus élevée, car :

- le fond de la mer se compose de basalte, et il y avait un échange des ions correspondants ;
- il y avait aussi d'autres sels et minéraux du fond de la mer qui étaient emportés ;
- du matériel résultant de l'érosion associé à des matières dissoutes était transporté dans la mer par les fleuves ;
- l'irruption de magma liquide dans l'eau de mer déclenchait un échange d'ions.

D'un autre côté, l'accumulation des sédiments au cambrien (du point de vue géologique, une période s'étendant de 590 à 500 millions d'années) suggère une augmentation de la formation de calcaire, et cela constitue une énigme qui jusqu'à présent n'a pas fait l'objet de discussion scientifique.

Le corps terrestre ne livre à vrai dire que les substances nécessaires à la formation des roches à solidification (= roches éruptives : granite et basalte), mais *guère de calcium*. De ce point de vue, cet élément ne peut être venu que *de l'espace ou de notre atmosphère de l'époque*. A-t-il été emporté hors de l'atmosphère par les pluies abondantes du déluge et apporté sur la surface de la Terre ? Je reviendrai plus tard sur ce problème.

En analogie avec ces réflexions, la substance terrestre liquide, que les disruptions terrestres puissantes et une violente activité volcanique mettaient au jour, pouvait être rapidement solidifiée par la présence du calcium, et il se forma, quand les sols contenaient du kaolin, une roche à type de porcelaine, tandis qu'avec un amalgame contenant de façon prédominante du calcaire, il se formait de la chaux ou aussi une sorte de béton (grès). Mais en fait, toutes les espèces de mélange étaient possibles. Cette théorie semble utopique, mais elle est pourtant confirmée par les faits et les phénomènes naturels. C'est pourquoi je voudrais présenter un peu plus précisément les processus chimiques et géologiques. Car si mes réflexions sont justes, notre image du monde doit être fondamentalement modifiée.

La glaise est née, par dégradation, des minéraux des roches primitives, en particulier du feldspath. L'action d'eaux contenant surtout de l'acide carbonique, qui se sont constituées pendant le déluge comme produit secondaire de l'activité volcanique, a donné la formation suivante : *feldspath + acide carbonique = hydrate de silicate d'aluminium (argile/kaolin) +* K_2CO_3.

L'hydrate de silicate d'aluminium n'est pas autre chose que l'*argile normale* solide, qui devient malléable par l'adjonction d'eau. Dans le cas spécial où l'argile apparaît sous *forme pure*, et présente une coloration blanchâtre, il s'agit de *kaolin (terre à porcelaine)*. Pour que l'argile devienne imperméable à l'eau et se transforme donc en roche argileuse, il faut un processus de cuisson. Des températures élevées de ce genre, d'au moins 1000°C, étaient présentes dans de grandes parties du monde pendant le déluge. Il est alors apparu, à partir de l'argile normale, et avec une libération d'eau, de l'argile *cuite* (silicate d'aluminium) qui est alors *imperméable à l'eau* ! *La boue, originellement molle, s'est durcie rapidement dans des circonstances cataclysmiques pour donner une roche dure*.

Le silicate d'aluminium et l'hydroxyde de calcium (chaux éteinte) constituent à leur tour l'hydrate de silicate d'aluminium de calcium et l'hydrate de disilicate tricalcique. Or ces processus chimiques ne représentent pas autre chose que le *schéma de durcissement des liants anhydres* (anhydrite = gypse dépourvu d'eau) des pouzzolanes d'origine volcanique : terre de pouzzolane, terre de Santorin et *trass*. Le *mortier calcaire de trass* est aujourd'hui encore employé dans des techniques spéciales de construction ; il était également très apprécié des Romains, parce qu'il *prend* (durcit) aussi très bien *sous l'eau*, et il est de ce fait volontiers employé dans la construction hydraulique (murs de barrages, piliers de pont). Je souligne encore une fois qu'*il s'est formé, sous l'influence de l'augmentation de la température dans la nature, d'une manière naturelle, toute sorte de liants durcissant rapidement*, qui sont responsables du durcissement rapide des sédiments en roche solide. La faculté de réaction de la glaise cuite et à granulométrie fine avec la base calcaire se forme par un forçage de la molécule de kaolinite sous l'action d'une chaleur supérieure à 650°C en l'absence d'eau. Ces processus chimiques, pour lesquels des températures relativement minimes par rapport à celles qui accompagnent le déluge étaient nécessaires, ont à leur tour rendu possible de *nouvelles liaisons*, et la notion de *constitution d'eau libre* joue encore un rôle important. Comme les températures élevées nécessaires à ces processus chimiques accompagnaient le déluge, ce qui n'avait pas été pris en compte jusqu'à présent dans les réflexions de la science scolaire, il s'est formé il y a quelques milliers d'années, au cours d'une brève période :

• une sorte d'argile cuite aboutissant à de la *porcelaine*;

• une roche similaire au béton faite d'un mélange de sable et d'eau avec du trass ou d'autres durcissants hydrauliques ;

• du calcaire, et en cas de pression suffisante aussi du marbre, sous diverses formes et à différents degrés de durcissement, selon la quantité et la qualité des additifs ;

• des mélanges à partir des formes citées ;

• *de l'eau excédentaire*.

Il ne reste plus qu'à expliquer la provenance de l'hydroxyde de calcium. Quand le calcaire (carbonate de calcium) est calciné au-dessus de 1000°C, il se forme de la chaux vive (CaO) et du dioxyde de carbone. La chaux vive et l'eau, qui était présente en abondance pendant le déluge, donnent à leur tour de l'hydrate de chaux, la chaux éteinte, accompagnée d'un dégagement de chaleur. La chaux éteinte ainsi formée établit avec l'acide carbonique dégagé lors des éruptions volcaniques (dioxyde de carbone plus eau) une liaison durable : *il s'est formé du calcaire accompagné d'un dégagement de chaleur et à chaque fois de deux parties d'eau par molécule*.

Hydrate de chaux + acide carbonique = *calcaire* + eau liée + chaleur. La consistance de l'hydroxyde de calcium réparti dans l'eau est importante : il se situe à la limite entre une dispersion et une solution colloïdale, et se comporte pour cette raison comme un *gel plastique*.

Le *durcissement rapide du calcaire* et la conservation des traces de pieds liée à un recouvrement par une masse à type de gel qui durcit rapidement selon ce processus sont ainsi *fondamentalement expliqués* ! Les dinosaures et d'autres animaux ont couru à travers la boue de zones récemment inondées. Puis des hommes aussi les ont suivi en marchant dans ces traces de pieds, parce que la marche y était plus facile. La boue a durci très vite conformément aux processus que nous avons décrits. Ces traces ont été recouvertes, pendant une nouvelle inondation, par la masse à type de gel que j'ai décrite (boue), et conservées. Cette couche elle aussi a durci très vite comme une sorte de mélange de béton (calcaire, grès). Ainsi, les flots qui arrivaient sur la terre ont formé, en un laps de temps court, des couches de sol qui se sont superposées. Ce qui explique aussi que des traces de pieds d'hommes et de dinosaures ont été trouvées dans plusieurs couches rocheuses superposées, qui d'un point de vue géologique, conformément à notre image du monde habituelle, devraient être séparées par des millions d'années.

Les processus chimiques qui se sont déroulés lors de la genèse des couches rocheuses peuvent être beaucoup plus complexes selon les données locales : par des dépôts hydrauliques et des enrichissements en aluminium, silicium, sulfate, fer, acide silicique, gel d'argile et oxygène en association avec de la chaux cuite, qui comme nous l'avons déjà décrit s'est formée avec la calcination du calcaire ou a aussi été formée par le calcium libre présent. Ces processus ont permis aux composants principaux du ciment de se former. Il faudrait citer comme exemple : le silicate tricalcique, le silicate dicalcique, l'aluminate tricalcique et la ferrite d'aluminate de calcium. Ces sortes de ciment contiennent comme facteur le plus important de la chaux brûlée (CaO), ce qu'indique le nom.

Le ciment se forme par calcination d'un mélange de chaux et d'argile jusqu'au frittage (condensation sous l'effet de la pression et/ou de la température avec des températures inférieures à la température de fusion) à environ 1450° C. Lors de ce processus, la chaux est liée pratiquement sans résidu à des acides argileux. La colle de ciment (mélange de ciment et d'eau) durcit par hydratation (gonflement et augmentation de volume causés par l'apport d'eau) comme une colle normale, mais établit pourtant *sur une base minérale une liaison imperméable à l'eau*. Chimiquement, l'hydratation correspond à la liaison de l'eau présente et par là à la transformation chimique des silicates de calcium en hydrates avec dégagement d'hydrate de chaux. Ce qui résout le problème de la provenance et de la genèse de l'hydrate de chaux.

En résumé, on peut constater que sous l'influence des hautes températures et des conditions de pression élevée pendant l'épisode du déluge, les sédiments (calcaire, grès, schiste) se sont formés de façon renouvelée et se sont rapidement solidifiés. En raison des hautes températures régnant localement, le durcissement s'est effectué très rapidement, dans les cas extrêmes à l'intérieur d'un laps de temps bref comme pour le gypse et ce que l'on appelle le liant rapide sur une base de ciment.

A-t-il fallu des millions d'années pour que de grandes parties de la croûte terrestre se forment, ou bien les roches peuvent-elles avoir été formées comme une sorte de mélange de béton, de produit cuit comme la glaise et/ou la porcelaine, associée à divers minéraux, par une solidification soudaine ? Les traces de pieds de dinosaures conservées dans la roche dans le monde entier témoignent d'un durcissement très rapide de la couche correspondante et aussi de celle qui est déposée au-dessus, qui se présente aujourd'hui comme du roc, avec des degrés variables de solidité dépendant de la proportion de calcium contenu.

Que dit donc la géologie quant à la genèse des couches rocheuses ? Dans le livre *La Terre*, on trouve l'explication suivante : « *Chaque roche sédimentaire a sa propre vitesse de dépôt... Le schiste... nécessite environ 3000-3500 ans pour un mètre, le calcaire environ 20 000 ans. Le calcaire nécessite plus de temps parce qu'il est formé dans sa plus grande partie par des coquilles et des squelettes d'êtres vivants, dont l'accumulation est plus lente que l'apport de sédiments à partir de fleuves*[56] ». Mais une trace reste-t-elle conservée 200 ans, jusqu'à ce qu'enfin *un centimètre* de calcaire ait été déposé au-dessus ?

Une autre question reste ouverte : d'où vient la pression

56 Brown, 1980.

qui fait solidifier cette roche non agrégée sous forme froide ? Mais ce qui est important, c'est de constater que dans les processus que j'ai décrits, de l'eau qui était auparavant liée chimiquement dans la roche a été dégagée. Le niveau de la mer s'est élevé pendant le déluge d'environ 150 m. Jusqu'à présent, ce processus a été expliqué par la fonte des glaciers au moment où l'ère glaciaire était en train de se terminer, comme si cette explication était l'argument le plus convaincant. Évidemment, si la glace fond, il apparaît de l'eau. Mais s'il n'y a jamais eu de vraie période glaciaire, l'augmentation de l'eau libre doit avoir une autre cause. Jusqu'à présent, il n'y avait aucune alternative concluante permettant d'expliquer l'augmentation de l'eau. Mais les réactions chimiques accompagnant le déluge, que j'ai décrites, impliquent comme une nécessité contraignante que dans la production de calcaire et dans des processus chimiques similaires lors de la genèse d'autres sortes de roche, il y a, pour chaque molécule d'hydroxyde de calcium, libération d'une molécule d'eau qui était chimiquement liée avant le durcissement. Cette eau correspond à ce que l'on connaît comme l'*humidité de construction dans les nouveaux bâtiments*, qui se libère des mois encore après l'édification de la construction, et avec laquelle les maîtres de l'ouvrage ou les locataires ont accumulé des expériences négatives. C'est dans des conditions analogues que s'est produite une grande partie de l'eau présente très soudainement *sur la terre d'abord sous forme de surcroît* ! Les glaciers, qui fondent pendant une période plus chaude, ne sont plus nécessaires pour expliquer la genèse de l'eau en surplus ! Cet aperçu dérobe le sol au soutien jusqu'à présent le plus sûr de la théorie de l'ère glaciaire. La grande ère glaciaire a été inventée parallèlement à la théorie de l'évolution.

Les petits monstres et les séries de désintégration

Les réflexions théoriques présentées jusqu'ici sont renforcées par des preuves scientifiques qui n'ont pas encore été suffisamment prises en compte. Il apparaît dans le granite de l'uranium naturel U 238 (99,3%) et de l'U 235 (0,7%). Cet uranium naturel se désintègre ensuite radioactivement en neuf isotopes différents, qui sont des espèces d'atomes d'un élément dont les noyaux contiennent autant de protons, mais un nombre différent de neutrons. Chaque désintégration émet une radiation que l'on peut repérer dans la roche, puisque chaque isotope de la chaîne de désintégration radioactive laisse une empreinte de taille variée sous forme d'une petite sphère de radiation (halo), qui correspond à chaque intensité de radiation et est de l'ordre du centimètre. Si l'on fissionne du granite avec un atome d'uranium qui s'y trouve, originellement radioactif, on peut reconnaître les différents stades de désintégration, qui forment comme une espèce d'oignon. Chaque stade de la désintégration radioactive a une enveloppe caractéristique. Comme les demi-vies sont connues, on peut en déduire le moment de la création du granite. Le moment de l'inclusion est calculé à partir de la masse des produits finaux (au cas où ils n'étaient pas présents à l'époque) dans son rapport avec la masse du produit de départ. Quand il s'agit de granite provenant de la période de la genèse de la Terre, on obtient l'âge de la Terre.

L'uranium a une demi-vie de 4,5 milliards d'années, et est ainsi censé correspondre à peu près à l'âge de la Terre. Les derniers membres de la chaîne de désintégration radioactive de l'U 238 dégageant une radiation aboutissent à du polonium 218, 214 et 210, avant qu'apparaissent des isotopes stables du plomb. Ces isotopes du polonium n'ont toutefois qu'une demi-vie respectivement de 3,10 minutes, de 164 microsecondes et de 138,4 jours. En raison de ces durées brèves de désintégration, le polonium (symbole chimique Po) ne pourrait être inclus dans la roche et mis en évidence aujourd'hui *que comme le produit dérivé de l'uranium du début*.

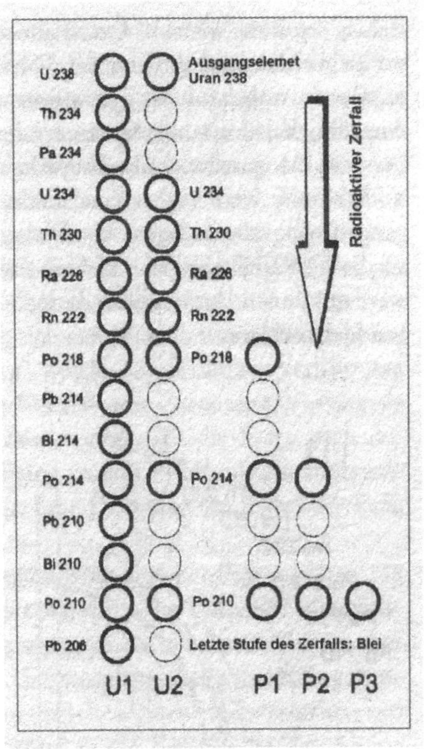

Série de désintégration de l'uranium 238. Les différents isotopes de la série de désintégration ont un rayonnement très différent, dont la porté de l'ordre du centimètre peut être mise en évidence visuellement dans la roche. En ce qui concerne la série de désintégration complète (U1), seuls des stades déterminés de la désintégration radioactive (U2) peuvent être mis en évidence dans la roche par le rayonnement émis. Conformément à la théorie de Lyell, les séries de désintégration partielles P1 (Po 218 à Po 210), P2 (Po 214 à 219) et P3 avec le seul isotope Po 210 ne devraient pas apparaître dans la nature seuls sans éléments-mère antérieurs (U 238 jusqu'à Rn 222), parce qu'ils ne sont stables que pendant de très brefs laps de temps. Pourtant, on peut les mettre en évidence dans le granite.

Le polonium est *exclusivement un maillon dans une chaîne* dont le membre initial est l'uranium, et ne *peut donc exister seul et indépendamment* ! Au cours de la lente genèse du monde et du processus de durcissement de la roche originelle, le polonium en pleine nature, comme élément situé en dehors de séries de désintégration radioactive, aurait dû se *volatiliser* rapidement et *ne pourrait pas être mis en évidence*.

On n'a jusqu'à présent pas mis en évidence scientifiquement un indice suggérant que du polonium apparaît en dehors du processus de radiation de l'uranium ; ou bien des découvertes correspondantes ont-elles été tues parce qu'elles ne cadraient pas avec la notion d'évolution ? Gentry a trouvé, pendant ses examens, du granite dans lequel ces éléments à vie brève étaient inclus (fixés) sans leurs éléments-mère. Si du polonium 210 apparaissait comme élément indépendant et en même temps comme produit de désintégration dans une atmosphère préhistorique, les conditions physiques du monde d'alors devraient avoir été radicalement différentes de celles d'aujourd'hui. En outre, la roche avec les inclusions d'atomes de polonium sans élément-mère correspondant ne peut pas s'être refroidie très vite, comme nous l'enseigne la géologie, car autrement les isotopes du polonium, en raison de leur durée de vie brève et de leur situation isolée, auraient dû se désintégrer complètement très vite.

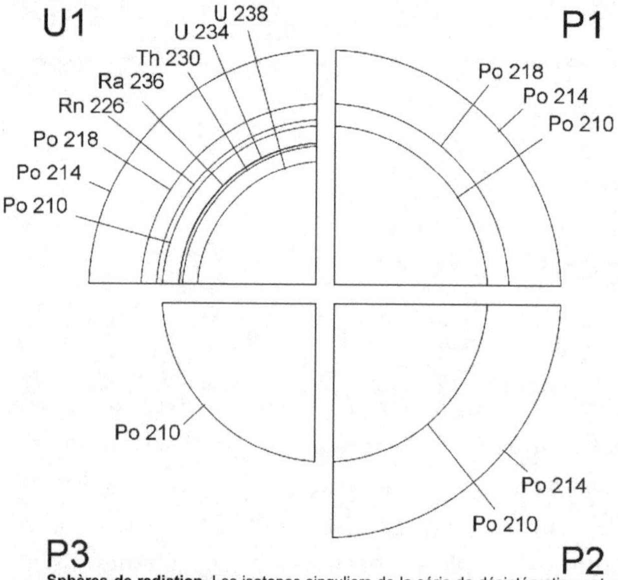

Sphères de radiation. Les isotopes singuliers de la série de désintégration ont un rayonnement différent, dont la portée peut-être mise en évidence visuellement dans la roche. On peut ainsi identifier sans équivoque la sphère de rayonnement des séries de désintégration indépendantes P1, P2 et P3 (voir figure 9) avec les éléments-mère Po 218, Po 214 et Po 210.

Gentry a mis en évidence que le polonium apparaît en même temps que l'ensemble des trois isotopes, ou seulement sous forme de la combinaison du Po 214 et du Po 210, et également seul sous forme de Po 210. L'élément dérivé Po 210 comme avant-dernier stade de désintégration, avant que ne soit formé du plomb stable, *seul sans ses éléments-mère Po 218 et Po 214* ? Quelles conditions différentes régnaient à l'époque[60] ?

Le durcissement de notre manteau terrestre est censé avoir duré N millions d'années. Comme la durée de vie du polonium est tout au plus de 140 jours, et que cet élément a été perpétué sans ses éléments-mère dans la roche, il faut en conclure que la solidification du granite s'était accomplie tout au plus au cours de ce bref laps de temps.

J'ai déjà discuté dans la dernière section les conditions chimiques possibles d'un durcissement rapide du fluide primitif liquide aboutissant à de la roche. Les isotopes isolés du polonium dans la roche signent un durcissement rapide, et ainsi, mes réflexions, en apparence fantastiques, apparaissent sous un angle radicalement différent : elles ont un étayage scientifique. Des réflexions fondamentales venues de différentes connaissances et de différents abords de pensée aboutissent toujours à un résultat similaire. Que pense la science ? Naturellement que tout est absurde, car chacun sait combien la Terre est vieille...

Quoi qu'il en soit, pour tous les partisans de l'évolution, la mise en évidence des isotopes isolés du polonium représente une connaissance effrayante, car elle oblige à conclure à une Terre foncièrement plus jeune, peut-être même absolument jeune.

À côté des séries de désintégration de l'uranium U 238 et U 235, il y a encore, avec le thorium (Th 232), une troisième série de désintégration radioactive naturelle dans la nature. Il en naît du polonium 212 et du Po 208. Approximativement chaque 5500e atome de Po 212 se désintègre avec approximativement un taux d'énergie supérieur de 20% environ. La science scolaire explique cela par une structure nucléaire différente à l'origine. Mais on pourrait aussi conclure à l'existence d'un élément radioactif à longue vie, initialement présent, qui aurait pu se trouver dans l'atmosphère préhistorique mais que nous ne connaissons pas.

Un élément aujourd'hui impossible à mettre en évidence, inconnu de nous, présuppose des conditions physiques radicalement différentes sur la Terre primitive. Cette constatation n'est pas une pure spéculation, les observations précédentes lui donnent un très haut degré de probabilité. Ce qui serait fort spéculatif, ce serait la possibilité d'une fission nucléaire supplémentaire des noyaux de l'uranium 235, qui apparaît rarement dans la nature, par des neutrons thermiques, ou de l'uranium 238 qui existe fréquemment par des neutrons rapides, dont l'énergie cinétique franchit une valeur limite. Dans un grand corps – globe terrestre – ces états critiques ne sont à vrai dire pas atteints. Mais les conditions physiques contemporaines du déluge étaient radicalement différentes. Le dégagement de l'énergie cinétique lors du choc du projectile cosmique contre la croûte terrestre expliquerait que les valeurs limites critiques pourraient avoir été largement franchies en raison des températures inimaginablement élevées, et pourraient avoir mis en branle une fission nucléaire sur notre Terre.

De ce fait, le processus de désintégration des atomes radioactifs a duré non des milliards d'années, mais il s'est produit très vite en un laps de temps très bref sous forme d'une réaction en chaîne. Une détermination temporelle par calcul ne peut donc être que fausse, car elle suppose un déroulement lent normal de la désintégration de l'uranium ou du thorium dans des conditions idéales, toujours uniformes, pendant l'ensemble de l'histoire temporelle de la Terre.

En tout cas, les petits isotopes indépendants du polonium sont l'indice d'une radioactivité naturelle qui nous est inconnue. Les durées de désintégration très brèves de ces atomes signent un durcissement rapide de la croûte terrestre. En d'autres termes : le laps de temps entre la formation des isotopes et la cristallisation de la roche qui entoure ces petits atomes a été très bref et représente un « instantané ». En raison de leur demi-vie propre avant cet instant, les isotopes isolés du polonium n'ont existé que pendant quelques minutes ou même quelques fractions de secondes. Comme souvent il n'y a absolument aucun atome-mère, il aurait pu y avoir peu de temps auparavant une fission nucléaire, ou bien il régnait à l'époque justement des conditions physiques radicalement différentes, que nous ne pouvons plus comprendre. Il est autrement impossible d'expliquer les phénomènes que nous avons décrits.

Si l'on ne trouve aucune autre explication à la présence des isotopes isolés du polonium dans les roches solidifiées, la détermination de l'âge utilisée aujourd'hui, en raison des chiffres initiaux différents dans le calcul, donne d'une manière directement proportionnelle des valeurs foncièrement plus basses. En tout cas, cette découverte contredit fondamentalement l'idée d'évolution. Les hypothèses de toutes les branches de la science qui s'occupent de l'histoire temporelle de la Terre seraient fausses, et donc les résultats le seraient eux aussi. L'image du monde qui nous est habituelle serait un modèle dépourvu de valeur.

Diverses questions s'imposent. À quoi ressemblait effectivement notre atmosphère avant le déluge ? Quelles conditions physiques régnaient dans le monde d'alors ? Quels éléments y avait-il à cette époque, en dehors de ceux que nous connaissons ? En outre se pose la question de l'exactitude de la détermination de l'âge de notre Terre et de toutes les choses anorganiques. La réponse : une datation de l'âge de la Terre est tout bonnement impossible.

Les formules de la détermination de l'âge se basent sur l'uranium 238 doté d'une demi-vie très longue, qui dans la nature représente la plus grande partie des produits initiaux fissibles. Mais s'il y a eu des éléments à vie brève dans l'atmosphère primitive, une détermination exacte est possible. Si l'on introduit dans le calcul de la détermination de l'âge les demi-vies très courtes du polonium ou aussi des valeurs mixtes, on obtient, grâce aux formules correspondantes de la détermination traditionnelle de l'âge, d'une façon directement proportionnelle, une *croûte terrestre très jeune* ! La même chose s'applique aux procédés d'analyse de la thermoluminescence et de la résonance de spin électronique, car la perte d'énergie ou la diminution du rayonnement électromagnétique ne s'est pas produite sur de vastes laps de temps, comme pour l'uranium, mais sur une durée brève comme pour le polonium, et il faut prendre en compte un autre niveau énergétique.

Les sédiments, même le marbre en tant que calcaire métamorphique, proviennent d'une masse durcissant rapidement, initialement molle ou liquide. C'est ainsi également que l'on a pu résoudre l'une des plus grandes énigmes existant jusqu'à présent. Dans l'*American Journal of Science*, on fait état en 1831 d'un bloc de marbre qui a été initialement trouvé à 18 m sous l'eau. Quand il fut scié en plaques, une des sections dévoila une dépression mesurant 4 x 1,5 cm. Il s'élevait au-dessus deux formes régulières, qui étaient identiques aux lettres I et U[57]. Ce qui indique qu'elles ont été faites par des mains humaines. Le marbre est, du point de vue de la géologie au moins, âgé de plusieurs millions d'années. À l'époque en question, il n'y avait pas de civilisations connaissant l'écriture, il n'y avait même alors ni homme ni singe. Mais la véritable énigme est celle-ci : comment des lettres sont-elles parvenues *dans* un bloc de marbre fermé ? Le matériel de départ de ce marbre doit avoir été mou et a entouré les lettres. Il n'y a pas d'autre possibilité. De même, la formation de cette pierre ne peut pas avoir été très lente. Logiquement, il découle de ce qui précède une connaissance que j'ai déjà plusieurs fois mise en évidence, à savoir que des choses de fabrication artificielle, dans ce cas des lettres, sont plus âgées que la roche qui les entoure, censée être très ancienne.

Réacteur atomique dans la nature

Dans une mine d'uranium à Oklo, au Gabon, on a trouvé en pleine nature du plutonium hautement radioactif. Or cet élément ne peut être produit artificiellement que par un bombardement neutronique – centrale nucléaire. Il ne peut pas y avoir de réaction en chaîne spontanée dans la nature

57 « Passé énigmatique », 1993, 118. et Dougherty, 1984.

que nous connaissons, parce que la masse critique nécessaire n'est pas atteinte. La science explique malgré cela cette trouvaille étonnante par la formation fortuite d'un réacteur atomique dans la nature. Mais pour que se déroule une réaction correspondante, il doit y avoir eu une énorme pression, telle que l'on ne peut en atteindre qu'à plus de 10 000 m de profondeur. Étant donné que, comme dans la technique des usines atomiques, des refroidisseurs sont nécessaires pour cette réaction, l'hypothèse d'un processus fortuit dans la nature est exclue, si l'on part de l'image normale du monde, où la Terre se développe de façon égale.

Si l'on considère l'image du monde que je défends, qui prend en compte une grande catastrophe terrestre, les gisements naturels de plutonium deviennent explicables, parce qu'il y avait pendant le déluge de grandes pressions, des températures élevées et l'eau du déluge pour servir de refroidisseur. Dans ce contexte, les découvertes isolées des différents isotopes du polonium deviennent aussi compréhensibles.

Lors de son durcissement, le basalte adopte la magnétisation et l'orientation qui dépend du champ magnétique de la Terre. D'un autre côté, au-dessus de 580°C (point de Curie), la roche liquéfiée est antimagnétique. Comme des examens paléomagnétiques dans de vastes domaines ont souvent pu mettre en évidence une polarité inversée, le champ magnétique terrestre a dû aussi souvent être inversé : le pôle Nord est devenu le pôle Sud et inversement.

Les roches dont la polarisation est inversée ont souvent un magnétisme plusieurs fois supérieur à celui qu'aurait pu induire le magnétisme terrestre normal. Ce fait inexpliqué est incompatible avec un développement uniforme de notre Terre conforme à la théorie de Lyell et aux effets électromagnétiques connus. Un champ magnétique influençant la Terre de dehors – approche d'une planète, nuage chargé de fer – provoque dans les couches superficielles de la Terre des manifestations électriques. Cet effet thermique liquéfierait la roche, et s'accompagnerait d'une activité volcanique. Si une fin du monde accompagnée par ces effets s'est produite en plusieurs phases, on peut aussi mettre en évidence des variations de polarisation dans les couches de roche refroidie. En outre, les phénomènes électromagnétiques produisent un *effet supplémentaire*. Le durcissement hydraulique rapide de la roche liquéfiée que j'ai décrit pourrait avoir été encore accéléré par ces phénomènes électriques, si bien que les roches en fusion durcissent d'une seconde à l'autre.

~ 6 ~
La Terre danse

J'aborde dans ce livre des investigations et des modèles de pensée qui ont pour résultat que le déluge modifie d'une manière fondamentale et extrême toutes les conditions environnementales, la composition de notre atmosphère ainsi que toutes les conditions climatiques. Une catastrophe mondiale contredit les théories fondamentales de Lyell (géologie) et la théorie de l'évolution de Darwin (biologie). Pendant le déroulement du déluge, l'axe de la Terre a été dévié avec des conséquences dévastatrices pour notre monde, et les mammouths se sont éteints.

Cartes antiques

En attendant, tout le monde s'est mis d'accord pour penser que le désert du Sahara était autrefois une mer, et que le pôle Sud était dépourvu de glace. Des modifications climatiques profondes se sont produites dans le monde entier. Ce changement s'est accompli, contrairement au point de vue scientifique adopté jusqu'à présent, non pas lentement sur une longue période de temps, mais relativement vite, à la suite de l'impact qui a déclenché le déluge.

Des vestiges fossilisés de palmiers au Canada, des arbres avec des fruits encore conservés et des forêts entières glacées sous la massive calotte de glace du pôle Sud sont des exemples de changements profonds dans l'histoire de la Terre. En tout cas, la transformation radicale des conditions climatiques doit s'être produite très vite, car autrement des feuilles ou des fruits très facilement périssables n'auraient pas pu se conserver. Beaucoup d'animaux aussi ont été congelés ou pétrifiés : pendant qu'ils mangeaient, au cours d'un mouvement naturel ou tout simplement durant leur sommeil. Souvent, ces animaux ont été conservés en entier, avec leur peau, leur chair et leurs organes. Ce qui témoigne d'une mort dans la seconde et en même temps d'un processus qui conserve tous ces éléments. Le point de vue le plus important : tout doit s'être passé très vite. Les scénarios normaux que nous connaissons ne peuvent pas en être responsables.

L'Antarctique est représenté comme une région dépourvue de glace sur plusieurs cartes *au début du XVIe siècle* déjà. Or le pôle Sud n'a été *découvert officiellement qu'en 1818*. Comment alors l'Antarctique pouvait-il être figuré 300 ans auparavant sur des cartes antiques ? Sur les cartes utilisées jusqu'à la découverte officielle du pôle Sud, il n'y avait dessinée, à la place de l'Antarctique, que de l'eau, donc pas de surface de glace, et l'on ne peut rien voir d'une masse de terre ! C'est depuis 1957 seulement que nous connaissons la topographie de ce continent avec des montagnes, des fleuves et des côtes cachées sous la glace.

Comment le pôle Sud peut-il être dessiné d'une manière qualitativement exacte, en outre dépourvu de glace, sur des cartes antiques ? L'ouvrage standard *Maps of the Ancient Sea Kings* de Charles Hapgood, en 1966, présente les résultats littéralement stupéfiants de l'étude des cartes antiques[58].

La carte du monde d'Oranteus Finaeus, de l'an 1531, est composée de diverses cartes encore plus anciennes, avec différentes projections. Sur cette carte, les régions côtières effectives de l'Antarctique, la mer de Ross et d'autres détails sont représentés dépourvus de glace.

Les cartes de Mercator établies par le géographe néerlandais Gerhard Kremer (1512-1594) ont été rassemblées en 1569 en un atlas. L'Antarctique est représenté sur plusieurs cartes. La carte de Finaeus est elle aussi contenue dans cet atlas.

Le géographe Philippe Buache a publié au XVIIIe siècle une carte de l'Antarctique. Dans cette représentation, le continent du sud est dessiné *entièrement* exempt de glace !

58 Hapgood, 1979.

En outre sont dessinées la topographie du continent aujourd'hui caché sous la glace et une voie fluviale qui, on le sait, coupe en deux moitiés ce continent. J'affirme encore une fois que *l'Antarctique au moment de la publication de cette carte en 1737 n'était pas encore officiellement découvert*, et qu'à cette époque aussi, on ne savait rien des masses de terre situées sous la glace. Au pôle Nord, contrairement au pôle Sud, il n'y a pas de terre ferme, mais *uniquement* des icebergs, si l'on fait abstraction peut-être du Groenland et de quelques îles. Les modèles des cartes antiques semblent être plus âgés que les cartes de Mercator et de Finaeus[59].

Les plus connues des cartes anciennes sont les cartes du monde du général et cartographe turc Piri Reis de 1513, qui n'ont été découvertes qu'en 1929 dans le palais de Topkapi à Istanbul, et y ont séjourné sous forme de deux fragments. Au moment de leur découverte, les détails dessinés durent être interprétés comme des produits purement imaginaires, car on n'avait pas encore à cette époque nos connaissances. Donc, puisque la carte documente un état du savoir que l'on ne pouvait absolument pas avoir atteint à l'époque, il en découle naturellement qu'elle doit être authentique – ou bien y avait-il à cette époque des clairvoyants ? L'authenticité de ces documents est hors de question et n'est d'ailleurs pas contestée. Ces cartes contiennent aussi, à côté des côtes de l'Amérique du sud et du nord, des détails de ces continents, comme la position des Andes et la source de l'Amazone. Les îles Falkland ont été officiellement découvertes en 1592, mais sont déjà dessinées au degré de latitude correct sur les cartes de 1513. Ce qui est cependant intéressant, c'est que l'on trouve dessinés sur les cartes de Piri Reis avec une précision incroyable les masses de terre, montagnes, golfes, îles et côtes qui se trouvent aujourd'hui sous la glace ! *Cette découverte, nous n'avons pu la faire qu'en 1957 grâce à des photographies spéciales par satellite !* Comment

59 Hancock, 1995.

connaissait-on il y a presque 500 ans l'existence d'un continent au pôle Sud, et plus encore les côtes cachées sous la glace ? Les cartes proviennent-elles d'extraterrestres, ou disposait-on à l'époque d'une haute technologie que nous ne connaissons pas, avec des instruments de précision et peut-être aussi des avions ? Mais il y a quelques milliers d'années, il n'y avait, d'après notre image scientifique du monde, que des hommes de l'âge de pierre... ?

Là où se trouve la mer, au sud de la Terre de Feu, il y a sur la carte une langue de terre qui va jusqu'à l'Antarctique. On a établi au moyen de sondages écho qu'il y a encore 11 000 ans, il existait entre l'Amérique du Sud et l'Antarctique une liaison terrestre qui se trouve maintenant sous l'eau, si l'on suppose un niveau de la mer assez bas avant l'époque de la période glaciaire/déluge. Les questions suivantes se posent :

- quand ces cartes ont-elles effectivement été établies, car celles que nous connaissons sont des répliques de cartes encore plus anciennes ?
- Y avait-il avant le déluge en général de la glace au pôle Sud et éventuellement aussi au pôle Nord, ou l'Antarctique seul était-il exempt de glace ?
- La glace, ou au moins de vastes parties de la carapace de glace qui couvre la terre, est-elle apparue soudain, comme un phénomène accompagnant le déluge ?
- Ces cartes anciennes ont-elles été tracées en se basant sur des observations aériennes ou connaissait-on d'autres méthodes précises de mesure ?
- Existait-il pendant ou avant le prétendu âge de pierre des civilisations hautement développées, et de quels moyens techniques disposaient-elles ?

Déjà, sur des cartes encore plus anciennes, comme celle que l'on appelle Dulcert Portolano de 1139 et la carte Zeno de 1380 après JC, beaucoup de lieux en Afrique, en Europe et au nord jusqu'au Groenland sont dessinés avec des degrés de latitude et de longitude corrects. Sur les cartes de Piri Reis, l'Afrique ainsi que l'Amérique du Sud se trouvent aux degrés de longitude exact. Mais est-il en général possible aussi simplement de déterminer des indications de lieu de ce genre ?

La détermination des parallèles peut être facilement effectuée au moyen de mesures d'angle des positions du soleil ou des étoiles avec des appareils primitifs. La *détermination du degré de latitude est beaucoup plus complexe* ; elle n'a pu être possible de façon approximative qu'au début du XVIIIe siècle, et de façon exacte depuis 1761. La forme ellipsoïde de la Terre constitue un facteur de complexité. Mais si l'on veut tracer une carte avec des déterminations topographiques exactes sur une surface plane, il faut prendre en compte la courbure de la Terre, et pour des distances supérieures, il est nécessaire d'avoir au moins des connaissances en trigonométrie sphérique ou en d'autres méthodes de projection. Sans connaissance des mathématiques supérieures, sans savoir technique et sans l'utilisation des instruments de précision nécessaires, il est impossible de tracer une carte exacte.

Instrument de navigation antique

L'Amérique n'a pas été découverte par Colomb, la preuve la plus récente est constituée par les cartes antiques que j'ai décrites. Dès la moitié du deuxième millénaire av. JC, les Phéniciens avaient visité l'Amérique, et ils ont fait le tour de l'Afrique au cours du millénaire précédant notre ère. Mais il est aussi tout à fait possible que l'Amérique ait été découverte plus tôt encore. Heinke Sudhoff présente dans son livre *Sorry, Kolumbus* beaucoup de preuves en faveur de l'échange culturel et de la présence de marins antiques en Amérique[60]. On a trouvé des restes de toute sorte, qui confirment sans équivoque la présence de Chinois, de Phéniciens et d'autres peuples du Proche-Orient en Améri-

60 Suhoff, 1990.

que. Des témoignages de peuples négroïdes ne manquent pas non plus et sont devenus mondialement célèbres grâce aux têtes de pierre colossales des Olmèques.

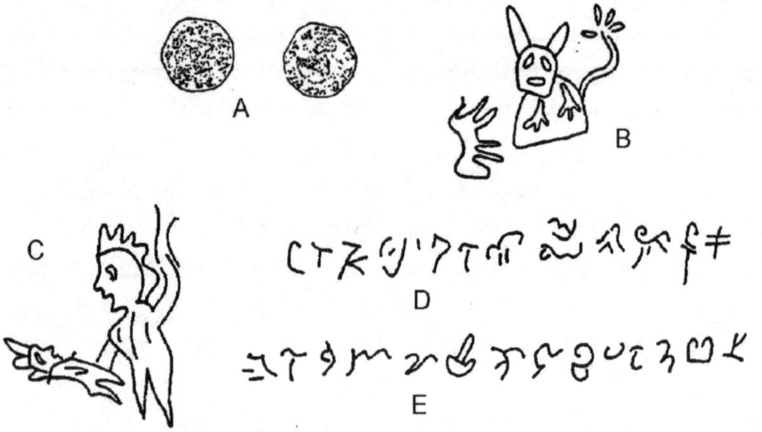

Pièce de monnaie. On a trouvé dans l'Illinois à une profondeur de 34 m une pièce de monnaie (A) située dans une roche âgée de plus de 100 000 ans. Il y a des lettres sur le bord de la pièce. Des portraits hiéroglyphiques sont représentés sur la face antérieure et le revers. Quelle civilisation élaborait du métal à l'époque des hommes des cavernes ? B = détail de la face postérieure, C = détail de la face antérieure, D = écriture sur le bord de la face postérieure, E = écriture sur le bord de la face antérieure.

En outre, on a trouvé les inscriptions les plus diverses dans les lieux les plus différents de l'Amérique. On a trouvé au Paraguay une inscription ibéro-punique, dans le Tennessee des lettres hébraïques, dans l'Oklahoma une inscription bilingue en celte et en punique, dans le Vermont une inscription en celte, à Rhode Island une inscription ibérique sur une roche et à Davenport, Iowa, la stèle du calendrier de Davenport, trilingue. Il y a en outre beaucoup d'inscriptions dont on ne connaît pas encore, même aujourd'hui, la provenance (cf. *Colomb est arrivé le dernier*, p. 253). Le Dr Dougherty rapporte que des signes d'écriture ressemblant à notre sténographie ont été trouvés en 1891 à proximité de Cleveland, Tennessee. Est aussi intéressante la découverte d'une pièce de cuivre qui a été trouvée à 34 m sous la surface de la terre près de Lawn Ridge, Illinois, en 1970. L'estimation de l'âge de cette couche rocheuse donne une valeur située entre 100 000 et 150 000 ans. Sur le bord de cette pièce de monnaie se trouvent des signes d'écriture d'apparence moderne, qui ressemblent plutôt à notre sténographie. Sur la face postérieure, on réussit peut-être à distinguer un animal, et sur la face antérieure un visage humain avec un enfant ou une poupée[61]. Les premiers Indiens sont censés n'avoir gagné l'Amérique que depuis quelques millénaires, et il y a 100 000 ans, les hommes qui vivaient en Europe dans des cavernes sont censés n'avoir pas connu l'écriture.

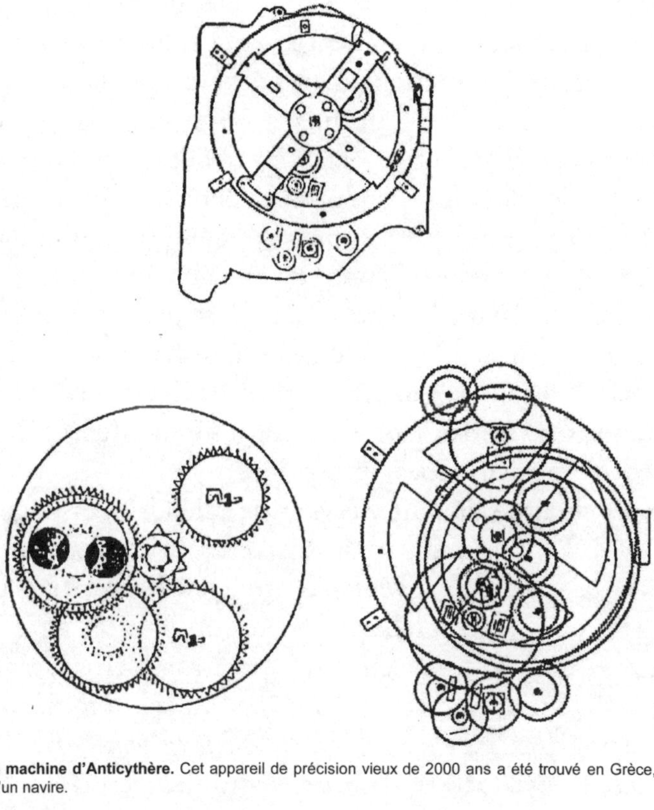

La machine d'Anticythère. Cet appareil de précision vieux de 2000 ans a été trouvé en Grèce, dans l'épave d'un navire.

Si des peuples antiques ont entrepris à de multiples re-

61 Dougherty, 1984.

prises de longues traversées maritimes et ont pu établir les cartes projetées que j'ai décrites, ils avaient besoin d'instruments de navigation exacts. Des plongeurs ont fait à l'est de la Méditerranée près de l'île égéenne d'Anticythère une découverte extraordinaire. Sur le fond de la mer, à plus de 60 m de profondeur, on a trouvé en 1900 un navire qui avait coulé au Ier siècle av. JC. Il transportait, outre du marbre et des statues de bronze, des amphores avec du vin, de l'huile d'olive et d'autres aliments. Les objets récupérés furent amenés à Athènes et examinés. Il s'y trouvait un morceau de bronze et des fragments brisés. Après nettoyage, la reconstitution de cet objet révéla un mécanisme de précision avec de nombreuses roues dentées, qui étaient fixées à différents niveaux à l'intérieur d'un support annulaire dans un boîtier quadrangulaire. Au moyen de plusieurs différentiels, les roues dentées étaient reliées entre elles de telle manière que le cycle de la lune et du soleil pouvait être déterminé. Sur les parties rondes et angulaires étaient marquées en langue grecque des constellations du zodiaque.

Il est apparu qu'il s'agissait d'un instrument de précision qui, vu le type et le nombre des roues dentées, en tout 40 pièces, ne devait présenter que peut de déviations et de tolérances. Cet instrument a été exposé au Musée national d'archéologie d'Athènes, et présenté comme une machine à calculer solaire et lunaire servant de calendrier et datant de 80 av. JC[62]. Les premiers instruments primitifs construits au Moyen-Âge ne peuvent pas être comparés avec cet instrument de précision fabriqué beaucoup plus tôt à partir de bronze, car ils sont fait en cuivre de façon bien plus simple et grossière. En revanche, la fonte en bronze, comme dans le cas présent, est adaptée à la *production en masse*. En conséquence, la production d'un tel instrument est aussi beaucoup plus difficile. Tout cela pose des questions concernant d'autres découvertes de même valeur, et d'éventuels modèles précurseurs, parce qu'une invention de ce genre doit

62 Sitchin, 1994 et Däniken, 1973.

normalement avoir été précédée par un long développement technique. Mais jusqu'à présent, on n'a pas fait de découvertes allant dans ce sens, – ou bien une pièce similaire est-elle entreposée, inconnue, dans un musée ?

Pôle exempt de glace

L'existence de la carte sans nul doute authentique de l'amiral Piri Reis – même si elle constitue une copie et un assemblage de cartes encore plus anciennes – associée aux conséquences qui en résultent, est incompréhensible pour l'état de notre savoir. En tout cas, cette carte prouve que le pôle Sud a été à un moment quelconque exempt de glace. Puisque l'âge du tracé primordial de la carte doit être limité, on peut éventuellement partir dans l'estimation de 10 000 ans comme laps de temps maximum. Ce moment correspond de nouveau à l'époque du déluge. La couche de glace de l'Antarctique, qui mesure aujourd'hui environ un kilomètre et demi d'épaisseur, s'est manifestement formée très soudainement et non lentement, pendant un long laps de temps. Comment autrement les cartes auraient-elles été fabriquées ?

L'Antarctique n'était pas seulement exempt de glace, il y régnait aussi un climat chaud et subtropical. On a trouvé à 3000 m au-dessus du niveau de la mer de riches sites de fossiles, d'empreintes de feuilles et de bois pétrifiés sur le Mount Weaver. On a découvert à 400 km du pôle Sud une forêt d'arbres à feuilles caduques, pétrifiée. Des forages dans le fond de la mer de Ross contenaient des sédiments à granulométrie fine, qui permettent de conclure à des fleuves sédimentaires s'écoulant dans la mer depuis un Antarctique exempt de glace, il y a seulement 6000 ans[63]. Dans la *Südwest Presse* du 11 avril 1994, on annonçait que l'on avait trouvé à seulement 650 km du pôle Sud géographique, à 4000 m d'altitude, les restes fossilisés d'un dinosaure. En tout, on a trouvé dans l'Antarctique quatre espèces diffé-

63 « Journal of Geology », 1950, vol. 58, p. 245 sq.

rentes de sauriens. Dans la neige et la glace, faut-il le demander explicitement ?

Richard Lewis fait état, dans l'article *Un continent pour la science* d'une découverte de charbon et d'arbres fossiles d'un diamètre d'environ 60 cm au pôle Sud[64]. En outre, 30 couches d'anthracite (charbon de terre à teneur en carbone très élevée) ont été trouvées, chaque couche étant épaisse de 90 à 100 cm. Il doit donc y avoir eu dans l'Antarctique aussi une inondation, qui a enseveli les arbres sous les sédiments, pour qu'ait lieu la cristallisation nécessaire à la pétrification.

Il semble que de super-raz de marée violents ont anéanti les forêts de l'Antarctique. S'il en est allé ainsi, l'Antarctique devrait s'être trouvé, avant la glaciation, en un autre lieu géographique, puisque le climat arctique actuel n'aurait pas permis de tels processus. Quel événement précipita l'Antarctique dans l'ère glaciaire, ou transforma la zone climatique tempérée à subtropicale, en une zone arctique ? Si l'axe de la Terre s'était déplacé, des processus similaires devraient avoir été observables dans l'hémisphère nord dans le passé, et c'est effectivement ce qui s'est passé.

La fin soudaine des mammouths

L'extinction des mammouths est une autre grande énigme du temps présent, dont on ne discute pas trop volontiers entre scientifiques. La plus grande partie de l'ivoire utilisé en Extrême-Orient pour des ouvrages sculptés provient aujourd'hui encore des grands gisements d'ivoire de la Sibérie. Il s'agit des défenses des mammouths éteints depuis déjà longtemps. Pour l'ivoirerie, qui représente une vieille forme traditionnelle de l'art extrême-oriental, il faut un matériel relativement frais. De l'ivoire frais de mammouths, qui se sont éteints depuis des milliers d'années ? On incline spontanément à nier cette possibilité. Le fait est que depuis le XIXe siècle, les découvertes de mammouths congelés sont très bien documentées. Les premiers rapports remontent

64 Lewis, R. S. : « A Continent for Science », in « The Antarctic Adventure », New York 1961.

même éventuellement à l'année 1693, au plus tard à 1723. Depuis, plus de 50 découvertes différentes en Sibérie et au moins 6 en Alaska ont été exhaustivement décrites dans la littérature. Les découvertes de mammouths s'étendent globalement sur une longueur de plus de 5000 km dans une bande relativement étroite au bord de la mer du Nord.

Plusieurs expéditions scientifiques ont été lancées. En 1977, on découvrit deux petits mammouths morts à juste deux mètres sous la surface de la glace. L'aspect de la glace dans laquelle ces animaux furent trouvés allait de limpide et transparent à légèrement brun-jaunâtre avec des impuretés faites de minéraux, de boue, de glaise et de particules organiques. On trouva d'autres mammouths conservés entiers, ayant eux terminé leur croissance. Ces animaux sont encore si bien conservés que depuis longtemps, en tout cas au moins 1600 ans, ils servent de réserve alimentaire pour les Toungouses qui vivent en Sibérie. On a trouvé des mammouths très bien conservés, qui servaient de repas aux chiens de traîneau. La viande est congelée et non pourrie. Malgré des rumeurs contraires, la comestibilité de cette viande pour l'homme n'a jusqu'à présent pas été définitivement démontrée. En tout cas, il y a encore des découvertes correspondantes de viande de mammouth bien conservée ! La longue peau hirsute et roussâtre est dans de nombreux cas encore présente. On a trouvé dans les estomacs des animaux des herbes pas encore digérées, que l'on ne connaît que dans les zones tempérées. Cela signifie que le climat doit avoir été autrefois notablement plus chaud. Des mammouths particulièrement bien conservés avaient même dans l'estomac ou, comme on le dit souvent, dans la gueule, des boutons d'or, des graminées, des haricots sauvages, des aiguilles de mélèze et d'épicéa. Les yeux eux-mêmes étaient si bien conservés qu'ils semblaient vraiment regarder les découvreurs. Pendant les travaux d'arpentage des Îles de Nouvelle Sibérie par un explorateur de l'Arctique, le Baron Eduard von Toll, on trouva les restes d'un tigre à dents de sabre, et d'un arbre fruitier d'une taille originelle de 27 m. L'arbre avait été, avec ses fruits mûrs, ses feuilles vertes, ses racines et ses graines, *soudain conservé comme une entité complète* dans la glace, pratiquement congelé par un choc glacial[65]. Aujourd'hui, on ne peut trouver dans cette région que des végétaux rampants.

Même dans d'autres parties de l'Arctique, il a dû régner plus tôt un climat tempéré ou aussi tropical. Au Spitzberg, on a trouvé des palmiers et des coraux ainsi que des crustacés qui habitent normalement bien plus au sud. Quelle modification cataclysmique s'est passée ici ? Les découvertes extraordinaires indiquent une mutation radicale du climat. William Hornaday fait état d'un discours traduit du russe, qui a été tenu à l'*American Museum of Natural History*[66]. L'arpenteur Benkendorf établit en 1846 un camp avec son groupe au bord du fleuve sibérien Indigirka. Des pluies violentes firent cependant gonfler le fleuve et érodèrent le rivage. Le groupe découvrit un grand objet dans le fleuve. Les efforts faits pour amener sur la terre cette grande chose échouèrent, parce que le gel la faisait adhérer au fond du fleuve. Le lendemain, le fleuve fondit de nouveau, et le groupe de 50 personnes tira à terre un mammouth complètement conservé. Cet animal faisait environ 4,50 m de long, juste 4 m de haut et était si bien conservé qu'en apercevant ses yeux ouverts, on avait l'impression d'une bête vivante. L'estomac de ce mammouth parfait et bien nourri fut ouvert, et l'on s'aperçut qu'il était empli de feuilles mâchées et d'autres restes végétaux.

Quelques heures plus tard, la rive s'effondra, et l'animal fut emporté en direction de l'océan. Ce qui est remarquable, c'est premièrement l'état de conservation, et deuxièmement la position de l'animal. En effet, il fut trouvé *debout*, et avait été *congelé* dans le fond du fleuve ! Ce qui témoigne d'un

65 Brown, 1980.
66 Antony, H. E. : « Nature's Deep Freeze », in « Natural History », septembre 1949.

processus de congélation extrêmement soudain, car autrement il aurait été normal de trouver l'animal couché sur le côté, puisque les animaux ne meurent pas debout ou ne congèlent pas dans cette position.

Un autre exemplaire intéressant fut trouvé en 1900 dans le fleuve Berezovka, lui aussi en position verticale, mais nombre d'os avaient été plusieurs fois brisés par une action violente soudaine, comme si ce mammouth avait été comprimé sur le fond dur du fleuve. Il y avait encore dans la gueule de l'animal, dit-on, la nourriture qu'il n'avait fait que mâcher à demi. Même la longue toison hirsute était encore présente. C'est une grande force qui doit avoir agi d'en haut sur l'animal, et ce si vite que le fourrage n'a pu être ni avalé ni recraché. L'état de la nourriture et la position verticale montrent que le processus de congélation a dû se passer dans le laps de temps le plus bref. Cet animal a été transporté à Saint-Pétersbourg pour examen.

Les nombreuses découvertes d'ossements et l'utilisation de l'ivoire ancien, qui dure encore aujourd'hui, font estimer le nombre originel des mammouths demeurant en Sibérie et en Alaska a plusieurs centaines de milliers, éventuellement même à des millions d'exemplaires.

Dans les représentations artistiques et scientifiques, le mammouth est presque toujours figuré dans un environnement hivernal, et avec une longue toison hirsute. Mais cette représentation correspond-elle à la réalité, et le climat a-t-il toujours été aussi froid et arctique qu'aujourd'hui ?

Un mammouth dont la taille oscille entre celle d'un éléphant indien et africain a besoin de beaucoup de nourriture. La végétation existant aujourd'hui ainsi que la réserve d'eau peu importante ne *constitueraient pas une réserve de nourriture suffisante* pour le grand nombre de mammouths trouvés. Les restes de plantes fraîches retrouvés dans les estomacs indiquent un *climat plus chaud*. Les longs poils pendaient jusqu'aux pieds et auraient été glacés en traversant les étendues neigeuses. Au contraire du mouton, le mammouth n'a qu'une laine courte, avec des poils singuliers qui tombent notablement plus bas. Les animaux qui vivent dans les régions polaires ont au contraire des fourrures épaisses mais pas de poils longs dépourvus de graisse. Les mammouths trouvés étaient tous très bien nourris et avaient d'épais coussins graisseux. Chez les animaux arctiques, comme l'élan ou le caribou, ces couches graisseuses sont beaucoup plus minces. La représentation des mammouths dans un *environnement hivernal*, qui se fonde sur leur ensevelissement dans la glace, doit, contrairement à ce qui semble au premier abord, *être fausse*.

Des rhinocéros, qui aujourd'hui encore sont remarquablement bien conservés dans un état de choc glaciaire, sont morts en même temps que les mammouths. Ces animaux *eux aussi* n'apparaissent que dans des régions chaudes. En outre, on a trouvé des parties de différents animaux où la chair était encore présente, comme le cheval, le lapin, l'écureuil, le glouton et un campagnol. On trouve en outre mentionnée la découverte d'un lynx par Michael Zimmermann et Richard Tedford dans *Science* en 1976[67]. En outre Harold Antony documente 27 ans plus tôt dans *Natural History* la découverte d'un bison[68]. L'énumération de ces animaux, qui n'est certainement pas complète, montre d'une manière frappante qu'il s'agit d'habitants de latitudes tempérées avec des climats plutôt chauds.

Étant donné que l'on a trouvé et que l'on trouve encore les mammouths revêtus de leur peau et de leurs poils, en position verticale, avec leur nourriture facilement périssable dans leur estomac, et qu'il en va de même pour d'autres animaux vivant normalement dans des contrées plutôt chaudes, et dont les parties charnues sont conservées, la seule ex-

67 Zimmermann, M. R. et Tedford, R. H. : « Histologic Structures Preserved for 21 300 Years », in « Science » le 8 octobre 1976.
68 Antony, H. E. : « Nature's Deep Freeze », in « Natural History », septembre 1949.

plication envisageable est une mort soudaine. Une congélation lente due à la détérioration des conditions environnementales (ères glaciaires) peut être *complètement exclue* en raison de ces circonstances.

Comme le périmètre de la catastrophe s'étend, selon les découvertes, loin au-delà de 5000 km de la Sibérie jusqu'à l'Alaska, une cause localement limitée n'est pas envisageable. Il doit y avoir eu un événement de grande ampleur, qui a influencé de vastes régions de la Terre. Il est impossible de ne pas voir des parallèles avec l'extinction des dinosaures. En particulier, les charniers collectifs trouvés dans les *deux* cas témoignent de l'impact global d'une ou plusieurs catastrophes.

Le fait que les dinosaures et les mammouths ont été trouvés avec des mammifères qui de notre point de vue ne coïncident pas temporellement et climatiquement avec eux rend aussi songeur. Même de l'avis actuel de la science scolaire, le mammouth s'est éteint il y a tout au plus 13 000 ans. Mais malheureusement, la géologie ne documente aucun événement radical qui puisse entrer en ligne de compte pour la mort soudaine des mammouths et d'autre mammifères, si l'on fait abstraction de la prétendue fin de la dernière période glaciaire. Mais il semble quand même se former dans l'ensemble une image concluante. L'Antarctique était, au moins dans de très grandes régions, dépourvu de glace, et fut soudain recouvert par une carapace de glace. De l'autre côté du globe terrestre exactement, la Sibérie avec un climat tempéré s'est en quelques heures transformée en un congélateur arctique. Dans des parties précisément opposées du globe terrestre se produisaient donc des événements qualitativement identiques, même s'ils ont un caractère de poussées.

Dans des traditions d'Asie du Nord, chez les Vogoules, dans le nord-ouest de la Sibérie, on mentionne un nuage de neige qui s'abat à la suite de l'inondation qui s'étend au monde entier. En outre, il existe des mythes de déluge en

Amérique du Nord[69]: « *Un jour, pendant un hiver, il se passa quelque chose de singulier : il tomba tellement de neige que la terre fut comme ensevelie par elle et que seules les cimes des sapins les plus grands dépassaient. C'était impossible à supporter... sur la terre, qui était réduite à un morceau de glace, on mourrait de froid et de faim*[70]». La légende continue en parlant d'une longue nuit, d'une chaleur qui lui fait suite et enfin d'une submersion de la montagne dépassant les sommets les plus hauts. Or c'est précisément cette succession qui caractérise le puissant impact d'un astéroïde.

Les légendes des Eskimos qui ont trait au déluge parlent aussi d'une eau inondant tout *et de glaciers qui se sont formés ensuite*. De même, on parle en Amérique du Sud de chutes de neige soudaines ainsi que d'une intense période de gel et de glace. Ces légendes complètent très bien le tableau qui résulte de la soudaine mort glacée des mammouths.

Mais il y a d'autres points de vue en relation avec les découvertes congelées faites en Sibérie. Beaucoup de collines, qui sont appelées Yedoma, avec des altitudes de 15 à 60 mètres, contiennent souvent de grandes accumulations d'animaux, des troncs d'arbres brisés et une terre à granulométrie extrêmement fine (loess). En outre, ils présentent une proportion élevée de sel et de *carbonate*, ainsi que des couches de glace, comme le disait déjà Adolph Erman en 1848[71].

Gisement de loess

Ce gisement de loess représente à vrai dire une énigme à lui tout seul ; on le connaît surtout par l'image des fleuves jaunes de Chine, qui transportent ce matériel dans la Mer Jaune. Depuis la côte atlantique en France, en passant par l'Allemagne centrale, la Hongrie, le sud de la Russie, l'Asie intérieure et l'Extrême Orient, ainsi que le nord de la Chine, jusqu'à la Mer Jaune, s'étend une formation générale

69 Anderson, 1923.
70 Tollmann, 1993.
71 Erman, 1848.

montueuse, une zone faite d'un banc de loess. Le loess est un dépôt d'argile à granulométrie fine, de couleur ocre à gris clair, qui est riche en éléments de quartz, de mica et de calcaire. On distingue le loess en banc ou loess non stratifié, du loess stratifié.

Le loess stratifié est une formation alluvionnaire typique et se concentre dans les vallées de fleuves primitifs sous forme de structure montagneuse. Le loess non stratifié en revanche se forme par dégradation du quartz et de l'oxyde de calcium (chaux calcinée), qui a été produit par l'action des hautes températures au cours de l'impact du déluge. Mais à vrai dire, il n'y a pas assez de masses dégradables (montagne) pour entraîner la genèse locale des produits de dégradation correspondants. L'absence des éminences topographiques qui devraient accompagner la ceinture de loess depuis l'Europe jusqu'à l'Asie, réfute l'idée que le loess s'accumule sous l'action de vents descendants naturels. Il n'est donc pas étonnant que les spéculations les plus variées se soient donné libre cours sur la genèse de masses aussi importantes de loess. John Penniston a discuté en 1931 l'idée que le loess a son origine dans l'univers[72]. Cette supposition vient du fait que les particules du loess non stratifié se composent de grains *à arrête vive*, et non arrondis par le vent et l'eau. En outre, on trouve des gisements de loess à toutes les altitudes y compris jusqu'à plus de 2000 m dans le monde entier.

Comment le loess non stratifié est-il arrivé en Sibérie ? La réponse doit être cherchée dans le déluge. L'astéroïde ou les fragments d'astéroïde ont pénétré à travers l'écorce terrestre jusqu'à l'enveloppe de magma liquide et ont produit de grandes quantités de cendre constituant la matière première du loess que l'on trouve aujourd'hui. Cette cendre volcanique a été emportée sous forme de tourbillons dans la couche supérieure de l'atmosphère, apportée en Europe et

---

72 Penniston, J. B. : « Note on the Origin of Loess », in « Popular Astronomy », 39ème année, 1931, 429-430, et « Aditionnal Note on the Origin of Loess », Popular Astronomy, 51/1943, 170-172.

en Asie, déposée à ce niveau et ensuite charriée au bord des flots du déluge. On peut lire dans le livre d'Otto Muck *Tout sur l'Atlantide* :

> « *De ce point de vue, le loess n'est donc pas un produit de dégradation formé flegmatiquement à partir de montagnes voisines constituées de calcaire et de quartz, mais un étranger venu de bien loin – magma déchiqueté en gouttelettes, transformé en roche volcanique qui se mêle tout en haut dans la stratosphère, entraîné dans un tourbillon par les tornades et les tempêtes, avec les sédiments marins riches en calcaire, arrachés au sol de l'Atlantide. Il doit sa teneur en calcaire aux sédiments marins et sa richesse en quartz au magma siliceux de la surface. Il est un magma dégradé, mêlé à de la boue marine. La dégradation a ici pénétré jusqu'à des niveaux microscopiques, si bien que seule la constitution chimique, non la structure, permet de reconnaître sa provenance volcanique. Cette représentation permet de se faire facilement une image plastique de la genèse des bancs de loess stratifié. Les pluies défiant toute imagination étaient tombées*[73] ».

Si le déluge s'est déroulé à une échelle globale, il doit y avoir aussi dans d'autres parties du monde des gisements de loess géants. Des découvertes correspondantes ont été faites dans la moitié sud du globe terrestre. Le naturaliste-chercheur français Alcide d'Orbigny (1802-1857) constata que les grands dépôts de loess de la pampa sud-américaine avaient dû être déposés par une inondation violente, qui anéantit aussi le monde animal de l'époque. Selon Muck, le même cataclysme a fait naître les Andes. Ces constatations confirment d'une manière impressionnante le caractère global des processus qui ont bouleversé la Terre. Il faut sans cesse souligner que le déluge a eu des conséquences dévastatrices à une échelle inimaginable.

73 Muck, 1976.

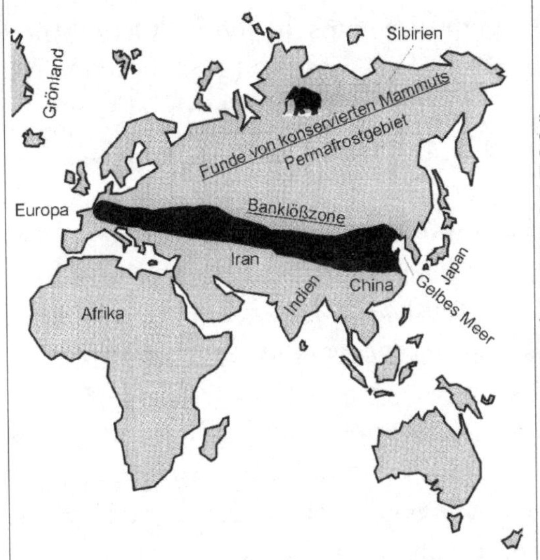

La zone du banc de loess. Elle s'étend depuis l'Atlantique français jusqu'à la mer Jaune en Chine. La position de la zone du loess est dessinée dans ce schéma d'une manière seulement qualitative — non proportionnellement et indépendamment de la concentration — ; il se trouve à l'intérieur de cette zone du banc de loess des centres comme dans la mer Noire et en Chine. Le banc de loess s'est formé à partir de la matière première de la cendre volcanique. Celle-ci fut emportée pendant le déluge par un tourbillon et entraînée au bord des vagues du déluge.

Ce déluge n'était pas une inondation locale en Mésopotamie. En considérant plus précisément ce scénario, d'autres observations, qui en soi seules constituaient une énigme, peuvent être expliquées. Le fait que beaucoup de mammouths examinés semblaient s'être *étouffés* était resté *inexpliqué* jusqu'à aujourd'hui. On a fait, sur divers cadavres de ces animaux primitifs, l'observation extraordinaire que les poumons et les estomacs étaient souillés de petites particules dont l'origine était de l'argile ou du sable. Les quantités de cendre volatile dégagées pendant l'impact avec la production de toxiques environnementaux qui l'accompagnait sous forme de gaz et d'acide nitrique causèrent la mort par étouffement des animaux, ce qui résoudrait aussi cette énigme que l'on se garde jusqu'à présent de discuter officiellement.

La glace trouvée à proximité des mammouths est aussi souillée de la même manière, et se compose en partie de particules d'eau qui ont évolué à travers des couches d'air froid ou aussi à travers l'espace. La structure de la glace trouvée peut être facilement dissoute et rappelle de la grêle gelée ou des pluies mêlées de neige. Des résultats d'examens correspondants sont signalés par W. H. Dall dans l'*American Journal of Science* en 1881[74]. On trouve donc dans les bulles d'air de cette glace plus de dioxyde de carbone et moins d'oxygène que dans des blocs de glace normaux. Les mammouths ont été trouvés au-dessous, au-dessus et à côté de champs de glace correspondants.

En outre, la proportion élevée de boue était jusqu'à présent étonnante. Les mammouths étaient fréquemment trouvés dans de la boue congelée, qui se situe souvent au-dessus des gisements de glace que nous avons décrits. Elle atteint parfois une épaisseur de plusieurs mètres. On trouve dans les couches de boue congelée des feuilles et même des arbres entiers, qui portent encore pour certains leurs fruits mûrs. Ces plantes ne sont pas fossilisées ou pétrifiées, mais simplement congelées par un choc glacial. Ce processus a empêché un processus de pétrification.

La glace est souvent traversée par de minces couches constituées d'argile et de sable. Ce phénomène ne correspond pas à la formation normale de la glace, parce que la boue, en raison de l'élévation de sa propre température et de la température environnementale, aurait fait fondre la glace et aurait été emportée par l'eau née de cette fonte. Les impuretés de ces gisements de glace, anorganiques ou aussi organiques sous forme de plantes, doivent avoir été congelées soudain avec la glace, et n'étaient pas une partie intégrante d'un lac ou d'un fleuve.

Les couches de glace situées plus profondément ont aussi été examinées plus précisément par O. F. Herz et E. W. Pfitzenmayer, et sont apparues d'autant plus blanches et fragiles qu'elles étaient profondes[75]. Mais dès que l'on exposait cette glace à l'air normal, elle prenait une coloration brun jaunâtre. On peut en conclure que les couches de glace plus profondes procèdent d'un processus de congéla-

74 Dall, W. H., in « American Journal of Science », 1881, 107.
75 Brown, 1980.

tion soudaine incluant les impuretés organiques et anorganiques. Jusqu'à une profondeur assez importante, la glace des régions de Sibérie n'a pas augmenté *lentement hiver après hiver*, mais s'est produite rapidement. C'est pourquoi la datation au moyen des noyaux de forage n'est pas exacte, parce que l'on part d'un taux de formation lent, observable de nos jours, d'une couche par an. Les événements que l'on peut constater en rapport avec l'impact et qui seront abordés plus précisément dans le chapitre sur le déluge : l'hiver dû à l'impact, la pluie abondante et le recouvrement neigeux, associés à un changement de climat, la formation de loess et les découvertes de cadavres d'animaux congelés soudainement et conservés constituent les pièces d'un puzzle qui s'assemblent très bien en une image globale. Même des dinosaures, des hommes et des animaux ont été frappés et pour certains exterminés dans d'autres parties du monde par une catastrophe soudaine. Ici, inondation, là congélation : toutes deux appartiennent en fonction des données climatiques et de l'altitude correspondante au déroulement d'un impact. Le déluge ne constitue absolument pas une inondation localement délimitée. Au contraire, l'impact d'un astéroïde ou de plusieurs, peut-être associé à un autre événement cosmique, a causé un désastre mondial. Ainsi serait expliqué le phénomène de la mort soudaine des mammouths.

L'hiver soudain

Une des manifestations consécutives de l'impact est le règne d'un hiver qui a été causé par l'obscurcissement du ciel dû aux particules de poussière qui se trouvaient dans l'atmosphère, et qui a entraîné une réduction drastique des températures. En Sibérie, c'est un climat tempéré qui prédominait du vivant des mammouths. À la suite de l'impact, le climat doux s'est transformé en un climat glaciaire, qui existe aujourd'hui encore. La transformation doit avoir été rapide. Les agents de la putréfaction n'ont pas eu le temps de causer quelque dommage que ce soit. Les cadavres de mammouths étaient et sont aujourd'hui encore tirés de la glace bien conservés. Si le climat avait changé lentement, on ne pourrait plus trouver, après un temps relativement bref, que des squelettes. Le changement de climat doit donc s'être produit d'une façon extrêmement soudaine, en l'espace de quelques heures. Le processus de l'hiver dû à l'impact suffit-il seul, en tant que conséquence de l'impact de l'astéroïde, à expliquer la congélation rapide des animaux ? C'est très difficile à imaginer. Muck constate que la zone climatique au-dessus de la Sibérie doit s'être déplacée en peu de temps d'approximativement 3500 km vers le sud[76]. Y a-t-il sur la Terre d'autres régions où des manifestations similaires se sont produites ? Hapgood a établi, au moyen d'études exactes des cartes antiques que j'ai déjà décrites, que l'Antarctique était autrefois dépourvu de glace.

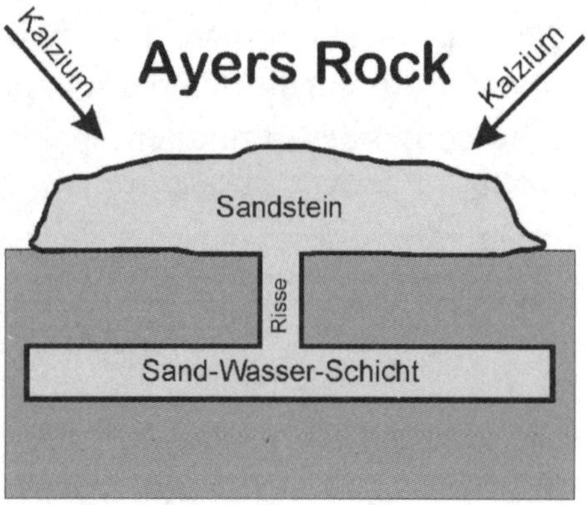

L'Ayers Rock. Un bloc puissant de sable (= béton) qui a lentement grandi ? Du fait des hautes pressions pendant le déluge, un mélange de sable et d'eau a été surélevé par la croûte terrestre rompue et s'est solidifié très vite en raison de la présence à l'époque de calcium libre.

On a trouvé au pôle Sud les restes d'une flore qui n'apparaissent pas dans une région au climat arctique. Les masses de terre de l'Antarctique doivent s'être trouvées originellement à environ 3200 km plus au nord, et donc dans des zones climatiques tempérées[77]. Même des géologues conservateurs n'excluent pas l'idée d'un Antarctique exempt

76 Muck, 1976.
77 Hapgood, 1970.

de glace, mais reportent la période correspondante loin dans le passé de l'histoire terrestre, ce qui signifie : il y a N millions d'années. Mais si l'on fait cette supposition, qui a établi les anciennes cartes avec la représentation d'un Antarctique exempt de glace ?

La solution de l'énigme : un déplacement de l'axe de la Terre d'au moins 20° a conditionné les processus à peu près similaires dans les régions précisément opposées du globe terrestre. Il s'y ajoute l'influence croissante, dans les hauteurs froides des montagnes, d'un hiver dû à l'impact, en relation avec le déroulement du déluge que nous devons encore expliquer. En revanche, Graham Hancock conclut, conformément à la théorie du déplacement de la croûte terrestre de Hapgood, à un déplacement de l'ensemble de l'Antarctique sur le lit de magma de la Terre[78]. En raison des énormes forces de friction dues au poids des parties de la croûte terrestre, un continent entier ne peut pas sans un événement particulier dériver en quelques heures ou en quelques jours de 3000 à 3500 km, parce qu'il est ancré sur et dans un lit de magma. Au contraire : la *friction empêchée* fait apparaître des fissures et des trous dans l'écorce terrestre, que le magma liquide traverse pour se presser à la surface de la Terre. Ce matériel plus dur reste conservé au fil du temps, alors que la roche environnante, plus molle, s'érode. C'est ainsi que se sont formées beaucoup de merveilles naturelles connues, comme l'Ayers Rock en Australie, sauf que dans ce cas, une couche d'eau et de sable a été poussée à la surface à travers des trous ouverts dans la terre par une surpression, et que le durcissement rapide par ajout de calcium, que nous avons décrit, a eu lieu. C'est pourquoi ce monolithe a aussi une surface plane comme du béton, car le grès n'est pratiquement pas autre chose. Quand j'ai visité ce roc en 1996, j'ai pu me convaincre qu'il se trouve partout sur la surface littéralement polie des bulles plus ou moins

78 Hancock, 1985.

grandes. Ces pores étaient à l'origine emplis d'eau (eau liée) qui s'est évaporée après la prise du béton (grès). Pour moi qui suis ingénieur en construction, c'est quelque chose que j'observe quotidiennement quand du béton durcit.

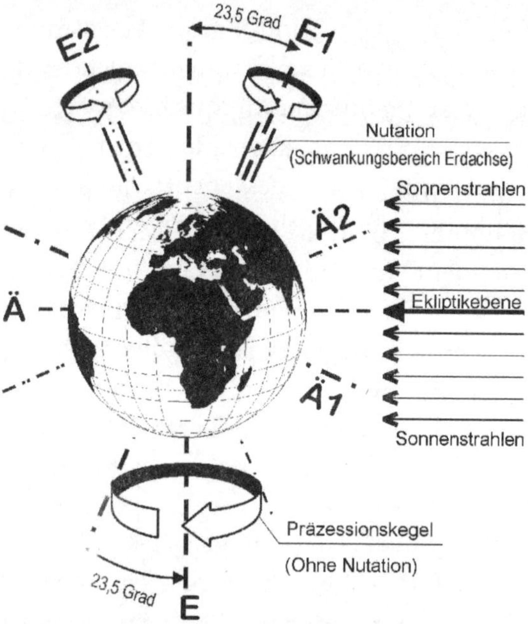

Précession de l'axe de la Terre. Contrairement à l'époque précédant le déluge, l'axe terrestre (E) est aujourd'hui incliné de 23,5 degrés (E1) et tourne en cercle (sans tenir compte de la nutation) autour de l'axe (E) vertical sur le plan de la trajectoire terrestre (Ä = plan de l'écliptique), qui passe par le centre du soleil. En 12 890 ans (180 degrés du cercle de précession) l'axe terrestre se déplace à l'inverse de son propre sens de rotation de E1 à E2. Ce processus fait que les étoiles semblent se déplacer constamment, et ne se trouvent au même endroit du firmament qu'après un cycle complet de précession de 360 degrés, en à peu près 25 780 ans. En outre, le roulis de l'axe terrestre (nutation) doit être pris en considération ; il se superpose à la précession et traverse une période d'environ 40 000 ans. Ä1 = ligne de l'équateur au moment X ; Ä2 = ligne de l'équateur à E2 au moment (X + 12890).

Mais considérons les changements climatiques sur la Terre. La théorie de la dérive continentale de Wegener ne peut pas elle non plus être rendue responsable du déplacement des zones climatiques, parce que les mouvements des continents, qui sont de quelques centimètres ou millimètres par an, si les mesures sont exactes ou à peu près correctes en raison de tolérances possibles, sont bien trop faibles. Les zones climatiques en Sibérie ou dans l'Antarctique ne se seraient pas déplacées d'une distance approximativement *égale*, bien que le nombre supérieur des impacts dans l'hémisphère nord y ait naturellement causé aussi directement des conséquences plus importantes. Ce qui est crucial, c'est un déplacement similaire des zones climatiques, et un événement extraordinaire fondamentalement comparable dans l'hémisphère nord et sud. C'est sur ce point qu'échouent toutes les théories, ou bien il faut appeler le hasard à l'aide faute de preuves. Muck défend l'idée qu'un déplacement de pôle, et donc une déviation de l'axe de rotation de notre Terre d'environ 20 degrés, a eu lieu à la suite d'un violent impact de météorite[79]. Une explication logique et en même temps simple, qui s'accorde avec les phénomènes décrits. La question est de savoir si un impact unique de météorite peut produire l'effet correspondant. Probablement pas, c'est pourquoi d'autres influences cosmiques encore ont été déterminantes. En exploitant les mythes de divers peuples, Immanuel Velikovsky est parvenu à la conclusion qu'il n'y a que quelques milliers d'années, divers rapprochements de planètes, par exemple de la Terre et de Vénus, ont eu lieu.

Quoi qu'il en soit, le processus qui a déclenché le déluge a en général provoqué l'inclinaison de l'axe de la Terre ou a *considérablement* augmenté une inclinaison minime éventuellement déjà présente. Des événements cosmiques ont tout de suite commencé à faire chanceler (précesser) la Terre. C'est ce que prouvent les découvertes de cadavres de mammouths conservés. Le déplacement de l'axe de rotation d'au moins 20 degrés, probablement beaucoup plus pendant une brève période du fait du mouvement de pendule provoqué, a fait que les zones climatiques elles aussi se sont rapidement déplacées de la même façon. La glaciation forcée due à ce processus ne s'est donc pas produite de façon unique, mais par poussées qui se sont succédées plusieurs fois, avec un caractère de raz de marée. Cette apocalypse entraîna la fin de l'âge des mammouths en raison de la glaciation soudaine de la Sibérie ainsi que d'une partie occidentale de l'Alaska dans l'hémisphère nord, et de l'Antarctique dans l'hémisphère sud.

---

79 Muck, 1976.

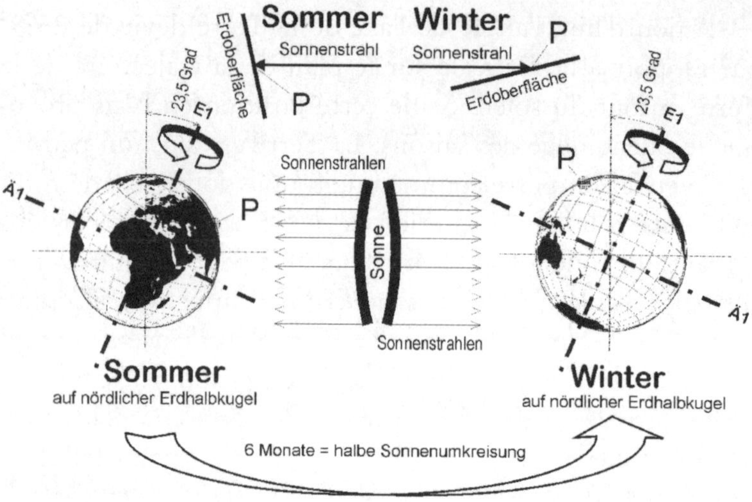

La genèse des saisons. Elles ne viennent *pas* de la variation de la distance par rapport au soleil due à la trajectoire elliptique. Seul l'axe terrestre incliné de 23,5 degrés par rapport à la verticale sur le plan de la trajectoire de la terre fait apparaître les saisons. Le soleil éclaire plus intensément au cours d'une demi-année l'hémisphère nord, et au cours d'une autre l'hémisphère sud, parce que l'angle d'arrivée des rayons solaires est différent, et parce qu'il apparaît ainsi une différence de réchauffement des différentes régions de la surface de la terre. Un point quelconque (P) représente une localisation à la surface de la Terre pendant le semestres d'hiver et d'été. E1 = axe terrestre incliné et Ä1 = ligne correspondante de l'équateur.

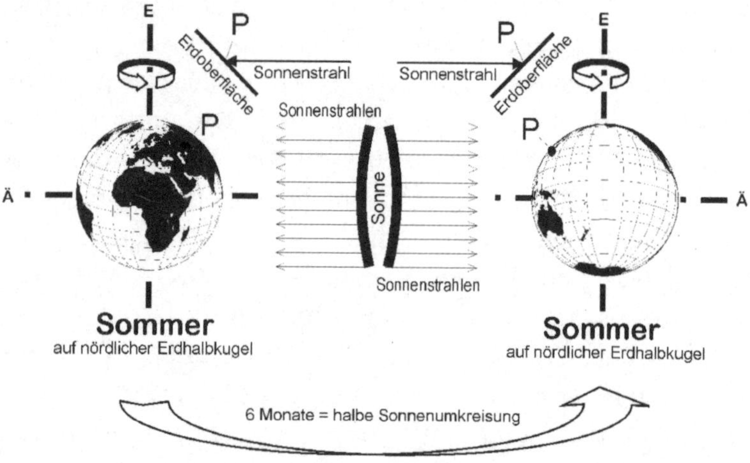

Axe terrestre droit. Avant le déluge, l'axe terrestre était à peu près droit, donc vertical par rapport au plan de la trajectoire. Il ne pouvait pas en résulter de saisons, car l'angle de pénétration et donc l'intensité des rayons du soleil sont toujours les mêmes tout au long de l'année pour un point quelconque à la surface de la Terre. La conséquence en était un climat uniforme de tropical à tempéré sur l'ensemble de la Terre, dont témoignent les gisements de charbon au pôle Sud et les bancs de coraux à proximité du pôle Nord. L'illumination solaire constamment plus faible au niveau des pôles entraînait des calottes glaciaires polaires comme celles de Mars, mais sans ère glaciaire. Un point quelconque (P) à la surface de la Terre est toujours illuminé par le soleil pendant toute l'année. Ä = équateur, E = axe terrestre droit.

Aujourd'hui, l'angle de l'axe de la Terre dévie de 23,5° par rapport à la verticale sur le plan de la trajectoire de la Terre autour du soleil. Seule cette position en biais provoque le phénomène des saisons. La Terre est ainsi un peu inclinée et se comporte comme une toupie dont l'axe de rotation a été pendant la rotation dévié de la verticale par l'intervention d'une force. C'est ce que l'on peut produire d'une manière visible quand on touche une toupie avec le doigt. La toupie, comme à l'époque la Terre, commence à chanceler. Ce mouvement est aussi appelé précession. L'axe allongé de la Terre décrit dans le ciel un cercle, qui est appelé cercle de précession et qui parcourt l'une après l'autre les 12 constellations. Ce cycle de précession dure *aujourd'hui* environ 25 780 ans. Ce n'est qu'après l'écoulement de ce vaste laps de temps que l'on voit de nouveau les étoiles exactement au même point du firmament. Naturellement, uniquement si l'on suppose une Terre qui tourne toujours de manière uniforme. L'angle de 23,5° de l'axe de la Terre, qui est aussi appelé obliquité de l'écliptique, n'est toutefois pas toujours identique, mais oscille dans de faibles proportions de 24 à 22°. Ce cycle (nutation) dure un peu plus que 40 000 ans. La Terre oscille comme le fait une toupie d'enfant.

Si l'axe de la Terre ne devait avoir été dévié qu'une seule fois à un moment déterminé par un impact d'astéroïde ou un autre événement, cela voudrait dire qu'il n'y avait pas de saison avant cet événement. Peut-être les hommes d'avant le déluge vivaient-ils mieux dans ces conditions, parce qu'il n'y avait pas d'hiver, ou parce qu'il n'y avait que des hivers inhabituellement doux ? Avec des conditions climatiques qui restent égales, il y aurait toujours eu des fruits et d'autres produits de la nature à manger en surabondance. Ce monde était-il une sorte de paradis, ou était-il peut-être le Paradis biblique ? Comme l'impact d'un astéroïde a vraisemblablement causé aussi une modification de la composition de l'atmosphère, et peut-être endommagé la couche d'ozone (au cas où elle aurait existé à l'époque), il est possible que des conditions environnementales radicalement différentes aient régné avant le déluge. Dans la Bible, *l'Épopée de Gilgamesh* babylonienne et d'autres écrits anciens, on parle d'hommes censés avoir atteint l'âge de quelques siècles. Comme chacun peut le lire, l'âge des hommes mentionné dans la Bible tournait autour de 900 ans, depuis Adam (930 ans : *Genèse* 5,5) en passant par Seth (912 ans : 5,7), jusqu'à et y compris Noah (950 ans: 9,29). Après cet événement, l'espérance de vie diminua lentement mais constamment. Après Arpakschad (438 ans: 11,13), Abraham avec 175 ans (25,7) et Isaac avec 180 ans (35,28), Jacob n'atteignit finalement que 147 ans (Genèse, 47,28), et les générations suivantes atteignirent la même espérance de vie qu'à notre époque.

Ne faut-il voir, dans les indications précises sur l'âge et le moment de la naissance des enfants ainsi que dans la datation précise du déluge à l'intérieur de ce registre générationnel, que des indications imaginaires, ou ne s'agit-il pas d'informations qualitativement exactes, même si un jour ne comptait autrefois que 20 heures ? Une baisse de l'efficacité des couches protectrices de l'atmosphère, bouleversées, fut-elle déterminante dans la diminution de l'espérance de vie ? L'humanité dégénéra-t-elle après l'inondation en raison de l'augmentation de la dose de rayonnement cosmique ? Est-ce là la raison des nombreux monstres hideux des légendes et des mythes de tous les peuples ? Des géants avec un seul œil et d'autres monstres sont décrits avec précision dans ces récits. Nous connaissons des manifestations aussi effrayantes secondaires aux bombardements atomiques du Japon pendant la Deuxième Guerre Mondiale.

Peut-être la vitesse de rotation de la Terre s'est-elle modifiée ? Elle pourrait avoir été faiblement diminuée par une impulsion contraire à l'orientation de la rotation de la toupie, dans ce cas la Terre. Le changement de l'axe de la Terre (précession) déjà décrit est en tout cas *opposé* à la rotation terrestre. Comme toute toupie, la Terre qui tourne essaie lentement, en raison des forces de friction intérieures, de se redresser, ce qui fait que l'angle de l'axe de la Terre, dévié, diminue lentement et que la durée d'une période de précession complète est lentement augmentée. La Terre et avec elle aussi la croûte terrestre précesse aujourd'hui lentement. La période de précession doit avoir été plus brève dans la période suivant l'impact de l'astéroïde. Autrement dit, le laps de temps permettant d'achever un cycle de précession durait non pas 26 000 ans comme aujourd'hui, mais, en analogie avec la théorie de la toupie, peut-être moins de 1000 ans. Il en résulte une perturbation des couches protectrices de notre atmosphère dans la période suivant la catastrophe. L'intensité du rayonnement doit avoir été très élevée plus longtemps encore après le déluge, et a entraîné une dégénérescence ainsi qu'un endommagement des dispositions héréditaires des rares animaux et hommes ayant survécu à la fin du monde.

Durée de l'année solaire

Régnait-il sur la Terre, avant l'impact de l'astéroïde, des conditions physiques radicalement différentes ? Y avait-il réellement avant le déluge, dans ces conditions modifiées, les géants décrits dans la Bible ? Un jour avait-il une longueur différente de celle d'aujourd'hui, éventuellement analogue à celle des systèmes biologiques avec presque 25 heures par jour ? Pourquoi le biorythme ne coïncide-t-il pas avec le jour normal de 24 heures, comme le laisse penser Gernot Geise[80]? Si notre monde ne s'est pas fondamentalement modifié, ou s'il ne s'est modifié qu'avec une extrême lenteur, alors l'homme devrait s'être idéalement adapté du fait de la prétendue longueur de l'histoire de son développement, si Darwin avait raison.

Pourquoi le rythme intérieur ne correspond-il pas avec le rythme journalier de notre planète ?

---

80 Geise, 1997.

L'année solaire avait-elle avant le déluge une autre durée que celle d'aujourd'hui, qui s'établit à 365,2422 jours ? Les Mayas au plus tard étaient des mathématiciens excellents ; ils calculèrent pour l'année une durée de 365,2420 jours, et ils déterminèrent aussi exactement les temps de rotation des autres planètes. En outre, ils calculèrent le laps de temps de rotation de la lune, comme de Vénus et de Mars, avec une exactitude extraordinaire. Les prêtres mayas pouvaient prévoir les éclipses de lune et de soleil à l'aide de tableaux précis. Chez les Mayas et d'autres grandes civilisations antiques, l'année solaire originelle était composée de 12 mois de chacun 30 jours. Les 5 jours manquants qui restaient étaient simplement ajoutés. Comme les Mayas étaient de très bons mathématiciens, la question se pose de savoir pourquoi ils n'ont pas introduit comme nous des mois de durée variable ? Ou bien l'année solaire n'avait-elle dans les périodes antérieures que 360 jours, les 5 jours de reste étant depuis un événement déterminé simplement rajoutés à la fin de chaque année ?

On ne sait pas quand le calendrier des Égyptiens a été inventé ou développé. En tout cas, dans le système de calendrier qu'ils utilisaient, l'année se composait de 12 mois comptant chacun 3 décades de chacune 10 jours. À ces 360 jours étaient rattachés 5 jours complémentaires, comme chez les Mayas. Ces jours supplémentaires étaient étroitement liés aux dieux, si bien que la prolongation du calendrier avait des raisons religieuses. Mais selon la conception générale, les dieux égyptiens étaient identiques aux étoiles. Les 360 jours avaient naturellement un rapport direct avec le cercle et ainsi aussi avec la Terre en tant que sphère idéalisée de 360 degrés. Au contraire de nos ancêtres du Moyen-Âge, les Mayas et d'autres peuples civilisés connaissaient la forme sphérique de la Terre. On sait toutefois que les Égyptiens avaient divisé non seulement le calendrier lui-même, mais aussi le ciel en 36 décans de chacun 10 jours et donc également en 360 jours. Les 5 jours restants sont conditionnés par l'inclinaison de l'axe de la Terre et par une orbite terrestre élargie. L'harmonie entre le temps et l'espace, qui se trouve dans ce rapport, est-elle caractéristique de la période antédiluvienne ? Il est facile de supposer que même le mouvement apparent du soleil autour de la Terre a été divisé en 360 degrés.

Si l'année calendaire quand l'axe de la Terre n'était pas incliné durait 360 jours, on obtiendrait un point de vue radicalement différent. Les systèmes calendaires anciens concordaient à l'origine d'une manière idéale avec la mécanique céleste. L'obliquité de l'axe de la Terre associée à l'élargissement de sa trajectoire changea tout. Les 5 jours par an, que la catastrophe avait fait apparaître en plus, furent compensés par des jours additifs, qui chez les Égyptiens étaient fondés sur la naissance des 4 enfants de la déesse de la nuit Nut : Osiris, Isis, Seth, Nephtys, et le fils d'Osiris et Isis, Horus. Ces 5 jours supplémentaires sont donc associés avec des naissances, ce qui signifie quelque chose de nouveau, ou mieux de *venu en plus*. Il y avait donc logiquement un temps avant cette *naissance*, qui se débrouillait sans ces nouveaux jours. Par conséquent, le système calendaire serait plus vieux que le déluge causé par des impacts de comètes, éventuellement associés à d'autres événements cosmiques.

Après la catastrophe, on ne modifia pas foncièrement le vieux système, mais on élargit l'année en ajoutant 5 jours. Ce procédé permettait facilement de se rapporter à d'anciennes dates et d'anciens calculs, sans devoir changer fondamentalement le système. C'est d'un point de vue logique à proprement parler évident. Une modification du système calendaire en fonction des nouvelles données, analogue à notre année calendaire moderne, aurait sûrement été plus complexe.

Les Babyloniens eux aussi divisaient l'année en 3 périodes de 120 jours. Les 5 jours manquants qui restaient étaient considérés comme une entité particulière. Il est probable que les Babyloniens avaient repris ce système aux Assyriens, et ceux-ci aux Sumériens, qui sont considérés comme les inventeurs du cercle à 360 degrés. Dans ce contexte, il faudrait mentionner que les Sumériens connaissaient déjà toutes les planètes que nous avons identifiées et aussi certaines lunes que Galilée ne repéra avec un télescope qu'en 1609. Les planètes Uranus et Neptune, que les Sumériens connaissaient déjà il y a environ 6000 ans, n'ont été *découvertes par nous qu'en 1781 et 1846*. Ces données empêchent de parler d'un développement égal des hommes comme le fait la théorie de l'évolution. On ne dispose pas officiellement d'une explication des connaissances des premières grandes civilisations que nous connaissons, si nous n'acceptons pas en clignant de l'œil des explications comme la supercherie ou le hasard.

Comme je l'ai montré dans mon livre *Colomb est arrivé le dernier*, il y avait longtemps avant la naissance de Jésus Christ un échange entre les civilisations à travers l'Atlantique[81]. Une communication ou une reprise du calendrier par un autre peuple est de ce fait tout à fait imaginable. Les parallèles entre les systèmes calendaires des Mayas, des Égyptiens, des Babyloniens et des Sumériens ne peuvent être méconnus. Indépendamment l'un de l'autre, ces peuples civilisés connaissaient aussi les 12 signes du zodiaque. Mais si des deux côtés de l'Atlantique le nombre des constellations est identique, avec une désignation identique ou similaire, on devrait pouvoir exclure un hasard prenant la forme d'une duplicité des événements.

Axe terrestre vacillant

Lors d'une déviation assez importante et soudaine de l'axe terrestre, un observateur situé à la surface de la Terre aurait l'impression que les étoiles se meuvent par à-coups, ou même disparaissent à l'horizon. Même le soleil pourrait disparaître du champ visuel ou aussi, avant de se coucher,

81 Voir aussi : Sudhoff, 1990.

retrouver son chemin vers le zénith. Bref, il régnerait dans une partie du monde une nuit plus longue, alors que dans l'autre le soleil brillerait plus longtemps. Cas intéressant, il se peut que la déviation soit si importante que du côté tourné vers le soleil, celui-ci disparaisse soudain, et que du côté du globe terrestre détourné du soleil, la nuit devienne jour. Dans ce cas, le soleil tourne, pour l'observateur situé du côté originellement détourné du soleil, de manière fausse. Je souligne le terme : *fausse* ; il faut peut-être le clarifier en prenant un modèle simple. Pour un observateur situé sur la Terre, dans ces conditions, le soleil se lève non à l'est, mais à l'*ouest*. Ce processus peut se *répéter* dans un deuxième ou un troisième mouvement de titubation de l'axe de la Terre, avant que les forces de friction, les influences gravitationnelles ou l'inertie de la masse ne réduisent la déviation.

Les calculs des calendriers ne sont plus possibles dans la période qui suit, parce que la déviation de l'axe de la Terre qui diminue lentement fait que les étoiles ainsi que les planètes de notre système solaire occupent des trajectoires non calculables qui se modifient sans cesse.

Dans la période ayant précédé la chronologie, les révisions des calendriers étaient d'actualité. Cela ne tenait pas à une observation ou un calcul fautifs des orbites des étoiles et des planètes par nos aïeux, mais au mouvement propre particulier et sans cesse en train de se modifier de notre Terre. Le roi babylonien Nabonassar fit introduire un nouveau calendrier en 747 av. JC. L'occasion en était un événement astronomique qui toutefois n'est pas précisé plus avant dans les sources anciennes. Il n'y avait pas à cette époque d'éclipse de soleil, si l'on présuppose que la Terre tournait uniformément depuis ce moment. Les astronomes chaldéens avaient la tâche d'adapter aux modifications le calendrier en usage. R. C. Thompson confirme comme suit dans son livre *The Reports of the Magicians and Astrologers of Ninive and Babylon* :

« Il est facile de reconnaître, à partir de différents passages des tables astronomiques, que le calcul des jours et des saisons était une des tâches principales des astronomes de la Mésopotamie. Les savants se demandent : comment ces personnes, recrutées spécialement pour effectuer cette tâche, ont-elles pu commettre d'aussi grandes erreurs[82] »

On lit dans la Bible (Isaïe, 24, 18-20) :

« ... *Les fondements de la Terre tremblent. Avec fracas, la Terre est brisée, éclatée et désintégrée. La Terre titubera comme un ivrogne, et sera jetée ici et là comme une hutte vacillante...* »

Points cardinaux changeants

L'écrivain latin Solinus rapporte les mythes des peuples de la frontière sud de l'Égypte. Ces anciennes traditions font état d'une orbite du soleil différente de celle d'aujourd'hui. Du vivant de ses ancêtres, le soleil est censé s'être couché là où il se levait auparavant. Les Chinois parlent d'un nouvel ordre. C'est depuis cette période seulement que les étoiles vont de l'est à l'ouest. Velikovsky, dans son *Mondes en Collision*[83] constate que les signes du zodiaque chinois se suivent en sens inverse, donc à l'opposé du cours actuel du soleil. On parle en Grèce aussi de trajectoires inversées des étoiles et de notre soleil. L'auteur tragique grec Euripide (env. 485-406 av. JC) fait état dans *Électre* d'étoiles orientées vers l'arrière et aussi d'une modification correspondante du soleil. Il écrivait en outre dans *Oreste* : « *la hâte ailée du char du soleil... changeant le cours dirigé vers l'ouest à travers la voûte céleste, là où la flamme rouge du crépuscule du matin se levait* ».

Un autre Grec, le philosophe Platon (427-347 av. JC) mentionnait dans le dialogue *L'homme d'État* le changement dans le lever et le coucher du soleil et des autres corps céles-

82 Velikovsky, « Mondes en Collision » et Thompson.

83 Ed. Jardin des Livres, 2005, Paris

tes. Le monde en outre est censé avoir tourné en sens inverse. Si l'on se situe sur la Terre, on ne remarque pas le mouvement propre de notre planète, mais on croit à un mouvement des étoiles et par là de l'univers.

Les peuples d'Amérique centrale distinguent quatre soleils antémondains avec quatre mouvements, et donnaient des noms différents aux soleils représentant les diverses périodes célestes. Même dans le Coran, il est question des deux est et ouest. Le Talmud et d'autres sources anciennes parlent de perturbations du mouvement solaire à l'époque de l'exode, le départ des Juifs hors d'Égypte.

L'historiographe grec Hérodote (490-425 av. JC) parle dans le deuxième livre de ses *Histoires* d'entretiens avec des prêtres égyptiens pendant sa visite en Égypte. On lui a fait le récit de 341 générations de rois, et on lui a raconté qu'à cette époque le soleil s'était levé quatre fois à l'opposé du lever normal. Deux fois, le soleil a décrit son chemin sur la trajectoire céleste que nous connaissons, et deux fois il s'est couché là où maintenant il se lève. Ce rapport a donné lieu à des discussions controversées dans les siècles passés. Mais quand on présuppose toujours, pendant l'ensemble de l'histoire de la Terre, la constance d'une seule rotation et d'une seule orbite terrestres, on ne réussit pas à interpréter les traditions qui se rapportent à ces faits. Des textes égyptiens témoignent plusieurs fois et sans équivoque que « *le sud est devenu le nord et que la Terre s'est penchée en avant* », ou que des étoiles ont cessé de vivre à l'ouest et apparaissent maintenant comme nouvelles à l'est. Les Égyptiens connaissaient aussi différents noms pour le soleil de l'ouest et celui de l'est. Ces descriptions ne sont-elles que des indices d'un mouvement de tournoiement marqué, ou bien concernent-elles aussi les multiples renversements du globe terrestre ?

On a trouvé, au plafond de la tombe de Senmout, l'ingénieur de la reine égyptienne Hatchepsout, une vieille carte du ciel où figure la représentation des signes du zodiaque et d'autres constellations. L'angle de vision sud est représenté en sens inverse, et la constellation d'Orion semble se mouvoir vers l'est, dans la fausse direction. C'est dans l'ensemble un échange de l'est avec l'ouest et du nord avec le sud qui est représenté. Il est évident que l'image constitue une carte montrant comment le ciel pouvait être vu avant l'inversion des pôles.

Mais il y a encore une autre carte dans cette tombe. L'ordre des objets célestes qu'elle reflète correspond à l'image qui nous est habituelle, bien que toutes les constellations soient déplacées. La mesure de la précession que nous connaissons aujourd'hui ne nous permet pas d'expliquer cette déviation importante. Alors que notre science scolaire ne nous fournit aucune explication pour la première image, on ne tient pas compte, dans l'autre représentation du ciel, de la déviation de la position des étoiles, ou on la considère comme une carte transmise par une tradition ancienne, car à un moment quelconque au cours des 26 000 dernières années – un cycle de précession – cette représentation coïncidait avec un ordre que l'on pouvait observer à cette époque dans le ciel. Mais quand ? Il y a 20 000 ou 10 000 ans ? Selon notre image du monde, il n'y avait pas encore à l'époque de grande civilisation susceptible d'entreprendre de figurer le cours des astres.

Si l'on comprend les deux images comme des instantanés du ciel avant et après une catastrophe cosmique, avec le changement des pôles célestes, les deux représentations livrent une image exacte à un moment déterminé de notre passé qui n'est éloigné que de quelques milliers d'années. Le décalage de l'ordre des constellations témoigne d'un axe terrestre chancelant, dont l'angle diffère de celui que nous pouvons mesurer aujourd'hui. J'ai déjà expliqué que la déviation d'une toupie est au début plus importante, puis diminue lentement. Si notre image du monde d'aujourd'hui admet pour toutes les époques un axe terrestre toujours autant incliné, il est impossible d'expliquer des modifications antérieures ou futures.

En se basant sur les lois de Lyell et de Darwin, on part de l'état actuel de la Terre et on projette cette image dans le passé sans la modifier, avec les oscillations que l'on observe aujourd'hui, et qui sont elles aussi conçues comme constantes. Selon les thèses actuelles de la science scolaire, il ne peut tout simplement pas y avoir de modifications intenses dans le développement de la Terre, bien que l'on ait pris récemment en considération les multiples preuves en faveur de bouleversements géologiques importants, de telle sorte que l'on admet des catastrophes *localement limitées* dans le passé de la Terre. D'un point de vue académique, il est naturellement plus simple de présupposer des conditions annexes égales et constantes quand on établit des théories. Même les conformités à des lois peuvent être mieux déterminées quand on présuppose que les théories de l'uniformité de Lyell et de Darwin sont valides en tout temps. Les modifications des points cardinaux, que j'ai décrites dans ce chapitre en me basant sur des traditions et des transcriptions anciennes, sont exemplaires et pourraient encore être allongées à loisir. Les antiques tableaux astronomiques des Indiens, des Sumériens ou des Babyloniens présentent souvent des différences inexplicables, comme si elles avaient été consignées à un point éloigné de plusieurs milliers de kilomètres. Les calculs prouvent que dans un passé pas trop éloigné, une catastrophe globale a eu lieu, et que la situation géographique par rapport au ciel étoilé s'est modifiée. Ou bien la science a raison quand elle affirme que nos ancêtres étaient trop bêtes pour effectuer des calculs exacts.

Les conséquences d'une catastrophe comme le déluge durent assez longtemps. Des blocs de roche, ou plusieurs astéroïdes ou planétoïdes forcés à s'engager dans une trajectoire autour de la Terre, peuvent se précipiter sur celle-ci avec un retard de plusieurs siècles. L'établissement de la succession temporelle exacte des événements n'est pas nécessaire à l'étude de l'histoire terrestre récente, postérieure au déluge, que j'ai entreprise. Les traditions documentent des événements et des catastrophes extraordinaires qui y ont trait, jusque dans le millénaire préchrétien.

L'arrêt du soleil

Dans le Livre de Josué (10, 12-14), on trouve une description d'événements cosmiques qui a jusqu'à présent été l'occasion des spéculations les plus variées : « *Soleil, reste immobile au-dessus de Gibéon, et toi, lune, au-dessus de la vallée d'Aïalon ! – Et le soleil resta immobile, et la lune s'arrêta, jusqu'à ce que le peuple se fût vengé sur ses ennemis... Le soleil resta ainsi arrêté en plein ciel, et son coucher fut retardé, à peu près un jour entier. Ni avant, ni après, il n'y a eu un jour semblable...* ». Il y a suffisamment d'exégèses de ce passage de la Bible. Il n'est pas utile de les discuter, car aucune interprétation conforme à notre image scientifique du monde ne peut être ne serait-ce qu'approximativement crédible.

Si la représentation de la Bible devait être exacte, la rotation de la Terre aurait dû cesser pendant presque un jour, car le soleil n'a pas pu exécuter lui-même un mouvement extraordinaire. On ne peut absolument pas faire concorder cet énoncé avec un déroulement uniforme de l'histoire de la Terre. Il n'y a à proprement parler que deux, si l'on adopte des points de vue extrêmes aussi trois possibilités.

Si l'on interprète le récit de l'arrêt du soleil en disant que le soleil est resté certes presque un jour dans le ciel, mais que pendant ce temps il s'est pourtant mu *un peu*, on peut constater une concordance avec le scénario du déluge, que j'ai décrit jusqu'ici. Si un événement fait fortement dévier l'axe terrestre en direction de la trajectoire du soleil et si le soleil n'a pas disparu à l'horizon, alors un jour a duré précisément plus de 24 heures. Pour l'observateur humain, le soleil est dans ce cas repoussé dans une autre direction, pour reprendre ensuite sa voie habituelle à travers le firmament. Au point de retournement du mouvement pendulaire, on observe l'effet connu d'un certain arrêt du mouvement résultant d'une illusion visuelle.

Si l'on prend le passage cité de la Bible à la lettre et si l'on n'accorde *aucun mouvement* au soleil – donc un arrêt complet – les choses prennent une tout autre tournure. Dans ce cas, la rotation de la Terre doit effectivement s'être arrêtée pendant presque un jour. Donc, si des forces physiques avaient ensuite fait tourner la Terre en sens contraire, on pourrait facilement expliquer les anciennes traditions concernant les inversions des trajectoires du soleil.

Les conséquences de l'arrêt de la rotation terrestre seraient vraisemblablement dévastatrices. C'est pourquoi la première version est peut-être la plus crédible, en particulier parce qu'elle permet d'expliquer tous les autres phénomènes. Cela n'exclut pas une modification de la vitesse de rotation de la Terre. Mais éventuellement, la deuxième variante peut être juste...

Comme je l'ai indiqué ailleurs, la Terre tourne comme une toupie. L'axe terrestre peut théoriquement être basculé aussi loin que possible dans le plan de la trajectoire, comme c'est le cas *de nos jours pour la planète Uranus*. Ces présuppositions étant faites, il en résulte l'impression optique de l'arrêt voire de la rétrogradation de la trajectoire solaire, tout à fait en harmonie avec le passage cité de la Bible. D'un côté du globe terrestre, on aurait observé une longue phase d'obscurité, alors que de l'autre côté de la Terre le jour aurait duré proportionnellement plus longtemps.

À partir d'un certain degré d'inclinaison (au-dessus de 90 degrés) de l'axe terrestre, le soleil disparaît à l'horizon et se lève pour les hommes de façon imprévue du côté opposé du globe. Dans ce cas, le soleil évolue pour l'observateur d'une façon opposée à sa trajectoire habituelle ! Est et ouest sont inversés ! Pour un observateur placé sur la planète Vénus, par exemple, le soleil se lève même de nos jours à l'ouest, parce qu'elle tourne de façon rétrograde, donc opposée au sens de la rotation de notre système solaire, et donc à celui de la Terre qui nous est habituel.

Si l'on en croit nombre de traditions extrêmement anciennes, le processus du changement apparent de la trajectoire solaire doit s'être produit au moins deux fois. Pourquoi la Terre n'aurait-elle pas pu subir plusieurs fois l'une après l'autre une déviation intense de son axe ? En fait, il est même obligatoire qu'il en soit allé ainsi, puisque une déviation initialement violente fait apparaître un mouvement de pendule. Considéré latéralement, donc de façon bidimensionnelle, l'axe terrestre et donc l'ensemble du globe terrestre a oscillé d'un côté et de l'autre.

Le deuxième mouvement de pendule n'a certes pas été aussi violent que le premier, mais a suffi de nouveau à provoquer l'effet du mouvement solaire contraire : le soleil s'est encore levé à l'ouest. À la suite de la troisième oscillation, le soleil n'a peut-être pas disparu derrière l'horizon, mais *a erré sur des trajectoires jusque-là inconnues à travers le firmament*. Toutefois, il s'est levé *à l'est comme au début*, et s'est couché à l'ouest.

Il n'y a pas eu de perturbation essentielle du moment de rotation de la Terre. La trajectoire de la Terre autour du soleil a vraisemblablement été déplacée vers l'extérieur, et la durée de rotation est passée de 360 à 365 jours. C'est ce dont témoignent les anciens calendriers. La vitesse de la rotation terrestre a elle aussi été ralentie. Tout cela modifia sans doute les données physiques sur la Terre, mais notre planète a survécu à cette catastrophe.

Si la Bible a raison et si les développements que j'ai présentés sont exacts, l'obscurité doit avoir régné pendant presque un jour sur la face opposée de la Terre. Zecharia Sitchin a trouvé la mention d'un événement correspondant chez les peuples des Andes. On y relate que le soleil ne s'est pas montré pendant vingt heures, soit presque un jour. Cet événement est censé s'être passé pendant le règne de *Titu Yupanqui Pachacuti II*, le XVe monarque des temps anciens. Sitchin croit que les deux événements ont eu lieu au même moment, et situe cet événement unique aux environs de 1400 av. JC. Indépendantes l'une de l'autre, *deux descrip-*

tions semblant incroyables d'un phénomène d'apparence opposée se sont révélées exactes.

Plusieurs catastrophes

De grandes transformations semblent s'être opérées à l'époque préchrétienne. On peut se demander s'il est possible de rassembler tous les événements dans un laps de temps de quelques centaines d'années. Le déluge s'est produit au plus tôt il y a 10 000 ans. Mais il est aussi possible que cette catastrophe ait eu lieu 4000 ans plus tard. Ainsi, la lacune temporelle importante jusqu'au début de la première grande civilisation que nous connaissons, à environ 3500-3000 av. JC, serait mieux comblée et aurait duré moins de 1000 ans. L'énigme de l'apparition approximativement simultanée de presque toutes les grandes civilisations que nous connaissons serait de ce point de vue résolue logiquement.

Un petit bloc rocheux cosmique de 300m de diamètre et d'une vitesse de 18 km par seconde, qui tomberait au milieu du golfe du Mexique, engendrerait déjà des vagues de 30m de haut sur les côtes du Texas et du Mexique. Les chercheurs Steven R. Chesley et Steven N. Ward aboutissent au résultat qu'il faut s'attendre *tous les 6000 ans* à un tsunami causé par l'impact d'une météorite. Une telle collision libérerait 300 fois plus d'énergie que le tsunami de Sumatra le lendemain de Noël 2004[84].

Je voudrais à ce sujet dire nettement encore une fois que la Terre, après le déluge mondial, a été plusieurs fois touchée par des catastrophes semblables. L'oscillation de l'axe terrestre et un événement cosmique vraisemblablement pas tout à fait achevé ou répété ont agi aussi après le déluge. On peut repérer plusieurs événements correspondants, spécialement pour le VIIIe et le XVe siècle av. JC. Velikovsky remarque : « *Au milieu du deuxième millénaire avant l'ère chré-*

84 « Natural Hazards », vol. 38, Juillet 2006, p. 365-374.

tienne, le globe terrestre a effectué deux déplacements, et trois ou quatre autres au VIIIe ou au VIIe siècle. Dans le laps de temps intermédiaire, les trajectoires de Mars, de Vénus et de notre lune se sont aussi déplacées[85] ».

Un examen du déroulement temporel de l'ensemble de l'événement catastrophique dépasserait le cadre de ce livre. Il est important de souligner qu'il y a eu, avant ces événements, une fin du monde en bonne et due forme (déluge). Mais on aperçoit en même temps nettement que les processus cataclysmiques se déroulent par vagues. Les scénarios que j'ai décrits dans ce livre se sont déroulés plusieurs fois dans un cadre plus vaste sous forme déterminée ou affaiblie. Les stratifications de la croûte terrestre et de la glace des calottes polaires qui en résultent se sont par conséquent produites en l'espace de quelques années par vagues, et non constamment au cours d'une période durant des millions d'années. Ce fait, et la constatation qu'il s'est produit en général une véritable fin du monde sous la forme d'un déluge global il y a relativement peu de temps, contredisent fondamentalement les théories de l'uniformité de Lyell et de Darwin, et donc notre image du monde.

Mythe Hopi

Chez les Indiens Hopi, le souvenir de la mise en position oblique de l'axe de la Terre, conservé dans les traditions, est particulièrement frappant. Selon les mythes des Indiens Hopi, nous vivons actuellement dans le quatrième monde. Le premier monde a été anéanti par le feu. Le deuxième monde a été achevé par la *mise en position oblique de l'axe de la Terre, tout étant alors couvert par la glace*. Enfin, un déluge a anéanti le troisième monde. Les Hopis ont-ils raison ? Les faits semblent le confirmer.

La description de la mise en position oblique de l'axe de la Terre avec un hiver lié à l'impact, apparemment simultané, et la formation correspondante de glace, cadre dans une

85 Velikovsky, *Mondes en Collision...*

succession exacte avec le déroulement du déluge. Ce scénario a fait disparaître les mammouths.

Des mythes apparemment fécondés par l'imagination et des connaissances scientifiques récentes se révèlent concordants. Ne s'agit-il que d'un hasard ?

~ 7 ~
L'inversion des pôles

Le Dr Horst Friedrich constate dans son livre L'ère glaciaire, une erreur centenaire *traitant de l'origine de la théorie de l'ère glaciaire : « Le profane intéressé peut se demander comment la science croit avoir trouvé qu'il y a eu une Grande Période Glaciaire d'une durée d'un million d'années (se terminant soi-disant en 8000 av. JC). La réponse à cette question est terriblement simple : La "Doctrine de l'uniformité" éternellement psalmodiée par la géologie scolaire, associée au darwinisme (qui repose également de son côté sur la " Doctrine of Uniformity ") l'exige ![86]»*

Théories inutilisables

On a enseigné à l'école, à nos grands-parents et peut-être aussi à nos pères, le déluge, considéré aussi comme une suite du péché, au sens du christianisme. Il avait inondé et anéanti le monde. Des blocs erratiques et autres trouvailles correspondantes étaient présentés comme des preuves visibles. Mais après que la géologie se soit définitivement imposée avec la théorie de Lyell et la loi de Darwin, on ne pouvait plus recourir au déluge pour expliquer les phénomènes les plus variés, car la théorie de l'évolution ne laissait aucune place à une inondation à l'échelle mondiale. Pour s'exprimer clairement : soit le déluge, soit l'évolution. Tous deux s'excluent, comme le feu et l'eau. Mais on pouvait toujours voir les blocs erratiques et les galets. Comment devait-on maintenant expliquer ces phénomènes ? Des restes fossilisés à plusieurs milliers de mètres d'altitude, de grands blocs de roche arrondis découverts dans des plaines, ou le sous-sol de calcaire parsemé de blocs de granite du Jura suisse ne pouvaient être expliqués par une évolution uni-

86 Friedrich, 1997.

forme, par la théorie de l'évolution. *C'est pourquoi les périodes glaciaires ont dû tout simplement être inventées !* Il n'y avait pas d'autre choix. Elles étaient maintenant responsables de tous les phénomènes que le déluge était censé avoir causé jusque-là.

Mais il est agaçant pour les défenseurs de la théorie de la glaciation que « *des blocs erratiques parfaitement identiques se trouvent aussi dans des régions qui n'ont jamais été glacées, pour certains même en grand nombre* » comme à proximité de San Diego en Californie. « *Le Péloponnèse, selon la théorie de la glaciation, n'a jamais connu de période glaciaire. Mais le paysage, dans les formations de la surface de la terre, y est souvent très semblable à nos Préalpes – prétendument formées par la glaciation* ». En 1787, l'avocat suisse Bernard Friedrich Kuhn publiait une théorie qui affirmait que les blocs de granite du Jura suisse ont été apportés par des glaciers au lieu où ils se trouvent actuellement. Louis Agassiz, également un Suisse, dessina en 1837 l'image d'une glaciation mondiale[87]. Il se heurta sans doute au début à un refus, mais cette image du monde vaut maintenant comme un fait *irrévocable*. Pourtant, il n'y en a toujours pas aujourd'hui de preuve en général concluante, bien que de nombreux traités aient été rédigés sur ce sujet.

Il est censé y avoir eu, au cours de ces quelques centaines de milliers d'années passées, à des intervalles périodiques, au moins trois périodes glaciaires et un grand nombre de périodes interglaciaires. Agassiz déjà était convaincu de l'existence d'une grande calotte glaciaire allant du pôle Nord jusqu'à la Méditerranée et la mer Caspienne. Mais l'extension géographique de la calotte glaciaire fait échouer la théorie de la période glaciaire. Pourquoi y avait-il en Europe des glaciers jusqu'à 50° de latitude et en Amérique du Nord jusqu'à 40° de latitude, alors que dans le nord-est de la Sibérie, au nord du 75° de latitude, la région la plus froide de la Terre, *il n'y avait pas de glace au même moment ?*

87 Agassiz, 1840.

J'ai déjà présenté des preuves en faveur du caractère auparavant tempéré du climat de la Sibérie avec les découvertes des mammouths conservés.

Les sites de découverte de fossiles marins à plus de 300 m d'altitude au-dessus du niveau actuel de la mer, soit 400-500 m au-dessus du niveau de la mer à la période préglaciaire, en Scandinavie, en Amérique du Nord et en Écosse constituent un paradoxe : les périodes glaciaires n'ont pas pu causer des oscillations tellement élevées du niveau de la mer. Thomas Jamieson émit ensuite en 1865 une idée censée être brillante, qui devait étayer d'une manière cruciale la théorie de la période glaciaire : la pression exercée par le poids des glaciers est censée avoir déformé la croûte terrestre et l'avoir imprimée dans les couches visqueuses situées au-dessous[88]. Après la fonte des glaciers, la terre et par là les fossiles marins sont censés avoir été de nouveau entraînés vers le haut par la décharge. Plusieurs raisons sont en faveur de cette explication.

Comme l'altitude des découvertes de fossiles en Amérique et en Europe est exactement la même, la croûte terrestre a dû s'élever des deux côtés de l'Atlantique *également* de plusieurs centaines de mètres, bien que les données géologiques et donc les conditions des possibilités d'affaissement soient différentes. En outre, des examens très récents au radar ont mis en évidence une inhomogénéité de l'intérieur de la Terre. D'un autre côté, on peut se demander si les grands blocs continentaux qui sont plongés dans le manteau terrestre visqueux remontent après la décharge due à la fonte des icebergs. Ce processus est sans doute imaginable dans un périmètre limité, mais l'immersion d'un corps solide dans une masse visqueuse ne peut pas être rendue complètement réversible : une certaine partie de ce corps reste immergée. Les côtes situées très en hauteur ne peuvent-elles pas s'être toujours déjà trouvées à ces altitudes depuis le déluge ? La solution est évidente : elles ont été en-

88 Chorlton, 1983.

gendrées par le déluge. Dans un chapitre ultérieur, je discuterai l'inclinaison du continent sud-américain : observable aujourd'hui encore, elle n'a apparemment pas rétrocédé. Quoi qu'il en soit, il est beaucoup plus important d'expliquer pourquoi en général une période glaciaire peut apparaître.

Personne ne peut dire avec exactitude pourquoi en général il doit y avoir eu une ou même plusieurs périodes glaciaires successives. Même aujourd'hui, les raisons de la genèse et de la fin des ères glaciaires sont *encore plongées dans l'obscurité*. Il y a beaucoup de présomptions. La plupart toutefois sont non crédibles et tirées par les cheveux. Une raison a la préférence aujourd'hui, et l'on peut trouver dans de nombreux livres sur ce sujet, c'est celle qui met en cause la trajectoire elliptique de la Terre, le soleil rayonnant de façon plus ou moins intense sur la surface de la Terre du fait des différences d'éloignement. L'intensité du rayonnement est à certaines périodes renforcée ou diminuée par suite de l'inclinaison, de l'oscillation de l'axe terrestre. Cette explication peut paraître suffisante pour la formation de quantités assez faibles de glace aux pôles. Mais cette théorie ne permet pas d'expliquer de façon plausible de véritables périodes glaciaires avec des calottes glaciaires fermées dans l'hémisphère nord. L'astronome britannique Fred Hoyle n'est pas le seul à avoir indiqué que la diminution des températures dues à ce processus était trop faible de quelques pourcent pour déclencher une période glaciaire. D'un autre côté, l'élévation actuelle de la température d'environ un degré Celsius dans le siècle passé a conduit à un rapide recul de la glace au pôle Nord et à l'effritement des champs de glace au pôle Sud.

Dans la plupart des cas, les théories sur la genèse des ères glaciaires ont été établies par des géophysiciens et des astronomes, mais pas par des géologues. Tous les modèles de pensée se contentent de supposer une dégradation normale du climat. Or cela signifie que pour des raisons quelconques, le climat est seulement devenu plus froid sur toute la Terre. C'est dans cette manière d'aborder les faits que réside l'erreur fondamentale. Contrairement à l'Antarctique, il ne se trouve *aucune terre* sous l'Arctique. Cela signifie que lors d'une glaciation sur une vaste surface, l'eau de l'océan gèle, mais *ce processus de refroidissement pur ne produit aucune montagne de glace (Eisberg),* il se forme seulement une surface gelée lisse comme quand un lac gèle. Indépendamment de la température, il ne se constitue aucune montagne de glace sur une surface gelée de cette manière.

Pour que se forment les glaciers gigantesques de l'Arctique, sans montagne placée au-dessous, il faut qu'aient eu lieu d'énormes précipitations, qui se seraient déchaînées sous forme de neige ou de pluie glacée. Seul ce processus peut faire s'élever des montagnes de glace.

Les précipitations (neige, glace, pluie) supposent pourtant une grande quantité de vapeur d'eau (nuages) dans l'atmosphère. Les nuages se forment par le biais d'une évaporation intense de liquide (eau). Mais ce processus nécessite absolument de la chaleur – par exemple à proximité de l'équateur. Or un climat chaud dans de vastes parties de la Terre contredit d'une manière fondamentale une *dégradation climatique étendue à l'ensemble du monde, qui est la présupposition de toute théorie de la glaciation.* Conclusion : *sans réchauffement, il n'y a pas de précipitations et par conséquent pas de montagnes de glace.*

Or c'est précisément cette présupposition qui était effectivement réalisée quand le déluge a eu lieu il y a quelques milliers d'années, car les éruptions volcaniques produisaient de la vapeur d'eau qui retombait sur la terre sous forme de neige dans les régions plus froides et aux altitudes plus hautes des montagnes. C'est à ce moment précisément que se sont formés réellement les glaciers que l'on trouve aujourd'hui, et les mammouths, d'autres mammifères ainsi que des plantes ou des arbres entiers avec leurs fruits furent congelés dans le permafrost par un choc thermique.

Je voudrais préciser encore une fois la contradiction interne de la théorie de l'ère glaciaire, parce que ce point est très important : pour constituer un glacier, il faut des précipitations qui gèlent et s'empilent, sous forme de neige ou de glace, ce qui à son tour présuppose une évaporation d'eau dans des zones climatiques tempérées et donc des températures plus chaudes. Si l'on présuppose une dégradation globale du climat, il ne peut pas apparaître de période glaciaire, avec en plus des icebergs qui sont censés se déplacer !

On trouve dans les publications sur ce sujet, comme une preuve évidente des prétendues périodes glaciaires, des images impressionnantes de couches rocheuses poncées au point qu'elles en sont lisses, et ce dans le monde entier, même dans le désert actuel du Sahara. Cette région est censée s'être trouvée autrefois dans le domaine du pôle Sud d'aujourd'hui. Mais comme le montrent les cartes antiques – Piri Reis – il n'y avait pas autrefois de glaciers dans l'Antarctique. Même des défenseurs conséquents de la théorie du déluge, comme l'Anglais William Buckland en 1824, échouaient sur l'interprétation du phénomène des couches rocheuses polies situées en plaine, comme on peut en trouver aussi en Écosse[89]. Mais au XIXe siècle, on n'en savait pas encore assez sur le déroulement réel du déluge, car *avant* que le raz de marée ne s'étende, la Terre fut frappée par un incendie mondial et une tempête de feu. Je décrirai encore plus exactement les connaissances scientifiques les plus récentes et le déroulement de la catastrophe. En tout cas, les éruptions volcaniques et les bouleversements terrestres font apparaître des températures allant jusqu'à plusieurs milliers de degrés qui font fondre les minéraux dans les montagnes ainsi que la roche. La religion de l'ancienne Perse décrit une fin du monde par le feu, quand « *tous les métaux furent liquéfiés dans les montagnes*[90] ». Il était donc simple pour les vagues du déluge de polir et d'aplatir les couches rocheuses molles

89 Buckland, 1824.
90 Ziegler, K. et Oppenheim, S. : « Fin du monde dans la légende et la science », in « Natur und Geisteswelt », Leipzig 1921.

comme de la pâte à modeler. Ensuite, le fluide mou durcit de nouveau rapidement pour former un roc solide, comme je l'ai déjà décrit exhaustivement. Le déluge étant autrefois associé uniquement à une grande quantité d'eau, mais pas à des températures élevées, certains phénomènes de l'époque d'alors n'ont pas pu être suffisamment expliqués. Les traditions que l'on croyait fécondées par l'imagination décrivent des processus réalistes du passé de notre Terre.

Naturellement, il y a dans les montagnes des plaques de roche poncées par des glaciers. Je ne le conteste pas. Dans ce cas, pourtant, les pentes montagneuses constituent, par leur surface escarpée, un *plan de glissement oblique naturel !* Dans ces conditions, un glissement est préprogrammé. Quoi qu'il en soit, les rocs polis trouvés dans les plaines et pour certains aussi dans les montagnes sont dus aux conséquences du déluge.

Dès les années soixante du XXe siècle, la théorie de la période glaciaire semblait ne plus être tenable, car on avait découvert, dans les *couches de gravier* des Préalpes, qui sont censées être âgées d'au moins 20 000 ans et devraient donc avoir pris naissance avant la dernière période glaciaire, des *tuiles romaines* et des *troncs d'arbres postglaciaires*. Dans une autre couche de gravier, jamais touchée auparavant, qui est censée dater de l'ère glaciaire, on a trouvé un morceau rouillé de bicyclette, comme le rapporte Windsor Chorlton[91]. Cette trouvaille aurait dû signer la ruine de la notion de période glaciaire, car il n'y avait à cette époque que des hommes de l'âge de pierre, à moins que nos aïeux aient déjà roulé en bicyclette ? Fait étrange, on a pu insuffler une *vie nouvelle* à la théorie de la période glaciaire, car il n'y avait dans le cadre de l'évolution *aucune alternative* jusqu'à aujourd'hui.

Période glaciaire ou déluge ?

Si l'axe de la Terre était vertical avant le déluge, il n'y

---

91 Chorlton, 1983.

avait pas de saisons à cette époque. Il régnait à la place, sur l'ensemble du monde, une atmosphère enrichie en molécules d'eau, qui produisait un effet de serre et constituait en même temps une protection contre les rayonnements cosmiques. Aucune condition nécessaire à la genèse d'une période glaciaire n'était réalisée. Toutes les raisons jamais imaginées pour expliquer la genèse d'une période glaciaire sont sans objet si la supposition de la verticalité de l'axe terrestre avant le déluge est exacte. Dans ce cas, il ne peut définitivement pas y avoir eu avant cet instant une période glaciaire. Je voudrais encore une fois le souligner : *avec un axe terrestre vertical, il n'y a pas de saisons, et les périodes glaciaires sont ainsi exclues*. Sur cet arrière-plan, une nouvelle lumière tombe sur les périodes glaciaires que la géologie prétend avoir démontrées, à différentes époques de l'âge terrestre.

Dans les conditions climatiques et physiques idéales précédant le déluge, il y avait peut-être au niveau des pôles une quantité minime de glace polaire, extérieurement semblable à celle que l'on trouve aujourd'hui sur Mars. Mais on ne peut pas considérer cela comme une période glaciaire. Ce point de vue chamboule les fondements de la géologie et de la paléontologie. Mais la logique parle pour soi. Lors de la catastrophe terrestre universelle, l'angle de l'axe de la Terre a été déplacé d'au moins 20 degrés, ce qui créa alors seulement les conditions du début d'une période glaciaire. Les mammouths soudain congelés en Sibérie et en Alaska en livrent la preuve.

Velikovsky, entre-temps décédé, qui suscita l'émotion dans les années cinquante par sa théorie des catastrophes sans cesse renouvelées au cours de l'histoire de la Terre, constate dans le livre *Mondes en collision* :

> « *Les pôles n'ont pas toujours occupé leur situation actuelle, et les modifications n'ont pas été des processus progressifs. La calotte glaciaire n'était rien d'autre que de la glace polaire. Les périodes glaciaires se terminèrent avec une sou-*

daineté catastrophique, des régions au climat doux se retrouvèrent en quelques heures dans le cercle polaire. Les calottes glaciaires d'Amérique et d'Europe commencèrent à fondre ; de grandes quantités de vapeur d'eau montant de la surface de la mer augmentèrent les précipitations et favorisèrent la constitution d'une nouvelle couverture glaciaire. À un degré beaucoup plus important que l'avancée de la glace, des vagues gigantesques, qui balayaient les continents, emportaient les gravats et les blocs erratiques qui étaient traînés sur de grandes distances et déposés sur des couches rocheuses étrangères. Si nous considérons les limites de la glaciation dans l'hémisphère nord, nous reconnaîtrons un cercle dont le centre se trouve sur la côte est du Groenland ou dans le bras de mer entre le Groenland et le Baffinland, à proximité du pôle Nord magnétique actuel, et qui circonscrit avec un diamètre d'environ 3600 km le domaine de la calotte glaciaire pendant la dernière ère glaciaire. Le nord-est de la Sibérie se trouve en dehors de ce cercle ; la vallée du Missouri jusqu'en bas à 39° de latitude se trouve à l'intérieur. La partie est de l'Alaska est incluse, mais en revanche pas la partie ouest. Le nord-ouest de l'Europe se trouve à l'intérieur du cercle ; un segment derrière l'Oural incurve la ligne frontière vers le nord et coupe le cercle polaire actuel. Cela nous conduit à la question de savoir si le pôle Nord ne se trouvait pas en fin de compte, à une époque passée, éloigné de 20° ou plus de sa situation actuelle, en Amérique, alors que l'ancien pôle Sud, éloigné des mêmes 20° de sa place actuelle, se trouvait dans la région du Queen-Mary-Land sur le continent antarctique[92] »

Je suis d'accord avec Velikovsky pour penser que ce scénario a eu lieu et que la glaciation des régions polaires que l'on rencontre aujourd'hui a été déclenchée par une catastrophe globale. Mais il faut insister sur le fait qu'il y a eu

92 Velikovsky, *Mondes en Collision*, nlle version Ed. Jardin des Livres, Paris, 2004

plusieurs avancées de la limite glaciaire contemporaines des multiples oscillations de l'axe terrestre. J'ai déjà montré que des processus correspondants se sont répétés avec une intensité différente. Les stratifications de la glace qui en ont résulté ne se sont pas formées au cours de millions d'années, mais pendant un laps de temps relativement bref.

Les moraines

Les phénomènes qui accompagnent un déplacement drastique de l'axe terrestre expliquent beaucoup d'énigmes de notre temps. Jusqu'à présent, les moraines étaient considérées comme le dépôt final – sous forme de till et de roche, de blocs erratiques ou de gravier – de la limite de glace en progression puis en recul. Cette preuve visible constituant le vestige de la dernière période glaciaire a jusque-là convaincu presque chaque élève.

D'un point de vue logique, l'inondation de ces contrées par le déluge, répétée plusieurs fois, explique bien plus facilement ces moraines. En outre, la forme des blocs erratiques est mieux expliquée si on considère qu'elle est conditionnée par les mouvements des vagues plutôt que si la limite de la glace ou l'eau de sa fonte poussaient ces pierres lentement devant elles. Il faut poser la question fondamentale suivante : des masses de glace ou les courants de l'eau résultant de leur fonte peuvent-ils en général pousser vers l'avant des blocs erratiques un peu massifs en nombre considérable sur des distances assez longues ? Si, contrairement à ce que je pense, la réponse devait être positive, la question suivante serait celle-ci : les pierres peuvent-elles être si souvent retournées par ce mouvement et exposées à la friction qu'elles en sortent comme poncées ? Un glacier situé sur un terrain plat peut-il en général transporter quelque chose sur des distances assez longues ? C'est seulement dans la montagne qu'un plan de glissement incliné naturel peut avoir pour effet un mouvement de pierres originellement congelées, mais pas dans la plaine, car le poids d'un glacier ferait s'enfoncer le sol, et ce plus au centre que sur les côtés. En mécanique du sol, on appelle cet effet « *cuvette d'affaissement* », et il apparaît dans toute nouvelle construction. L'enfoncement plus important des couches du sol dans la zone centrale empêcherait un mouvement horizontal, et mettrait même en branle un processus inverse, c'est-à-dire dirigé vers le centre du glacier !

Les quantités d'eau que fait apparaître la fonte des masses de glace pourraient certes mouvoir les pierres, mais un processus de ce genre ne peut en aucun cas aplanir et arrondir des blocs erratiques d'une taille allant jusqu'à plusieurs mètres comme avec du papier de verre, pour leur donner la forme d'une bille. Les flots d'eau fondue peuvent tout au plus produire des phénomènes de ce genre dans de petites zones, mais pas par sur des centaines de kilomètres. En revanche, un déluge monstrueux avec des vagues dont la hauteur se compte peut-être en kilomètres serait tout à fait capable de charrier très loin des blocs de roc même de grande taille. On peut très bien observer ce processus lors de tempêtes violentes analogues dans les océans. On ne trouve sur les côtes pratiquement que des pierres arrondies.

C'est la force de l'eau sous forme d'inondations venant de la mer qui est responsable de la genèse des blocs erratiques, du gravier et du sable, et non une couverture glacée fermée. De même, le type et la forme des dépôts, les *lignes fermées* des sites de découvertes comme sur la côte, témoignent de l'action des vagues d'une grande inondation due au déluge. Velikovsky remarque pour cette raison dans *Mondes en Collision* :

> « ... *nous tendons à penser que les blocs erratiques et le till ont été apportés non par la glace, mais par le torrent de vagues gigantesques, qui ont été déclenchées par une modification de la rotation de la Terre ; c'est de cette manière que l'on a trouvé une explication pour les moraines, qui ont migré depuis l'Équa-*

teur jusqu'à des latitudes et des altitudes (Himalaya) supérieures, ou sont allées en passant par l'Équateur et en traversant l'Afrique jusqu'au pôle Sud ».

Il faut considérer depuis ce point de vue aussi l'énigme de la ceinture de loess qui s'étend depuis la France jusqu'en Chine et doit être regardée comme un dépôt latéral du déluge. Les moraines et la ceinture de loess doivent être ramenées au même événement, et le résultat est un vestige de ce que le déluge a anéanti. Considérer isolément les phénomènes *moraines* et *ceinture de loess* conduit à se forger une image fausse. La représentation d'un Antarctique exempt de glace sur les cartes de Piri Reis constitue ainsi un instantané de ce continent avant le déluge. Il y a tout au plus 10 000 ans, le pôle Sud était exempt de glace. Les petites calottes glaciaires présentes au pôle commencèrent à fondre avec le déluge, et le déplacement de l'axe terrestre entraîna le déplacement de cette région arctique en direction de la Sibérie et de l'Alaska. La glaciation associée au déroulement du déluge produisit un climat arctique et une période glaciaire qui dure encore aujourd'hui. Cela signifie que ce n'est pas autrefois, mais à notre époque qu'il y a une ère glaciaire !

Il existe un lien entre le déluge, l'ère glaciaire, le déplacement de l'axe terrestre et l'anéantissement soudain de presque toutes les créatures sur cette Terre. Des villes antiques se trouvent au-dessous du niveau de la mer, et les socles continentaux situés sous l'eau démontrent que le niveau de la mer était autrefois plus bas. On considère donc comme un fait assuré, reconnu même par les scientifiques conservateurs, que le niveau de la mer avant l'ère glaciaire (déluge) se trouvait au moins à 100, peut-être même au maximum à 200 m plus bas qu'aujourd'hui. La fonte des calottes glaciaires pendant la dernière période glaciaire est censée avoir fait monter le niveau de la mer à sa valeur actuelle. Mais s'il n'y a pas eu de période glaciaire, et si l'on n'a à signaler qu'une augmentation de la production de glace ces derniers temps seulement, augmentation due au déplacement de l'axe terrestre, la question se pose : d'où vient l'eau en surplus dans les océans ? Les personnes qui défendaient autrefois la théorie du déluge ont en définitive échoué à répondre à cette question. Il est clair pour la science scolaire que des températures supérieures et la fonte des glaciers qui s'y associe dégageaient assez d'eau. Mais s'il n'y a pas eu de période glaciaire, l'eau manquante doit être venue d'ailleurs.

Enveloppe de vapeur d'eau autour de la Terre. La Genèse de la Bible mentionne les eaux au-dessus de la terre et rapporte que les étoiles furent visibles pour la première fois après le déluge. Avant cette catastrophe, il y avait une autre atmosphère, avec au moins une pression de deux atmosphères au lieu d'une comme aujourd'hui. En outre, la Terre était vraisemblablement protégée du rayonnement cosmique nocif par un fin baldaquin d'eau transparente ou par une enveloppe de vapeur d'eau. C'est pourquoi il régnait sur la Terre entière un climat doux et uniforme. Cette couche sphérique d'eau se rompit avec le déluge, et l'on put voir les étoiles pour la première fois.

Dans la Bible déjà, on parle des eaux de la profondeur. Elles ont été dégagées par les impacts des comètes. L'eau est en grande partie liée dans nos roches. Il y avait en outre vraisemblablement sous la croûte terrestre une couche d'eau liée, analogue à l'eau souterraine d'aujourd'hui. On sait que des éruptions volcaniques dégagent de grandes quantités d'eau. En outre, des comètes peuvent avoir aussi apporté avec elles de l'eau. De même, une partie de l'eau peut être venue de la calotte glaciaire polaire qui se dissolvait. On parle dans la Bible d'eaux qui se trouvent sous la voûte et aussi au-dessus. L'eau au-dessus de la voûte pouvait constituer une atmosphère avec de la vapeur d'eau ou aussi une enveloppe d'eau qui entourait l'ensemble de la Terre. Il ne faut pas non plus exclure la survenue simultanée de ces deux phénomènes. J'aborderai encore plus précisément ces questions dans un des articles suivants.

La raison décisive de l'augmentation du niveau de la mer doit être cherchée dans la théorie que j'ai développée concernant le dégagement déjà décrit de l'eau liée dans la roche. Les processus hydrauliques et chimiques ont libéré l'eau liée, qui s'est ensuite lentement rassemblée dans la mer. Ce qui résout l'énigme du niveau élevé des océans, même sans tenir compte de la fonte des glaciers. L'ensemble de l'événement du déluge peut être expliqué logiquement avec la théorie alternative présentée dans ce livre. Il n'est plus nécessaire de supposer une période glaciaire pour expliquer les phénomènes décrits.

Une autre atmosphère

Dans la Bible, il est question des eaux qui se trouvent sous la voûte du ciel et des eaux qui se trouvent au-dessus. L'eau au-dessus de la voûte désigne-t-elle le liquide situé sur d'autres planètes et sur des comètes dans l'espace, ou bien s'était-il formé dans notre atmosphère un baldaquin d'eau ? Les indications tirées de la Bible en relation avec le déluge parleraient en faveur de la thèse de l'eau originaire de la Terre. L'Apocalypse rapporte (6, 14) que : « *Le ciel disparut comme un rouleau de livre que l'on enroule, et toutes les montagnes et les îles furent déplacées* ». En outre, il est dit dans la *Genèse* (7, 11) : « *... toutes les sources du grand déluge se rompirent et les écluses du ciel s'ouvrirent. La pluie tomba quarante jours et quarante nuits sur la terre* ».

La traduction évangélique de la Bible utilise, à la place de *Déluge* le mot *Source* de la profondeur. Ce choix de mot caractérise mieux l'eau souterraine jaillissant de la terre ou le dégagement de l'eau liée dans la roche. Les écluses du ciel désignent sûrement une pluie intense, ou une enveloppe d'eau a-t-elle cédé ? On peut observer aussi une atmosphère enrichie en molécules d'eau sur d'autres planètes. Vénus est censée avoir été autrefois recouverte d'eau. Ce liquide s'est évaporé, ce qui a été conditionné par les hautes températures régnant dans l'atmosphère de Vénus, et il est aujourd'hui vraisemblablement lié dans la roche.

Carl Sagan rend un effet de serre dioxyde de carbone/vapeur d'eau responsable des hautes températures de Vénus. Sur la grande lune de Saturne, Titan – juste à moitié plus petite que la Terre avec un diamètre de 5000 kilomètres – des photographies rapprochées de la sonde spatiale Voyager ont mis en évidence un voile de vapeur bleue au-dessus d'une épaisse couche de vapeur qui enveloppe cette lune sans lacune et empêche d'en apercevoir la surface. La composition précise des particules de vapeur n'a pas été élucidée jusqu'à présent, mais selon les connaissances dont on dispose, elle contient des éléments associés avec de l'eau[93]. Le Prof. Dr Alexander Tollmann, géologue, constate :

> « ... *déluge... un chaos dans lequel les eaux du ciel et de la Terre ne pouvaient plus être séparées, parce que l'homme a vu que le flot de la mer et la pluie intense se mêlaient. Et l'on croyait savoir depuis la Chine jusqu'à Babylone et au-delà d'où provenaient les eaux : elles étaient en partie manifestement domiciliées au-dessus de la voûte du ciel, d'où elles tombaient lors de tremblements de terre à la suite d'une " rupture d'une colonne de la voûte du ciel ". Mais elles étaient aussi manifestement stockées dans une deuxième enveloppe d'eau sous la croûte terrestre solide, parce que lors de ce tremblement de terre, "toutes les fontaines de la profondeur se sont rompues" en même temps*[94]»

93 Sagan, 1996.
94 Tollmann, 1993.

La *Genèse* rapporte (1, 6-8) :« *Et Dieu dit : qu'une voûte apparaisse au milieu de l'eau et sépare l'eau de l'eau. Dieu fit donc la voûte et sépara l'eau au-dessous de la voûte de l'eau au-dessus de la voûte... et Dieu appela la voûte ciel* ». Une interprétation conservatrice identifie cette eau au-dessus de la voûte du ciel avec l'hydrogène, la glace ou aussi l'eau liquide sur d'autres planètes ou corps célestes. Mais l'interprétation littérale de la Bible s'accorde pourtant d'une manière parfaitement harmonieuse avec les données que j'ai décrites, relatives à une sphère d'eau enveloppant le globe terrestre à l'époque précédant le déluge.

C'est dans cet ordre d'idées qu'il faut aussi considérer une partie correspondante des masses d'eau apparues en supplément après le déluge, et qui avaient fait monter le niveau de la mer car l'eau au-dessus de la voûte céleste tombait sous forme de pluie sur la surface de la Terre. Si comme je le suppose l'atmosphère était enrichie par de la vapeur d'eau, il régnait aussi d'autres conditions physiques. J'ai déjà indiqué ce rapport. Presque comme un fait exprès, un article portant le titre *Découverte sensationnelle* est paru le 12 août 1977 dans le journal *Bild* :

> « *Le satellite de recherche allemand Christa-Spas a de manière étonnante découvert dans l'atmosphère supérieure de la Terre des traces de vapeur d'eau. Cela pourrait soutenir la thèse controversée selon laquelle des petites comètes projettent de l'eau sur la Terre. La provenance de cette eau n'est pas claire* ».

Même si la provenance de l'eau n'est pas claire, il existe donc aujourd'hui encore une enveloppe d'eau, même si elle est mince. Ma présomption est au moins confirmée pour autant qu'elle a véritablement une base scientifique, ce qui en fin de compte est attesté par les écrits anciens. La composition de l'acier de la tête de marteau fossile, que nous avons décrite en détail, constitue une preuve réelle de l'existence d'une atmosphère radicalement différente avant le déluge. Cet acier n'a pu être produit que dans des conditions atmosphériques tout à fait différentes de celles qui règnent aujourd'hui. À l'époque, il devait vraisemblablement régner une pression d'au moins deux atmosphères au lieu d'une comme dans nos conditions actuelles. Même les examens d'anciennes bulles d'air incluses dans la glace indiquent une différence de la composition de notre atmosphère à des époques précédentes. La teneur en oxygène de l'atmosphère était notablement plus élevée que dans notre atmosphère actuelle. En outre, l'écran protecteur conditionnait un climat doux et uniforme sur l'ensemble de la Terre, ce qui assurait une croissance constante de toutes les plantes pendant toute l'année. Comme l'axe de la Terre était approximativement vertical avant le déluge, il n'y avait pas non plus de saisons. Il y avait sur terre une lumière un peu diffuse, mais claire. Un baldaquin d'eau constituait un écran protecteur idéal contre les rayonnements les plus variés venus de l'espace. Cette couche sphérique d'eau a-t-elle rompu pendant le déluge, « *enroulée comme le rouleau d'un livre* », et n'y a-t-il que depuis cette époque sur la Terre un rayonnement qui nous menace ?

Dans ces conditions, la grande taille des êtres vivants avant le déluge serait explicable. Non seulement les dinosaures étaient très grands, mais les hommes eux aussi atteignaient une taille de deux mètres et demi à quatre mètres. C'est ce que prouvent les traces de pieds pétrifiées mesurant jusqu'à 50 cm de long, que l'on trouve dans le monde entier. Les pétrifications dans les sites de découverte les plus divers dans le monde entier prouvent qu'il y avait autrefois des fougères, des prêles et d'autres plantes géantes. Il semble simplement qu'à l'époque, tout était plus grand qu'aujourd'hui. On n'a proposé jusqu'à maintenant *aucune explication scientifique* de la grande taille des êtres à un moment déterminé de l'histoire de la Terre, censé être passé depuis longtemps. Elle est admise comme un phénomène donné dans la nature, pour lequel il est impossible d'indiquer de plus amples explications scientifiques.

Comme j'ai démontré la coexistence des dinosaures et des hommes, il est naturel que les hommes de l'époque aient été plus grands qu'après le déluge. Le baldaquin d'eau ou une atmosphère enrichie en vapeur d'eau protégeraient la Terre et donc toutes les créatures du rayonnement cosmique nocif, et produiraient une température supérieure en raison de l'effet de serre (effet greenhouse). On peut comparer cela à un jardin d'hiver gigantesque. Dans ces circonstances, il n'y avait pas d'oscillations climatiques extrêmes. Par conséquent, les conditions étaient idéales pour une croissance accrue accompagnée d'une minimisation des dommages dus au rayonnement. Ce que la chaleur et l'humidité produisent dans la nature peut être observé même de nos jours sous des latitudes où le climat est subtropical, à proximité de l'équateur. Il y à là de meilleures conditions de croissance que dans d'autres régions. Il régnait avant le déluge, contrairement à l'époque actuelle, un climat de ce genre sur *l'ensemble du monde*.

La Bible a-t-elle donc raison d'accorder aux hommes d'avant le déluge (avec aussi éventuellement des jours d'une durée inférieure à 20 heures[95]) *sans exception* un âge d'environ 900 ans et après le déluge une espérance de vie qui diminue constamment pour atteindre les valeurs que nous connaissons ? Après le déluge, l'humanité a été exposée sans protection aux rayonnements intenses de l'espace et elle a dégénéré. Cette constatation s'oppose à la théorie de l'évolution, qui proclame un développement constant des créatures, même pendant les époques passées.

Le Paradis avant le déluge global avait donc les caractéristiques suivantes :

---

95 La rotation terrestre se ralentit actuellement d'une seconde tous les 500 jours (leap second). En 10 000 ans, il manquera, si ce taux de perte est constant, plus d'1,5 heure par jour.

• il n'y avait pas de tempêtes ;

• il n'y avait pas de désert et pas non plus de glace, en dehors d'une minime glaciation polaire ;

• il y avait de pôle à pôle un climat modéré, chaud, sans grandes oscillations ;

• il n'y avait ni pluie ni nuages ;

• les plantes pouvaient grandir pendant toute l'année ;

• les plantes et les animaux avaient vraisemblablement une espérance de vie notablement plus longue ;

• la vapeur d'eau elle-même ou en association avec du dioxyde de carbone protégeait notre Terre de certains rayonnements venus de l'espace ;

• il régnait une espèce de lumière diffuse à la surface de la Terre, donc pas de rayonnement solaire dommageable.

La Bible recèle des indications de ces données précédant le déluge. La *Genèse* (2, 5) rapporte sous le titre *Le Paradis* : « *... car Dieu, le Seigneur, n'avait pas encore fait pleuvoir sur la Terre, et aucun homme encore ne cultivait le sol...* ». Cet énoncé a été fait après la création de la Terre par Dieu ; le ciel et les océans ainsi que la terre ferme existaient donc déjà, mais apparemment il ne pleuvait pas ! Il semble y avoir dans ce cas un problème, car d'où venaient les océans s'il ne pleuvait pas ? Les masses d'eau étaient-elles déjà présentes lors de la naissance de notre Terre ? Oui, car cela est confirmé dans la Bible. Au deuxième jour de la création, donc alors que le ciel, la terre et l'océan primitif étaient présents, mais avant que le soleil et la lune n'apparaissent dans le ciel, l'eau déjà existante (flot primitif) fut divisée : chaque partie alla au-dessus et au-dessous de la voûte. Mais il ne pleuvait toujours pas. La pluie ne se produisit qu'avec le déluge. Ce fait est expressément confirmé par la Bible. Impossible, pensez-vous ? Je discuterai encore une explication inhabituelle, mais concordant avec les traditions sumériennes et les indications de la *Genèse*.

Mais restons-en d'abord aux nouvelles conditions climatiques et météorologiques nées avec le déluge. On lit dans la Genèse (9, 13-15) : « *Je place mon arc dans les nuées ; il sera le signe de mon alliance entre moi et la terre. Si je regroupe des nuée au-dessus de la terre et si mon arc apparaît dans les nuées, alors je songe à l'alliance... entre moi et vous... et l'eau ne redeviendra jamais le déluge qui a anéanti tous les êtres de chair* ». C'est uniquement avec le déluge qu'un arc-en-ciel (arc) a été pour la première fois visible, et on rapporte l'apparition de nuages *qui n'existaient pas avant le déluge*. La description de la Bible est très précise ! Et pour rendre ce fait clair et net, Dieu promet à son serviteur Noé (Genèse 8, 22) : « *Aussi longtemps que durera la terre, semailles et moissons, froidure et chaleur, été et hiver, jour et nuit ne cesseront pas* ».

Donc tout commença seulement avec le déluge ! Avant cet événement, on n'avait pas besoin de semer, car sans déroulement de saisons, tout était présent à profusion, et ce pendant toute l'année. Il n'y avait pas non plus de gel ni de chaleur extrême. Même la nuit était éclairée par la lumière diffuse. Il n'y avait pas de ténèbres totales, et donc pas d'alternance marquée entre jour et nuit. C'est un indice de l'existence de l'atmosphère de vapeur d'eau que j'ai décrite, ou du baldaquin d'eau (couche sphérique d'eau). L'état diffus de la lumière est aussi confirmé par l'histoire de la création dans la Bible, car on peut lire dans la Genèse (1, 14) : « *Et Dieu dit : qu'il y ait des lumières sur la voûte céleste, pour diviser le jour et la nuit... qu'elles soient des lumières sur la voûte céleste qui éclairent la terre... Dieu fit les deux grandes lumières... ainsi que les étoiles* ».

La seule chose étonnante dans ce récit, c'est que cela ne s'est produit que le quatrième jour de la création, donc après que les plantes et les arbres ont été créés. D'après ce que nous savons, l'univers et la voûte étoilée y compris notre soleil sont plus âgés que la Terre. Des générations entières de savants étudiant la Bible ont déjà essayé d'interpréter cette succession évidemment fausse de la genèse de notre univers. Mais si l'on tient compte des autres conditions physiques de notre atmosphère avant le déluge, ce passage du texte devient compréhensible : l'enveloppe sphérique d'eau au-dessus de notre atmosphère, ou aussi l'atmosphère enrichie par la vapeur d'eau seule, étaient responsables d'une lumière diffuse. On ne pouvait pas voir nettement les astres à cette époque. C'est seulement quand l'atmosphère primitive se mélangea avec le déluge et quand l'eau fut tombée sur la terre sous forme de pluie violente, que le soleil, la lune et les étoiles sont devenus visibles, si l'on part d'un observateur situé sur la surface de la Terre. La Bible a-t-elle donc malgré tout raison ? En tout cas, on voit nettement une différence marquée dans le déroulement de la formation de notre Terre, car dans la Bible, la chronologie décrite est tout à fait différente de celle à laquelle nous sommes habitués par notre image scientifique du monde, fondée sur les théories d'un Lyell ou d'un Darwin.

Il y a eu entre la genèse de la Terre et l'événement du déluge une période qui se distingue totalement d'une manière précise de la période post-diluvienne, car « *une quantité des pétrifications que l'on trouve prouve avec une force indubitable que dans la période primaire de la Terre, il régnait effectivement un climat tropical de pôle à pôle, dont nous ne voulons mentionner ici que les construction coralliennes et les forêts de charbon tropicales (!) trouvées dans les zones polaires* », comme le Dr Albert Vollmer le constate avec pertinence lui aussi[96].

Le climat globalement chaud est aussi confirmé par la découverte d'une mouche pétrifiée dans des régions aujourd'hui constamment glacées du pôle Sud[97]. Comme l'Antarctique est censé être glacé depuis plus de 30 millions d'année, les paléontologues excluaient en conséquence jus-

96 Vollmer, 1989.
97 Nature, vol. 423, 8/05/2003, p. 135-136)

qu'alors l'existence dans l'Antarctique de mouches plus développées, dont fait partie la mouche domestique.

Cahier Photos

1 Le « Somervell County Museum » de Glen Rose.

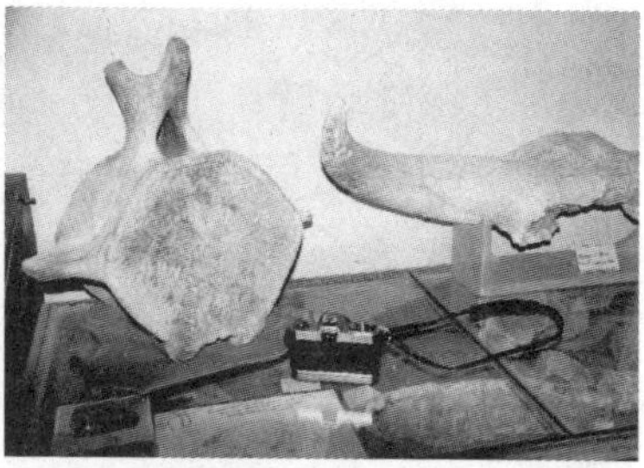

2 Objets exposés au « Somervell County Museum ». Découvertes d'os de dinosaure et du crâne d'un bovin primitif dans les environs de Glen Rose.

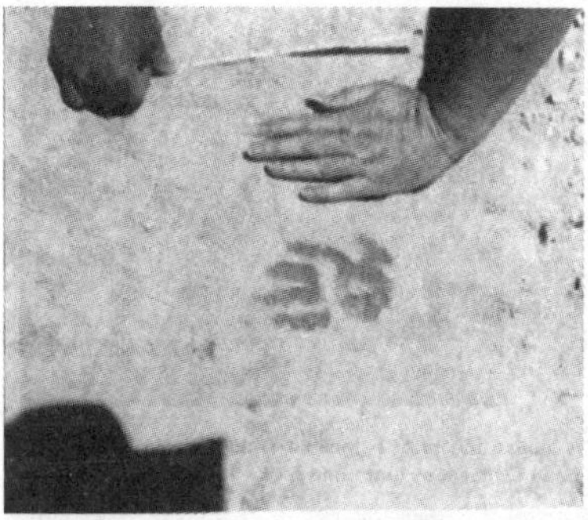

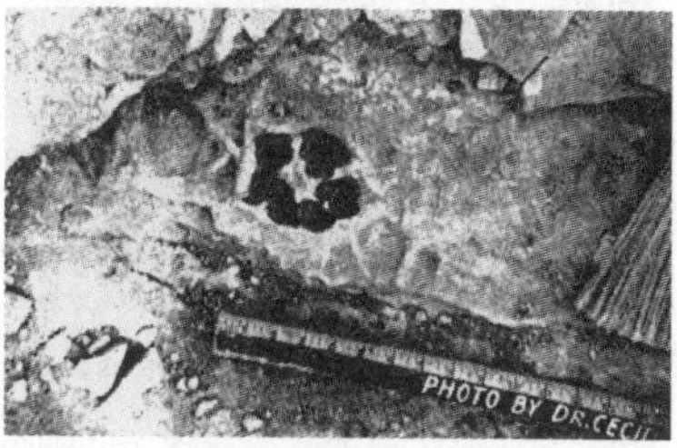

5 Une empreinte pétrifiée de main humaine.
6 L'empreinte pétrifiée d'une patte de chien à proximité de l'empreinte d'un dinosaure.

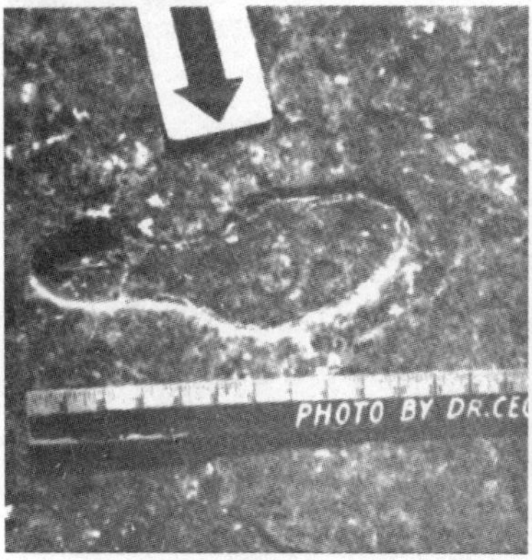

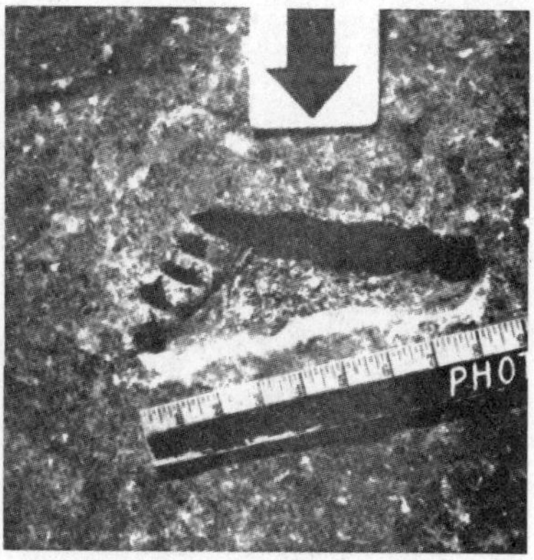

9 et 10 Traces de pieds humains dans des couches calcaires. Elles ont été trouvées à environ 11 km à l'ouest de Temple, Texas.

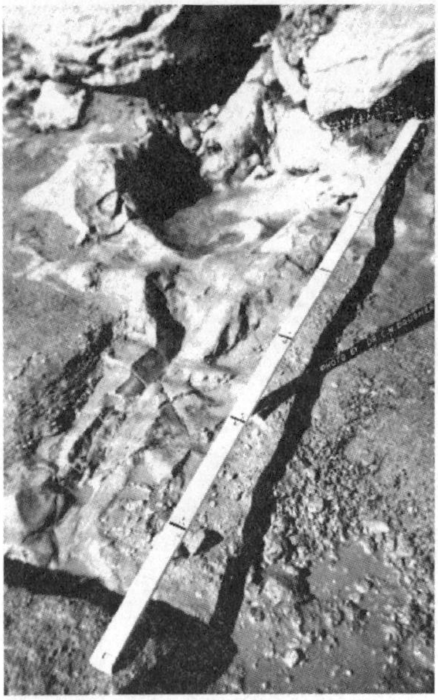

3 La trace pétrifiée de la traînée d'une queue de dinosaure.

4 Un sentier avec des traces de pieds à trois doigts appartenant à un dinosaure et de grandes empreintes de pieds humains.

7 Trois empreintes de pieds humains qui se suivent, droite-gauche-droite, avec des intervalles exacts entre les pas, sous le pont de l'Autoroute 144, Glen Rose.

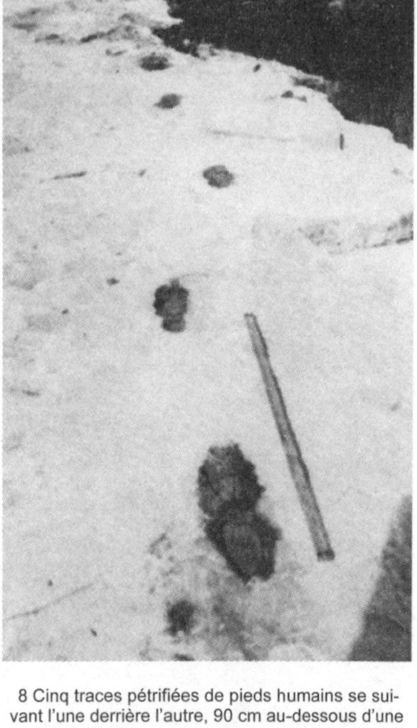

8 Cinq traces pétrifiées de pieds humains se suivant l'une derrière l'autre, 90 cm au-dessous d'une couche rocheuse avec des traces de dinosaure pétrifiées, à proximité de Glen Rose.

11 Le squelette fossile d'un tigre à dents de sabre a été trouvé en Floride. Cet animal est mort avec le déluge, comme beaucoup d'autres espèces d'animaux, d'une façon extrêmement soudaine. « Florida State Museum », Gainesville.

13 Depuis la rive, on peut voir les traces de pieds des dinosaures dans le lit de la Paluxy River.

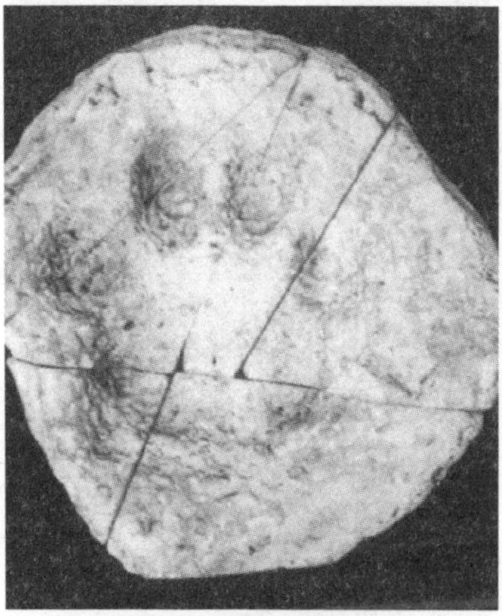

14 Traces de pieds de dinosaures directement sous la surface de l'eau, dans le lit de la Paluxy River.

12 L'empreinte pétrifiée d'un félin grand de plus que deux mètres, vraisemblablement un tigre à dents de sabre, dans un calcaire extrêmement ancien. Elle a été trouvée à côté des empreintes d'un dinosaure, dans la région de Glen Rose. La pierre a été découpée. La structuration de la roche calcaire prouve l'authenticité de l'empreinte. Tigres à dents de sabre et dinosaures vivaient ensemble. Baugh, « Creation Evidences Museum ».

15 Le Dr Carl Baugh lors de la première visite de l'auteur au « Creation Evidences Museum ».

16 L'auteur collectant des fossiles sur la rive de la Paluxy River.

17 Deux des beaux coquillages fossiles trouvés sur la rive de la Paluxy River. On reconnaît nettement que ces animaux sont morts subitement, avec des muscles contractés, parce qu'autrement les coquilles devraient être ouvertes.

18 Un banc de coquillages avec des coquillages fermés.

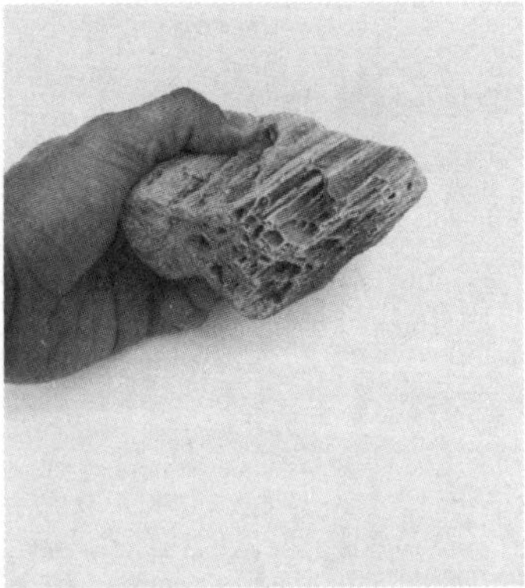

19 Bois pétrifié. Trouvé par l'auteur dans le lit de la Paluxy River.

20 Un poisson pétrifié au complet dans un roc massif, avec ses nageoires. Cause : inclusion soudaine.

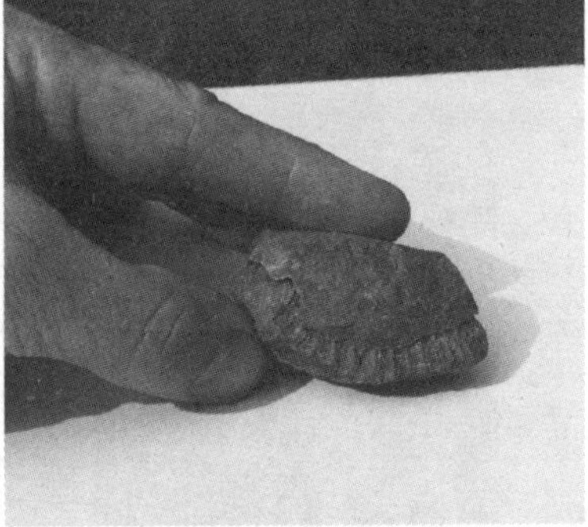

21 Un très joli trilobite pétrifié venant du Maroc. Ce crabe primitif ressemble à une pierre banale et rappelle le marteau fossile de London (Texas), qui est pareillement inclus dans de la roche.

22 Le trilobite prétendument éteint depuis au moins 400 millions d'années est ouvert.

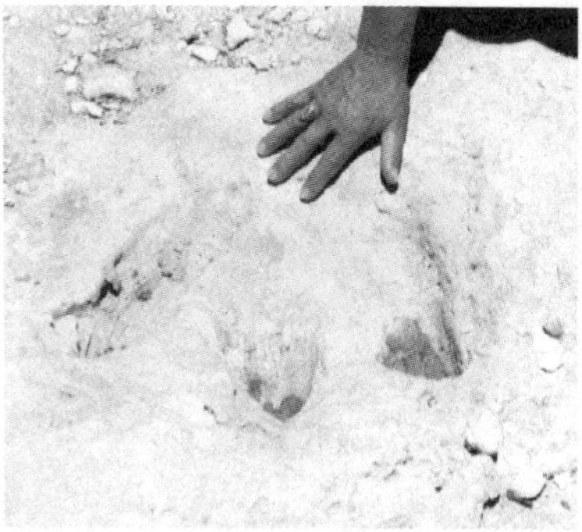

23, 24 Empreintes pétrifiées d'un dinosaure à trois doigts sur la rive de la Paluxy River dans le Dinosaur Valley State Park. La roche calcaire actuelle doit avoir été molle au moment de la genèse des empreintes.

25 La fille de l'auteur et un collaborateur du Dr C. Baugh examinent une empreinte de pieds particulièrement belle dans le « Clark Trail ».

26 Détail de la photo 25. L'empreinte de pied semble avoir été laissée d'abord dans de la boue, qui est aujourd'hui du calcaire solide. La géologie estime l'âge de la roche à plus de 100 millions d'années. La boue doit s'être durcie sous forme de calcaire en l'espace de temps le plus bref après que l'empreinte a été laissée. Une genèse ou une formation lentes de la couche rocheuse solide, épaisse d'environ 40 cm, sont exclues.

27 Le « Creation Evidences Museum » à Glen Rose devant l'entrée du parc national « Dinosaur Valley State Park » lors de la visite de l'auteur en 1996.

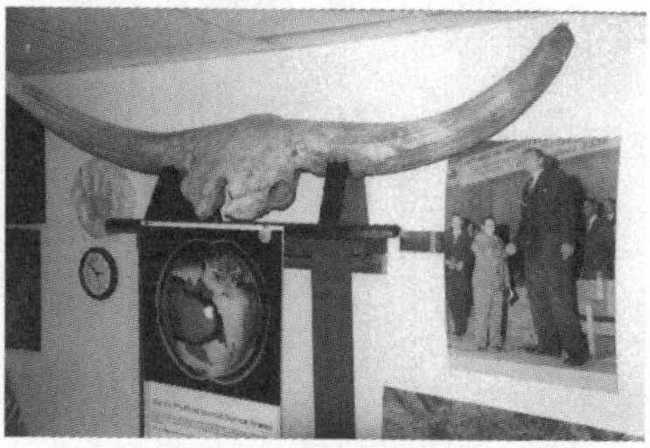

28 Pièces exposées au « Creation Evidences Museum » : os crânien d'un bovin primitif provenant des couches rocheuses des environs. En outre, on peut voir une photo de l'ancien habitant de Glen Rose qui dépassait 2,50 mètres.

29 Répliques de dinosaures ayant autrefois vécu dans cette région, au « Dinosaur Valley State Park » : pleurocoelus et arcocanthosaurus reconstitués dans une posture du corps vieillie.

30 Des fossiles et des restes pétrifiés de dinosaures sont exposés au « Creation Evidences Museum ». Le modèle de tyrannosaurus rex dans une posture moderne horizontale.

31 L'auteur considère l'empreinte fortement abîmée d'un pied humain dans le Clark Trail, qui n'a été mise au jour qu'en 1995, mais était déjà fortement érodée. Les traces finissent devant une couche massive de calcaire épaisse d'environ 30 cm, qui se trouve au-dessus d'une couche mince de galets légèrement solidifiée.

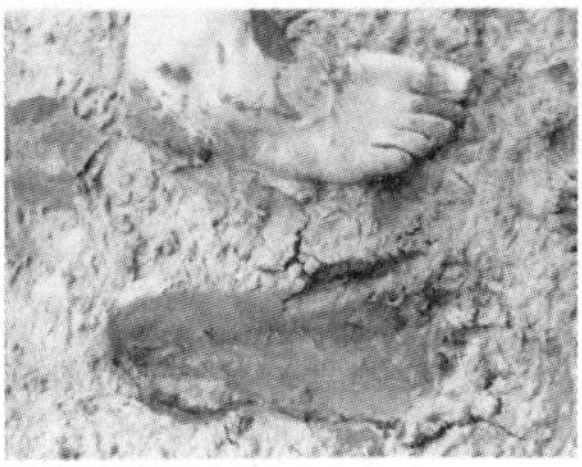

32 Une empreinte fraîche produite dans de la boue.

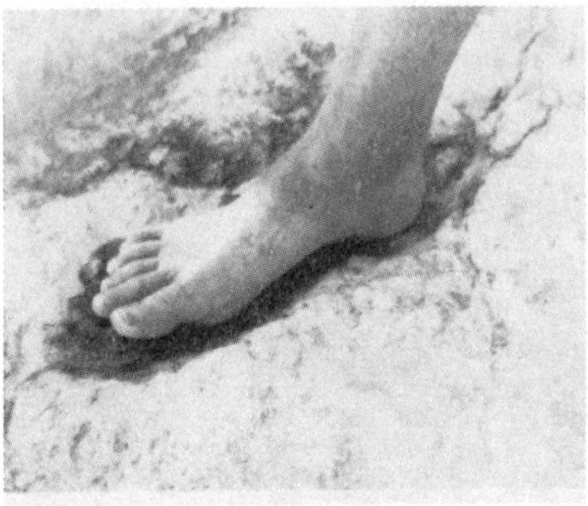

33 L'empreinte de pied pétrifiée « Ryals » à proximité du « Taylor Trail ». Une empreinte nette comparée à l'image 32.

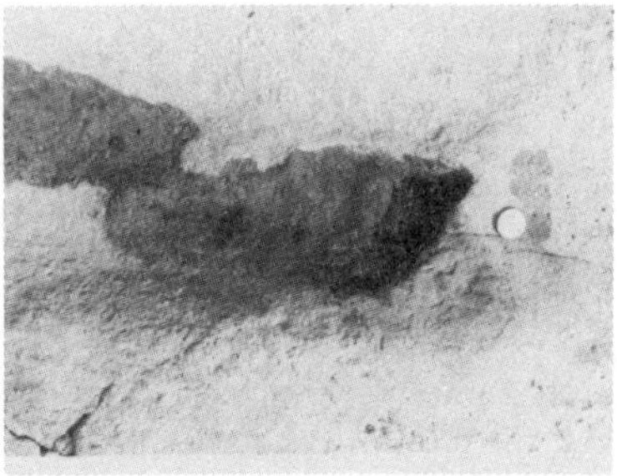

34 Cette empreinte de pied provient du « Clark Trail » et a été découverte en 1989 sous une couche calcaire massive.

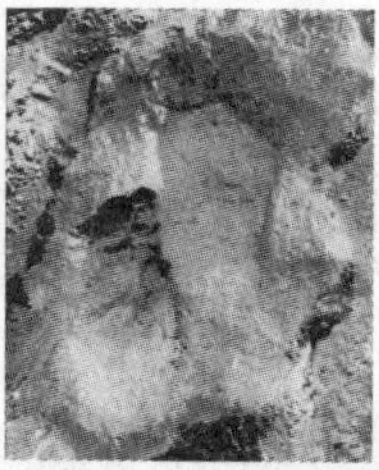

35, 36, 37

La dernière empreinte + 6 L du « Taylor Trail ».

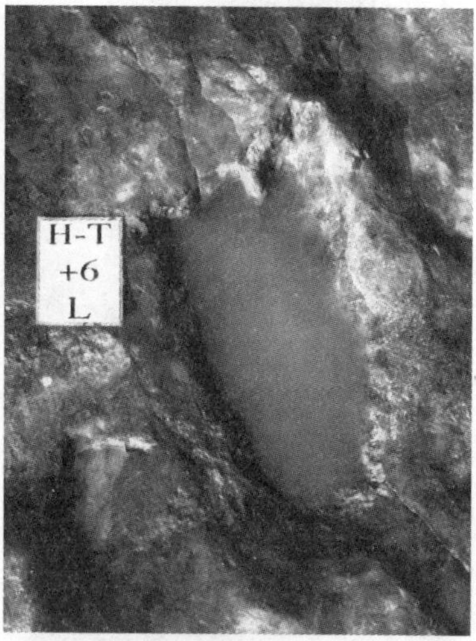

38 Détail de l'empreinte + 6 L.

39 La Paluxy River à l'extrémité du « Taylor Trail » avec un aperçu en amont sur le « Clark Trail ».

42 Le « Taylor Trail » dans le lit de la Paluxy River est dégagé des galets en 1996.

40 Le « Taylor Trail » au milieu des années 70. On peut voir les empreintes de – 3 à + 3.

41 Le Dr Patton et l'auteur lors de la mise au jour du « Taylor Trail » en 1996.

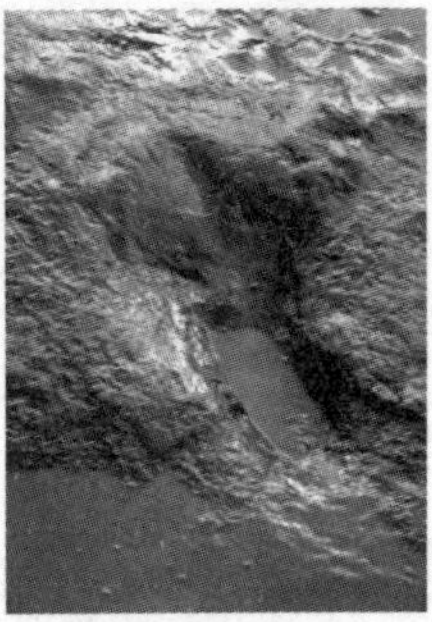

43 Une empreinte encore prise dans la boue dans le « Taylor Trail ». On reconnaît les trois doigts d'une empreinte de dinosaure et à l'extrémité arrière une trace ayant la forme d'un pied humain.

44 Des sacs de sable ont été empilés dans le lit autour du « Taylor Trail ». On peut déjà voir les traces de pieds sous la surface de l'eau. Ensuite, l'eau est pompée.

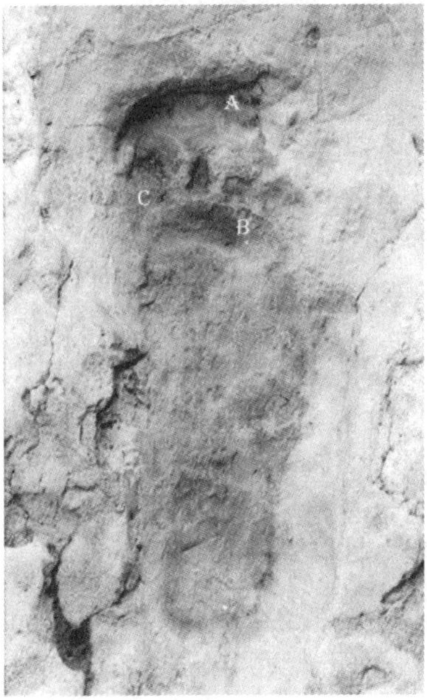

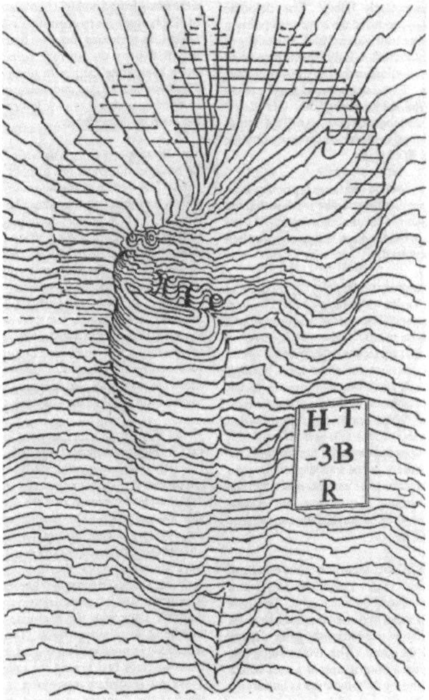

45 L'empreinte – 3 BR dans le « Taylor Trail » correspond à l'empreinte d'un pied humain droit sur le bord gauche de la trace de pied à trois doigts d'un dinosaure, qui était d'abord située plus profondément dans la boue (A), puis fut retirée : C = gros orteil, B = autres orteils.

46 Empreinte de pied d'enfant, longue d'environ 12,5 cm.

47 Esquisse du profil des éminences de l'ensemble de l'empreinte – 3BR (photo 45).

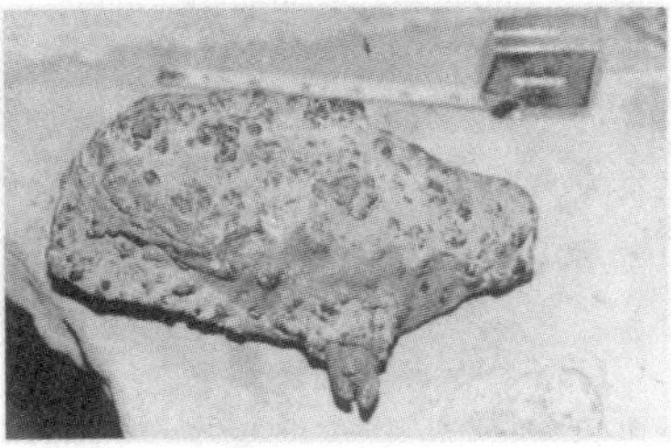

48 Le marteau de London (Texas) était complètement enveloppé dans un calcaire ancien. Seul le manche pétrifié dépassait du bloc de roche. L'âge du calcaire est estimé à 140 millions d'années.

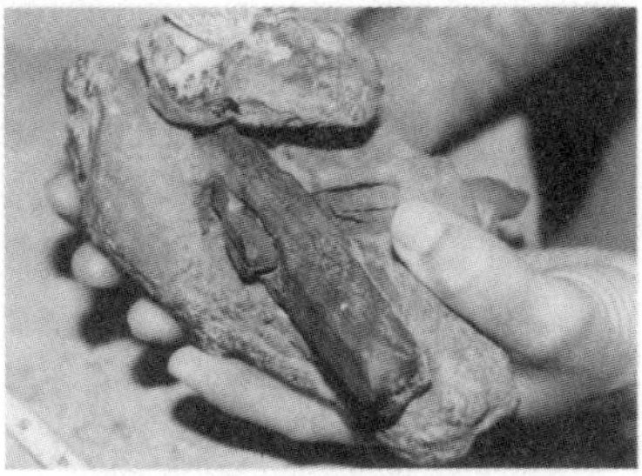

49 Le marteau est représenté après l'ouverture de la pierre. À l'avant de la tête du marteau, on reconnaît une petite altération formant un endroit argenté, qui jusqu'à aujourd'hui n'a pas rouillé.

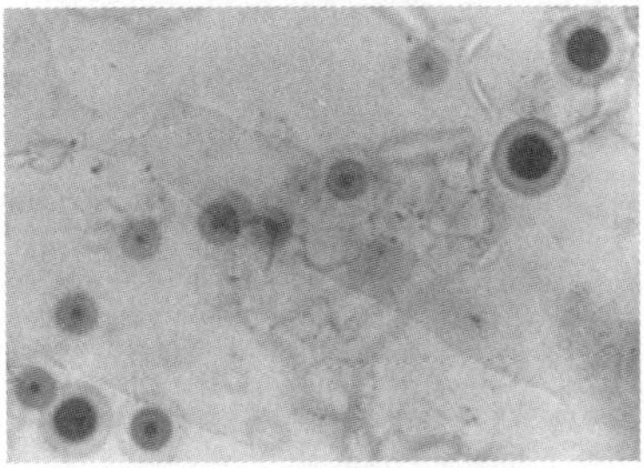

50 Divers halos de polonium dans de la biotite (mica).

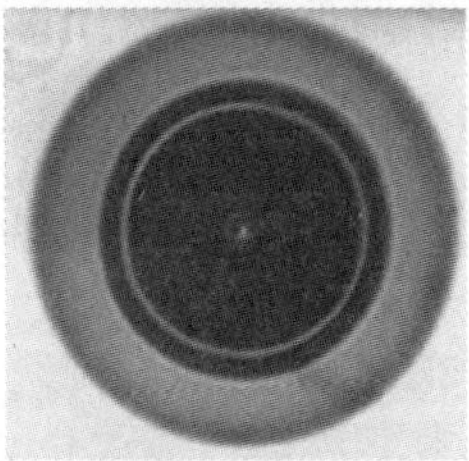

51 Le halo de polonium 218, 214 et 210 sans aucune sphère de rayonnement des éléments-mère U 238.

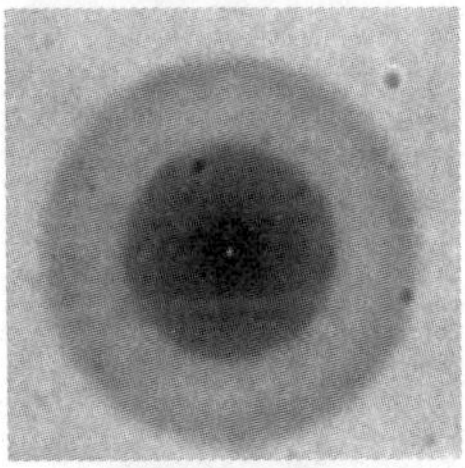

52 Le halo de polonium 214 et 210 sans aucune sphère de radiation des éléments-mère U 238 ainsi que du polonium 218.

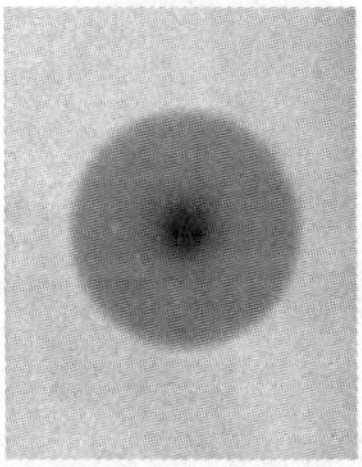

53 Le halo de polonium 210 sans aucune sphère de radiation des éléments-mère U 238 ainsi que du polonium 218 et 214.

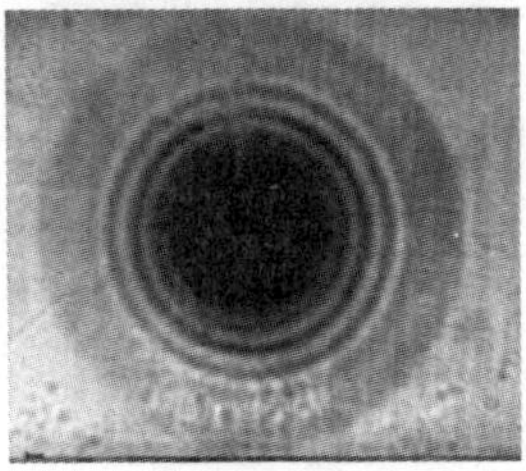

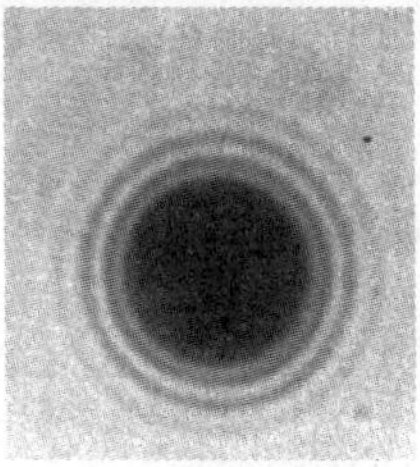

54, 55 Le halo de désintégration radioactive de l'U 238 avec les produits dérivés Polonium 218, 214 et 210.

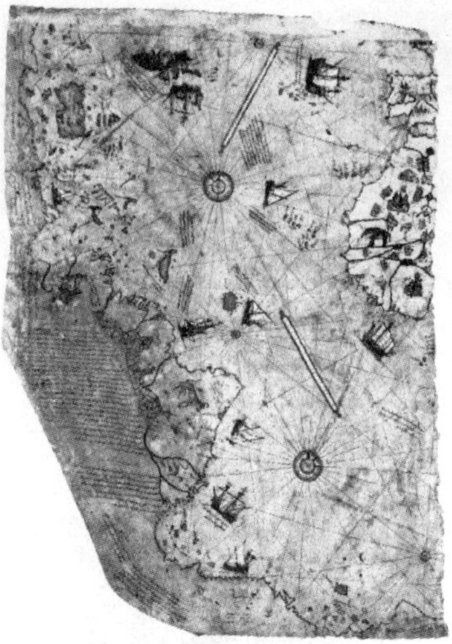

56 La carte du général turc Piri Reis datant de 1513. Les îles Falkland ne furent officiellement découvertes qu'en 1592, mais figurent déjà sur cette carte à la bonne latitude. Le fait que sous la glace de l'Antarctique, il se trouve de la terre, à la différence de l'Arctique, n'a été découvert par nous qu'en 1957. La masse de terre, consistant en deux grandes îles, est déjà correctement figurée sur cette carte.

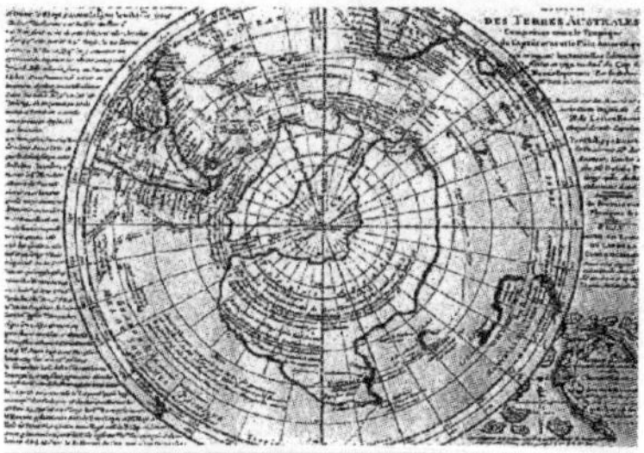

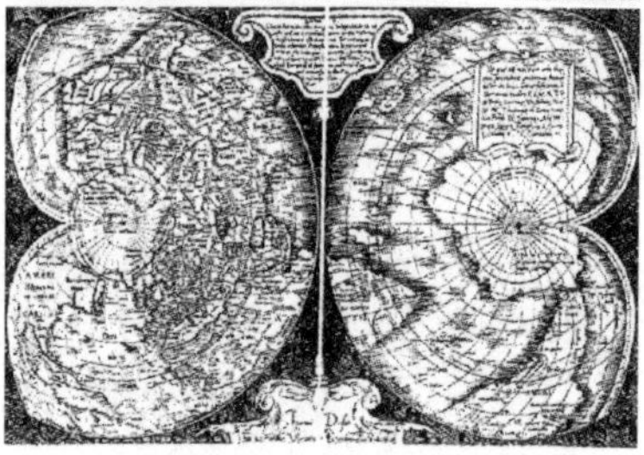

58 La carte de Buache datant de 1737. Les masses de terre de l'Antarctique sont représentées sans aucune glace. Cette situation existait avant le déluge.

57 La carte de Mercator datant de 1569. L'Antarctique est dessiné avec des montagnes couvertes de glace ainsi que des fleuves, bien qu'il n'ait été officiellement découvert que 200 ans plus tard seulement.

59, 60 Détails des extrémités de la tête du marteau fossile (voir image 48, 49).

61 Une des dents fossiles trouvées (sombre) comparée avec une dent humaine (claire). Les dents diffèrent considérablement dans la structure de l'émail.

62 La mise au jour de nouvelles traces sous une couche de calcaire par le Dr Baugh en 1989 en présence de représentants de la presse.

63 Les os fossiles d'une femme grande d'environ 2,10 mètres ont été découverts à Panther Cave à proximité de Glen Rose dans les mêmes couches géologiques que les traces de pieds de dinosaures.

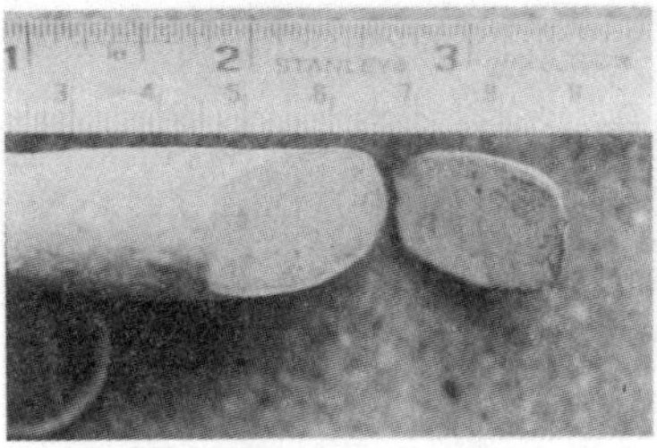

64 Coupe à travers un doigt humain pétrifié. On peut reconnaître la structure concentrique de l'os.

65 Le doigt fossile ressemble à celui d'un homme moderne, mais est environ 20% plus grand. Il a été trouvé à proximité de Glen Rose dans les mêmes couches géologiques que les traces de pieds des dinosaures.

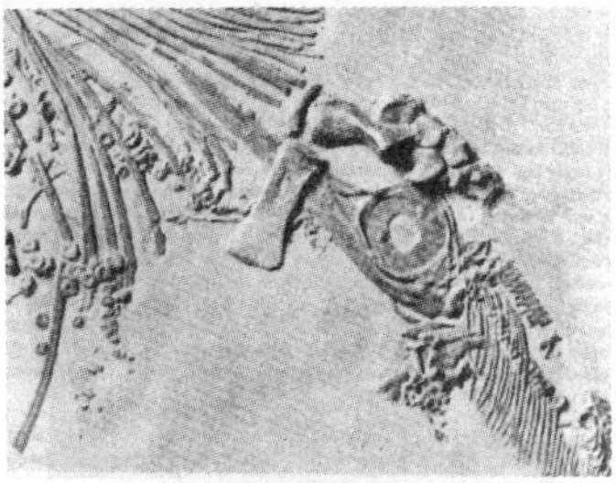

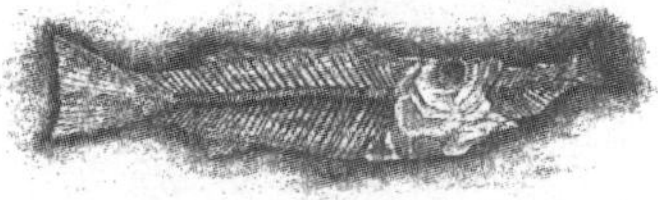

66 La naissance pétrifiée d'un ichtyosaure dans du schiste, Holzmaden. La tête se trouve encore entre les os du bassin de la mère.

67 Mort et pétrification soudaines pendant le repas (Eichstätt).

68 Une racine fossile traverse plusieurs couches massives dont la constitution a exigé du point de vue de la géologie des millions d'années.

69 L'empreinte de chaussure trouvée en 1968 par W. J. Meister. Au niveau de l'un des talons se trouve un trilobite écrasé qui est censé s'être éteint il y a 400 millions d'années.

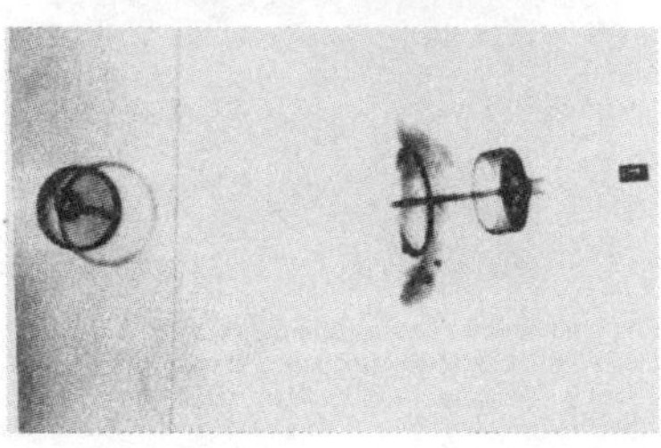

70, 71 La géode rocheuse trouvée en 1961 en Californie. Dans l'image du haut, on voit les deux moitiés coupées, et au-dessous une radiographie qui montre un objet métallique non identifié.

74 Un nid pétrifié avec des œufs de dinosaures en Floride. On voit que la roche a dû être molle, parce que les œufs sont enveloppés par elle et conservés. Ce nid peut-il s'être lentement pétrifié ?

72 L'empreinte de pied humain découverte par le géologue Billy Caldwell est considérée par des critiques comme trop parfaite. Cette empreinte a été trouvée dans un calcaire originel, qui était empli de fossiles. 73 L'empreinte de pied nommée Detweiler est plus étroite que la Caldwell. On reconnaît les cinq orteils, qui sont numérotés.

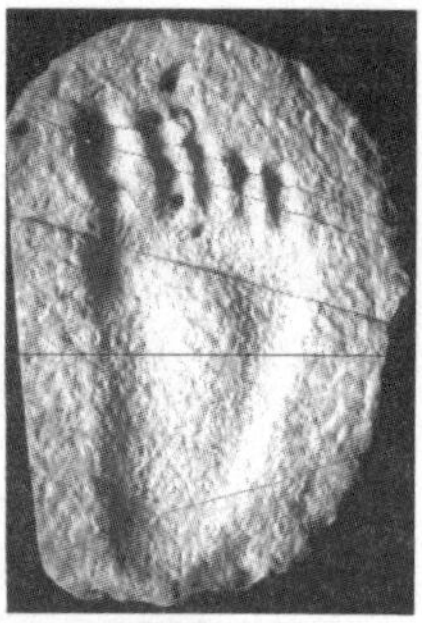

75 Dans la région de la Paluxy River, on a trouvé l'empreinte de pied Burdick, particulièrement belle. Les différentes coupes sont reconnaissables.

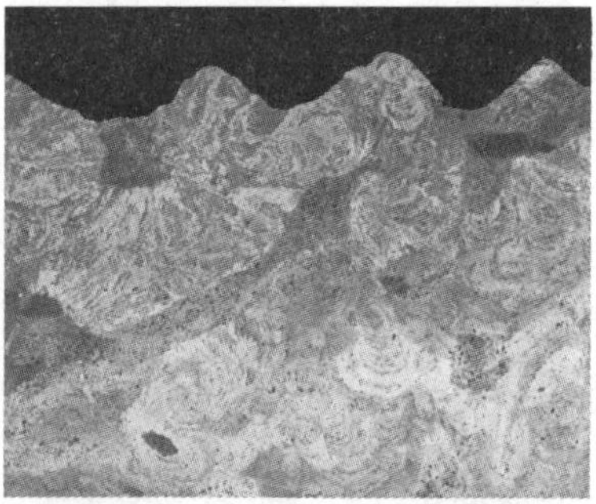

76 Vue des détails au niveau de la coupe à travers la région des orteils de l'empreinte de pied Burdick. On voit que la boue originelle a littéralement coulé autour des orteils. Une falsification par un travail de taille de la roche est de ce fait exclue. En outre, la boue doit s'être durcie rapidement en calcaire.

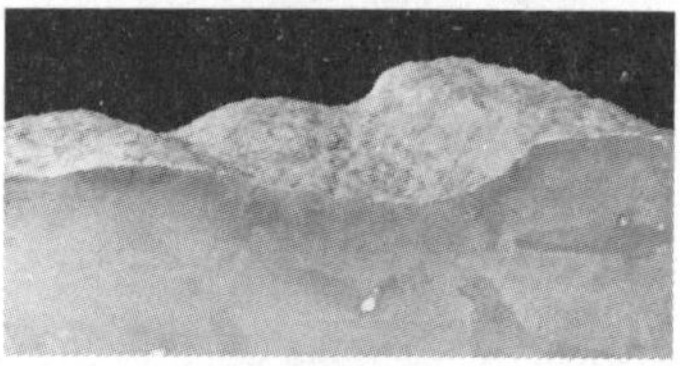

77 Sur la coupe à travers la région du talon de l'empreinte de pied Burdick, on voit nettement que le sol originellement mou a été comprimé et condensé par la pression de la charge du corps humain.

78, 79 L'Ayers Rock en Australie n'est pas un monolithe qui a grandi lentement. Ce bloc de roc se constitue de grès, qui a été apporté à la surface à partir d'une couche souterraine par une pression intense pendant le déluge, sous forme d'un mélange de sable et d'eau. En se mélangeant à du calcium, l'amalgame durcit rapidement pour donner du « béton ». On reconnaît encore sur l'image 78 des trous qui contenaient l'eau originelle sous forme de vésicules. Lors de la prise du « béton », l'eau s'évapore et il reste des chambres creuses. La surface de l'Ayers Rock est lisse comme du béton lissé. Mais cela n'est pas le résultat d'une érosion lente par l'eau.

80 Le Grand Canyon en Arizona. La petite Colorado River peut-elle avoir produit ce vaste travail d'érosion ? Quand on regarde précisément, on reconnaît quatre zones de dépôts différents des sédiments. Pourquoi les angles d'arrachement sont-ils abrupts et pas encore arasés après des millions d'années, si d'un autre côté la Colorado River était capable de s'enfoncer dans le roc ?

81 Les montagnes plissées, comme dans cet exemple photographié près de la Sullivan River au Canada, ne peuvent avoir été déformées que quand elles étaient molles. Si ces couches de sédiments avaient été déformées à froid, des fissures seraient apparues.

82 Un roc déformé quand il était mou comme un rouleau, dans la Split Mountain, Californie.

83 Les ondulations près de la Paria River. Deux formations rocheuses différentes superposées. Les deux couches ont été formées ainsi à l'état humide à des moments différents, et ont durci rapidement. Un dépôt lent de micro-êtres vivants ou de sédiments dissous dans l'eau du fleuve ne peuvent expliquer la genèse de ces formations rocheuses.

84 Stratification rapide de sédiments pendant l'irruption volcanique du Mount St. Helens. La solidification s'est faite en cinq ans. L'homme en haut sur le bord de la montagne donne une idée des proportions.

85 Dans une période de sécheresse, on peut voir sur le fond du Spirit Lake (Mount St. Helens) des troncs d'arbres renversés qui n'ont pas poussé à cet endroit. Ils ont été emportés par les masses d'eau.

86 Plus d'un million de troncs d'arbres ont été déracinés et emportés dans le Spirit Lake.

87 Les troncs d'arbres éclatés et pétrifiés dans la Petrified Forest se trouvent directement à la surface après x millions d'années, déposés pendant le déluge. Voir l'image 86 !

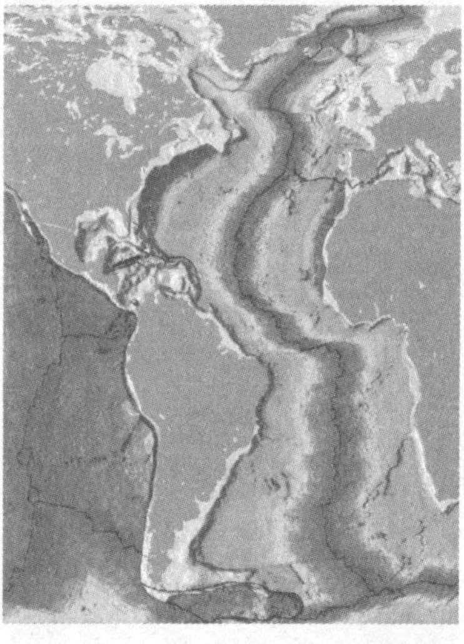

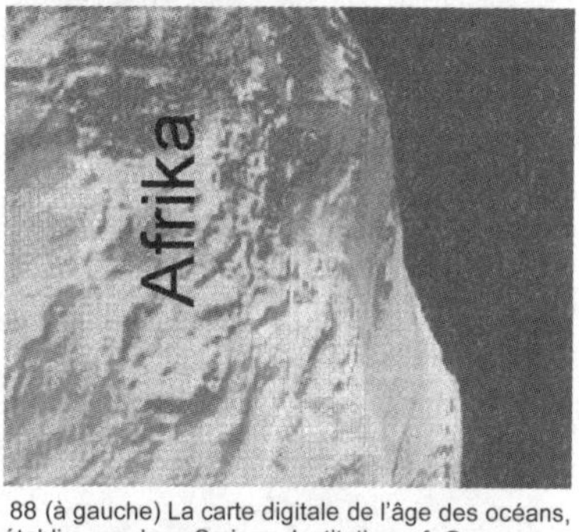

88 (à gauche) La carte digitale de l'âge des océans, établie par la « Scripps Institution of Oceanography », montre en général, pour l'ensemble de la partie est du Pacifique ainsi que la région moyenne de l'Atlantique, des zones rouges avec un âge de tout au plus 40 millions d'années. Cette zone n'existait pas du temps des dinosaures. 89 Cette image de la terre a été développée par Michael Anzenhofer sur la base des enregistrements radar du satellite radar ERS-1. On reconnaît nettement le trou dans la zone du Pacifique. Image : section, colorée par l'auteur, de la représentation d'ensemble de notre Terre comme une « pomme de terre ».

90, 91 Deux soleils sont nettement figurés sur la stèle akkadienne de Naram-Sin (2300 avant JC).

92, 93 Ce kudurru de l'époque moyenne babylonienne, datant de 1100 avant JC, montre nettement deux soleils et la lune.

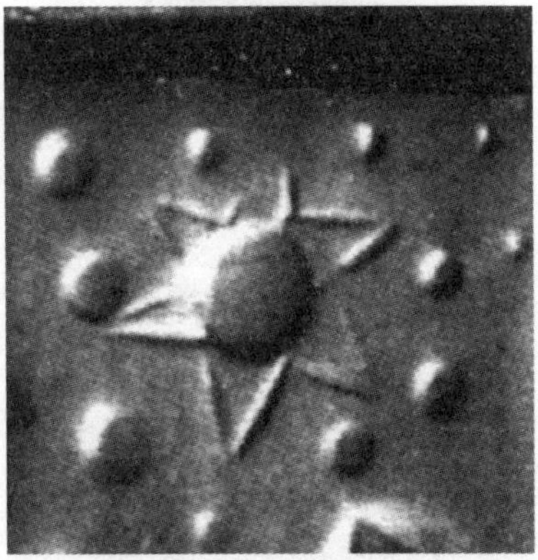

94, 95 Le sceau-cylindre akkadien (2500 avant JC) montre notre système solaire avec 11 planètes au lieu des 10 que nous connaissons, si l'on inclut la lune. Entre Mars et Jupiter, une grande planète a été dessinée à la place de la ceinture d'astéroïdes. La position erronée de Pluton attire l'attention. Notre système solaire avait-il cet aspect autrefois ?

96

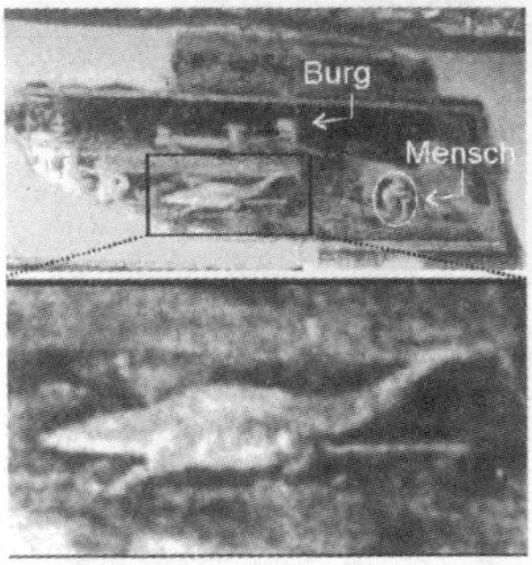

100

96, 97, 98 Cette créature de 10 m de long (photo 96) a été repêchée en 1977 par un bateau de pêche japonais. Elle représente probablement un plésiosaure, que l'on affirme éteint depuis 65 millions d'années. Considéré de l'arrière (photo 97), ont peut très bien reconnaître la colonne vertébrale : il ne s'agit pas d'un poisson ou d'un requin. Le cadavre est resté une heure sur le pont (photo 98) avant d'être rejeté à la mer.

99 Le monstre du Loch Ness (Nessie) sous les traits d'un plésiosaure.

100 On voit sur un vieux tableau mural à Pompéi un plésiosaure en train de nager. La taille proportionnelle de la représentation de l'homme est correcte.

Si les représentations réalistes de dinosaures sont plus âgées que 200 ans, des hommes doivent avoir vu ces animaux primitifs de leurs propres yeux :

101 En 1999, l'auteur a visité le musée du Dr Javier Cabrera et s'est vu offrir une pierre d'Ica authentique avec la représentation d'un dinosaure. Insert : dessin d'une pierre d'Ica avec une représentation d'hommes et de dinosaures.

102 À Acambaro (Mexique), on a trouvé beaucoup de figures d'argile qui représentent des dinosaures. L'âge de quelques unes a été estimé à bien plus que 2000 ans.

103 Sur une tablette qui est attribuée à Narmer, le premier pharaon de l'Égypte unifiée, des figures mystiques sont conduites par des gardiens.

104 En 1969, à Tecolutla (Mexique), une tête gigantesque s'est échouée. Elle pesait une tonne et fut considérée comme le corps d'un serpent de mer. La ressemblance avec une tête de plésiosaure est frappante.

105 Une mosaïque romaine vieille de plus de 1800 ans représente un saurien à cou de serpent.

106 Représentation d'un mosasaurien sur un vase grec antique.

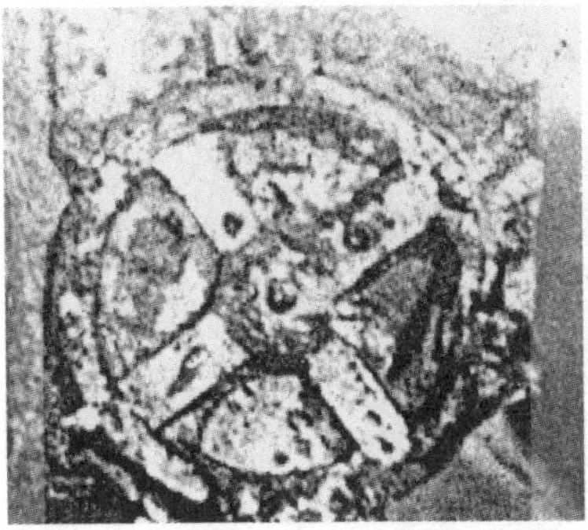

107 L'« ordinateur » d'Anticythère, vieux de plus de 2000 ans. Les examens de ce « calculateur analogique » à l'université de Thessalonique en 2005/2006 ont montré qu'il faut réécrire certaines parties de l'histoire des mathématiques et de l'astronomie.

108 La pile électrique antique de Bagdad, Irak.

109 Représentations d'ampoules avec des isolateurs dans le temple de Dendera, Égypte.

110 Dans le temple de Séthos à Abydos, Égypte, se trouvent ces représentations curieuses de ce qui ressemble à un hélicoptère, un tank, un sous-marin et une mitraillette.

~ 8 ~
Naissance forcée de la Terre

La Terre est sans doute née d'une catastrophe interplanétaire. Les astéroïdes de la ceinture d'astéroïdes au-delà de Mars, les comètes et les météorites constituent les restes disloqués de cet événement cosmique. La Terre a erré à travers le système solaire en se rapprochant de plusieurs planètes (rapprochement Terre-Mars, Vénus-Terre) jusqu'à ce que se soient rétablies des conditions dans l'ensemble stables (trajectoires). Puis un grand nombre de débris cosmiques errants plutôt petits et plusieurs relativement grands ont percuté la croûte terrestre, formant les douleurs, les « tranchées » de la collision cosmique.

Impacts cosmiques dans le monde entier

Les grands météores ne sont qu'à peine freinés par l'atmosphère. L'impact d'un astéroïde de 10 kilomètres de diamètre, comme celui du nord de la presqu'île du Yucatan, il y a prétendument 65 millions d'années, qui est présenté comme le responsable de l'anéantissement des dinosaures, dégage une énergie énorme. Elle est censée correspondre à 5 milliards de bombes d'Hiroshima, ou comparativement avoir dépassé d'un million de fois la violente explosion du Krakatoa en 1883 en Indonésie. Il se produit des températures de plus de 100 000°C dans la zone du noyau, qui peuvent vaporiser le projectile et les roches de la zone d'impact. On rapporte dans des mythes suméro-babyloniens que lors d'un impact dans l'océan, on a même pu voir le sol mis au jour de la mer.

Quand la vitesse du choc est assez élevée au cours d'un impact, il se produit une vaporisation. Il est en outre possible que soit causée une onde de choc et de chaleur susceptible de provoquer à des centaines de kilomètres de distance la cécité et la surdité. Elle est accompagnée par une précipitation radioactive incandescente. Une onde de pression énorme se propage en quelques heures autour du monde, et le choc de la pression de l'air peut encore être mortel à plusieurs milliers de kilomètres de distance.

Des simulations par ordinateur montrent qu'il y a expulsion d'au moins cent fois plus de matière que l'astéroïde lui-même n'en contient. Des quantités gigantesques de poussière et de vapeur sont propulsées dans l'atmosphère et obscurcissent le ciel. L'ordinateur le plus rapide du monde a calculé les conséquences de l'impact d'une comète ne mesurant qu'un kilomètre qui tombe dans la mer. Il en a résulté une colonne d'eau épaisse de 20 km et haute de 50 km, et des vagues de 100 m de hauteur s'abattirent sur les côtes. Des ouragans puissants d'une vitesse de 800 km/h se déchaînèrent tout autour du globe dans cette simulation. Mais que se passe-t-il quand plusieurs blocs, vraisemblablement aussi des blocs plus grands, touchent la Terre ? Sans nul doute une fin du monde[98]. De grandes quantités d'iridium sont dégagées par l'impact d'un corps céleste aussi grand et massif. Des concentrations correspondantes sont détectées dans les couches éjectées sur Terre. Des mesures et des observations ad hoc permettent de *mettre en évidence sans équivoque un impact*.

Chez Enoch, un des patriarches de l'Ancien Testament, il est question de 7 étoiles semblables à de grandes montagnes en train de brûler, et dans les traditions babyloniennes il est également question des 7 têtes du grand serpent du monstre de la destruction[99]. La comparaison avec un serpent ou un dragon est pertinente, car une comète ou un météore traîne derrière elle une queue d'émanations et de fumée, comme un flambeau allumé. Des spécialistes, le Dr Edith et

98 « P.M. », 2/1998, 48.
99 Note de l'Editeur: voir aussi *Enoch Dialogues avec Dieu et les Anges* et *Le Livre des Secrets d'Enoch*, Ed. Le Jardin des Livres, Paris.

le Prof. Dr Alexander Tollmann – géologue reconnu dans le monde entier et membre du Wiener Universitätsinstitut aux nombreuses traditions – ont approfondi le problème du déluge et des impacts cosmiques qui sont en relation avec lui. En dehors de l'impact de l'astéroïde sur le bord nord de la péninsule du Yucatan, ils ont localisé dans leur livre *Et le déluge a quand même eu lieu,* 7 régions principales d'impact, en se basant sur l'ensemble des indices géologiques et mythologiques. Elles se trouvent dans l'est du Pacifique à l'ouest du Mexique, dans le sud du Pacifique à l'est de la Terre de Feu, au sud de la Tasmanie près de l'Australie, au sud de l'Inde dans l'océan Indien, dans la mer du Sud de la Chine, au milieu de l'Atlantique près des Açores et dans le nord de l'Atlantique.

Un grand impact sur la terre ferme se trouve en outre près de Köfels en Autriche. Il y a des cratères d'impact dans le monde entier, bien qu'ils soient en nombre trop faible selon la théorie de la genèse de la Terre et de l'univers que l'on admettait jusque-là. Si la Terre était âgée de presque 5 milliards d'années, elle devrait présenter un fourmillement de cratères, même si l'on peut admettre que l'érosion est plus intense sur notre Terre. Comparée avec d'autres planètes, la nôtre n'a que peu de cratères d'impact. Ce facteur lui aussi fait conclure au jeune âge de la Terre comme nous l'avons déjà supposé. Mais en fait, les cratères se concentrent sur la lune et au pôle sud de Mars dans une zone limitée. Ils doivent avoir été produits par un événement spécial de type explosif dans le cadre cosmique.

Il y eut sur terre, à côté des fragments principaux, d'autres éclats libérés par l'impact. Des blocs de taille moyenne causèrent en compagnie des grands projectiles célestes des cratères d'un diamètre de cent à plusieurs milliers de mètres. Ces impacts étaient accompagnés de pluies d'étoiles filantes. On parle dans les mythes nordiques de fils ardents qui suivaient les comètes, appelées Surtur. Il y avait en outre une pluie d'éclats petits et très petits, qui constituaient un feu d'artifice impressionnant. Dans l'Apocalypse (6, 13) de Jean, il est dit : « *Les étoiles du ciel tombèrent sur la Terre, comme un figuier qui jette ses fruits quand une tempête violente le secoue* ».

Planétoïdes

Entre la planète rouge Mars et la géante Jupiter bée un espace remarquablement vaste. Déjà, l'astronome allemand Johannes Kepler (1571-1630) et d'autres chercheurs avaient placé dans cette lacune une planète imaginaire. Même le calcul simple des distances de nos planètes par rapport au soleil selon la règle de Johann Titius (1729-1796) et de Johann Elert Bode (1747-1826) opère avec une planète intermédiaire fictive (imaginaire) qui devrait suivre à une distance de 2,8 UA (= unité astronomique, correspondant à la distance de 149,598 millions de kilomètres qui sépare la Terre du soleil) une trajectoire autour du soleil. Ce n'est qu'en 1801 que Giuseppe Piazzi a découvert une petite planète au-delà de Mars, qui est devenue universellement connue sous le nom de Cérès. Dans les décennies suivantes, on découvrit plus de 5 mille de ces planétoïdes, d'une taille qui varie de relativement grande à minuscule. Dans l'ensemble, il doit exister plus de 50 000 petites planètes avec un diamètre supérieur à un kilomètre. Mais Cérès, qui est la plus grande petite planète, a un diamètre de 930 km. Ces planétoïdes, la plupart des corps à la forme irrégulière, constituent une ceinture que l'on appelle ceinture d'astéroïdes. Le mathématicien allemand Carl Friedrich Gauss (1777-1855) a calculé que Cérès orbite sur une trajectoire circulaire à 2,78 UA, qui correspond assez exactement à la valeur de 2,8 UA obtenue selon la loi de Titius-Bode. Il semble donc manquer entre Mars et Jupiter une planète qui est représentée par la ceinture d'astéroïdes (Cérès) ou par la planète Phaéton, imaginée en référence à la mythologie grecque. La lacune entre Mars et Jupiter n'est-elle ainsi fermée que d'une manière purement mathématique, ou cet anneau de blocs rocheux informes constituait-il autrefois effectivement une planète entière ?

Beaucoup d'astronomes rétorqueront que la masse de tous les fragments de la ceinture d'astéroïdes ne suffit pas à constituer une planète. Mais peut-être n'a-t-on pas encore suffisamment cherché ? S'il se trouvait autrefois effectivement une planète à la place de la ceinture d'astéroïdes actuelle, elle doit s'être disloquée, ce qui renvoie à son tour à un événement catastrophique. Il est clair que même la Terre aurait été impliquée. Il faudrait examiner de nouveau les données de notre système solaire en fonction de cet événement. Est-on en présence, à côté de la ceinture d'astéroïdes, avec les anneaux entourant Jupiter et Saturne, les innombrables cratères sur Mars et notre lune, les multiples lunes bizarres des diverses planètes de notre système solaire, les lunes martiennes à la forme extraordinaire Phobos et Deimos (la Peur et l'Effroi), les comètes, les météorites et peut-être même notre lune, est-on en présence de restes de la planète perdue Phaéton, ou de la lune qu'elle avait à l'époque, comme les Sumériens l'écrivaient déjà il y a 6000 ans dans l'histoire de la création ?

Cette planète aurait-elle explosé, et certains de ses morceaux auraient-ils heurté la Terre ? Ou bien l'histoire éternisée sur les tablettes d'argile suméro-babyloniennes, concernant la naissance de notre Terre, est-elle exacte ?

Notre système planétaire *entier* est dessiné sur un sceau enroulé akkadien vieux d'environ 4500 ans. Même la taille des différentes planètes est représentée dans une proportion exacte. Curieusement, on reconnaît 11 planètes, à la place des 10 que nous connaissons. Il se trouve entre Mars et Jupiter une grande planète supplémentaire, occupant la position de la ceinture d'astéroïdes d'aujourd'hui. D'un autre côté, la planète Pluton est située entre Saturne et Uranus, soit dans une fausse position. Bizarrement, la loi de Titius-Bode donne des valeurs fausses pour les deux planètes externes Neptune et Pluton. D'où les Akkadiens tiraient-ils leur savoir ? Ce peuple ne pouvait pas connaître à l'œil nu il y a 4500 ans les planètes Uranus, Neptune et Pluton. Mais s'ils avaient, pour des raisons inexplicables, ce savoir, pourquoi la représentation de la planète supplémentaire Phaéton à la place de la ceinture d'astéroïdes actuelle devrait-elle être fausse ? Et si cette indication est exacte, *il faut que ce corps céleste ait été présent dans un passé relativement proche*. Le rouleau akkadien peut être visité au *Musée du Proche-Orient* à Berlin.

Naissance violente de notre Terre ?

Il est écrit sur les tablettes d'argile suméro-babyloniennes que la planète originale, Phaéton, appelée Tiamat par les Sumériens, est entrée en collision avec un autre corps céleste. La planète Phaéton/Tiamat, qui aujourd'hui ne se trouve plus à hauteur de la ceinture d'astéroïdes actuelle, s'est disloquée. En même temps que sa lune de l'époque, Kingu, le plus grand morceau de Tiamat/Phaéton a été projeté dans la trajectoire actuelle de la Terre. De ce fait, la Terre serait le reste de la planète originale Phaéton, et notre lune serait son compagnon de l'époque Kingu. Le trou dans la Terre, qui est aujourd'hui empli par l'eau de l'océan Pacifique, est étonnamment grand et mesure jusqu'à 11 kilomètres de profondeur. Il est tout à fait possible que cette zone représente la blessure de la collision de l'époque, en particulier parce que la détermination de l'âge du fond de la mer a donné une valeur bien plus faible que pour le socle continental, seulement 200 millions d'années opposés à plusieurs milliards.

Le sol de la mer est donc, y compris d'un point de vue scientifique, notablement plus jeune que la roche des continents. Ce qui est confirmé par des photographies satellitaires récentes, qui permettent d'établir une carte digitale de l'âge du fond de la mer (photo 88). Naturellement, les zones les plus jeunes de l'Atlantique se trouvent de ce fait uniquement sur les bords des plaques tectoniques, car il y a là du magma chaud qui coule de l'intérieur de la Terre. D'un autre côté, l'*ensemble* du sol du Pacifique, qui aujourd'hui encore se trouve jusqu'à 11 km de profondeur, semble s'être formé au même moment, soit simultanément depuis la côte américaine jusqu'à la côte chinoise, et pas seulement sur les bords des plaques continentales comme dans l'Atlantique. Comme le sol du Pacifique est jeune y compris pour des raisons géologiques, il pourrait s'agir de la blessure de la collision planétaire qui a été décrite dans les textes en écriture cunéiforme.

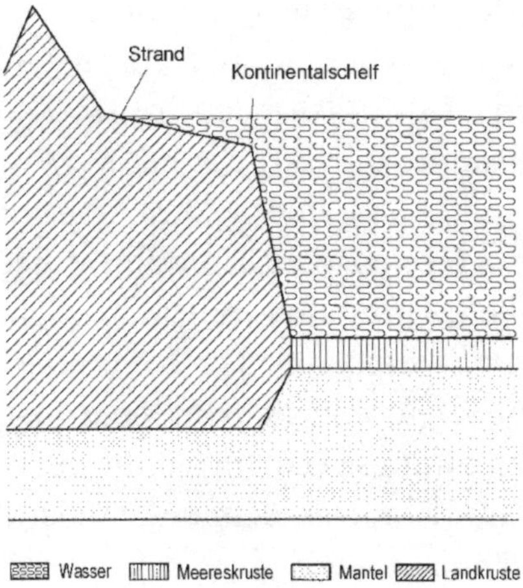

Socle continental. Les socles continentaux s'enfoncent jusqu'à 10 km de profondeur dans les océans. La mince croûte marine se compose de basalte lourd, alors que la croûte terrestre considérablement plus épaisse se compose de granite, plus léger. Les deux croûtes varient dans leur lourdeur, leur épaisseur et leur âge. Les mesures ont donné pour le sol marin un âge x fois plus jeune que la croûte terrestre.

En fait, notre image du monde part d'une forme sphérique de la Terre, avec des pôles aplatis. Cette conception contredit mes réflexions, car une collision planétaire doit avoir laissé des cicatrices. En avril 1995, plusieurs satellites ont été placés par l'Agence Européenne de l'Espace en orbite autour de la Terre à 760 km d'altitude. Le Satellite Radar Européen (SRE-1) peut voir même la nuit à travers les nuages les plus épais. L'exploitation des images de mars

1996 fut à vrai dire silencieusement un événement sensationnel, car elle montrait que la forme de notre Terre était plutôt proche de celle d'un rein, d'une pomme de terre, et non ronde comme on s'y attendait. Il se trouve effectivement dans la zone de l'océan Pacifique le trou géant que l'on supposait, bien que les influences de l'érosion et les processus géologiques aient en partie refermé cette blessure. Une fois de plus, notre image du monde se révèle fausse, et un contenu de vérité inquiétant est insufflé à de vieilles traditions. S'agit-il simplement de purs hasards ?

Dans ces circonstances, il paraît évident que le matériel constituant le fond de l'océan se distingue d'un point de vue géologique totalement de celui du socle continental, et que tous deux ont un passé radicalement différent.

Quand on pense que les Sumériens ont rédigé leur interprétation de l'histoire de la genèse de notre Terre il y a 6000 ans, il faut se demander d'où ils tiraient ce savoir. On ne peut pas réfuter cette histoire inhabituelle de la création. Beaucoup d'énigmes de notre système solaire pourraient être résolues logiquement grâce au scénario que j'ai décrit. Une image du monde âgée de plusieurs millénaires semble plus logique que notre image moderne. Les contradictions dans l'histoire de la création, qui étaient pour nous jusqu'à présent inexplicables, sont progressivement confirmées par de nouvelles connaissances. Il faut se demander quand le progrès a eu lieu. Aujourd'hui, ou avant-hier déjà, au début prétendu de l'histoire de notre civilisation ?

Conformément aux indications de la Genèse, l'eau (flot primordial) des océans était déjà présente lors de la création du monde sans qu'il y ait eu de pluie. Si la Terre constitue le reste de la planète originale Phaéton/Tiamat, alors l'eau était déjà présente. Les textes sumériens en écriture cunéiforme confirment que Tiamat/Phaéton était déjà à l'origine recouverte d'eau. *Si nous identifions la création du monde, conformément aux indications de la Genèse, avec la dislocation de*

Phaéton/Tiamat, les données qui semblaient auparavant contradictoires ont un sens : la Terre est née d'une catastrophe cosmique, mais recelait déjà l'eau présente à l'origine sur la planète Tiamat/Phaéton, qui s'est rassemblée dans la blessure profonde à l'endroit de l'actuel océan Pacifique. La terre sèche devint ainsi visible, car « *Dieu dit : que l'eau sous le ciel se rassemble en un lieu, afin que le sec devienne visible* » (Genèse 1, 9).

Une partie de l'eau se vaporisa et forma l'enveloppe de vapeur d'eau de notre Terre, qui a existé jusqu'au déluge. J'ai déjà signalé les différences profondes concernant la présentation de la genèse de notre monde dans l'Ancien Testament et la théorie de l'évolution. L'état de fait que j'ai décrit auparavant permet de donner un fondement logique à la restitution correcte des événements de l'histoire de la Terre dans l'histoire biblique de la création. Comme je l'ai précédemment établi (Genèse 1, 2-3), l'eau existait déjà avant que la lumière n'éclaire notre planète : « *et l'esprit de Dieu planait au-dessus de l'eau. Et Dieu dit : Que la lumière soit !* ».

Une contradiction éclatante des théories scientifiques, car la croûte terrestre et le flot primordial existaient déjà avant que le soleil ne commence à briller et qu'ensuite les premiers nuages de pluie ne se forment. Avant le déluge, il y avait probablement une enveloppe sphérique d'eau, ou bien notre atmosphère était tellement enrichie en vapeur d'eau et en nuages épais dus aux processus cataclysmiques pendant la dislocation de Phaéton/Tiamat, que justement nulle lumière ne pouvait percer jusqu'à la surface de la terre : *on ne put voir le soleil, la lune et les étoiles qu'après la dissolution de l'épaisse couverture nuageuse. Mais l'eau était déjà présente auparavant*. De ce point de vue, la Bible a bien raison.

Dans ces conditions justement, il y avait déjà un corps fondamental plus ancien qui constituait notre Terre, mais les événements cataclysmiques lui ont donné une forme nouvelle, et ce rapidement, conformément aux processus chimiques et géologiques que j'ai décrits. Il régnait justement à l'époque des conditions atmosphériques tout à fait différentes.

Dans les diverses éditions de la Bible des derniers siècles, les textes originels ont souvent été restitués avec des erreurs de compréhension, parce qu'une traduction littérale semblait donner des résultats en apparence insensés. Les deux premier mots de la Bible déjà (Genèse 1, 1) n'ont pas été traduits exactement, alors que justement le texte original recèle un savoir secret inquiétant. « *Au début* » devrait être plus précisément traduit par « *À partir de ce qui était au début*[100]». Ce qui rend visible une différence décisive. Le créateur de la Bible n'a pas tout créé depuis le début, il y avait déjà quelque chose de présent : le corps terrestre et le flot primitif. Alors seulement, la vie a été créée de nouveau. Mais il est clair avant tout que le corps terrestre existait déjà avant la création divine, et cela correspond exactement à ce que je dis, à savoir que notre Terre est née il y a seulement quelques milliers d'années.

Si notre lune était l'ancien compagnon de Phaéton/Tiamat à hauteur de la ceinture d'astéroïde actuelle, et si Phaéton/Tiamat a explosé, alors les cratères d'impact concentrés d'un seul côté sur notre compagnon actuel et sur Mars en tant qu'ils étaient des voisins cosmiques directs à cette époque, deviennent compréhensibles. Après cette catastrophe dans notre système solaire, la Terre nouvellement formée ne s'est pas encore retrouvée dans son orbite actuelle. Elle dut d'abord trouver sa voie à partir de la trajectoire de la planète Phaéton/Tiamat (ceinture d'astéroïdes) en passant auprès de Mars, et s'approcha peut-être aussi, en suivant cette voie, de Vénus. C'est précisément ces approches des planètes l'une par rapport à l'autre que décrit très exhaustivement Immanuel Velikovsky dans son *Mondes en Collision* en se basant sur l'exploitation de nombreux mythes dans le

100 Langbein, 1995.

monde entier. Mais la considération exacte des événements cosmiques dépasserait le cadre de ce livre. Il reste en outre important de constater que contrairement à notre image du monde orientée vers l'uniformité, les conditions d'une fin du monde sont données au complet et que ce fait est confirmé aussi par les traditions et les inscriptions anciennes.

Si l'on considère les choses précisément, il y a eu à ce moment deux grandes catastrophes et vraisemblablement deux ou trois catastrophes consécutives moins importantes. La première catastrophe mondiale s'est accomplie avec l'explosion de Phaéton et la naissance contemporaine de notre Terre, et la seconde avec le déluge, seulement quelques centaines ou milliers d'années plus tard.

Il est probable que le globe terrestre a erré plusieurs fois à travers le système solaire. Le jour et l'année n'avaient pas de durée fixe. L'ensemble du processus de cette instabilité dura jusqu'au tournant d'il y a 2000 ans, comme le confirment les calculs calendaires en apparence chaotiques de presque tous les peuples civilisés anciens.

L'archevêque d'Armagh James Ussher calcula au XVIIe siècle, en se basant sur l'histoire de la création de l'Ancien Testament, que la création du monde datait de l'an 4004 av. JC. Ce calcul qui s'inscrit dans le cadre de la théorie de la création est utilisé aujourd'hui comme un exemple révélateur de l'ignorance de nos ancêtres.

Dans la Bible, le registre des générations de tous les fils premiers nés, commençant par le premier homme Adam, est indiqué dans leur succession sur une période de 2369 ans. Selon les indications de la Bible, le déluge a eu lieu 1656 ans après la création d'Adam et donc celle de notre monde par Dieu. La mort de Joseph, le dernier membre de la série enregistrée des ancêtres, est située le plus souvent dans la littérature entre 1600 et 1700 av. JC. Il en résulte selon les indications de la Genèse que le monde a été créé approximativement en 4000 av. JC, et donc notre monde, plus précisément la croûte terrestre – non le globe terrestre ! – serait âgé de 6000-7000 ans. Le déluge a eu lieu juste 2000 ans plus tard. Le *corps qui est à proprement parler à la base de la Terre*, ou mieux Phaéton, est naturellement *plus âgé*. Mais si l'on ne tient pas compte de ce point de vue, on peut constater une concordance approximative avec le calcul d'Armagh, jusque-là tourné en dérision, et ainsi avec les indications temporelles de la Bible par rapport à la *néo-formation de la croûte terrestre*.

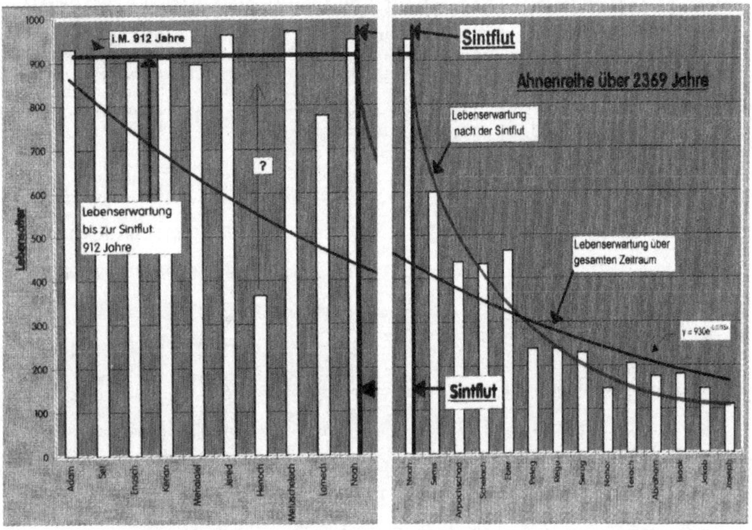

Série des ancêtres dans la Bible. La Bible contient une série complète des ancêtres des fils premiers-nés sur une période de 2369 ans. Le registre des générations commence avec Adam, qui comme tous ses fils avant le déluge atteignit un âge supérieur à 900 ans. Enoch constitue une exception, toutefois, selon les indications de la Bible, il n'est pas mort sur la Terre, mais a été amené au ciel par Dieu sans mourir. Après le déluge, l'espérance de vie a diminué constamment pour finir par atteindre environ 100 ans. L'humanité a-t-elle été endommagée par le rayonnement cosmique qui pour la première fois perçait jusqu'à la surface de la Terre, réduisant ainsi l'espérance de vie ?

Cette représentation constitue-t-elle une spéculation utopique ? Peut-être pas, car en pratique, tous les faits que j'ai discutés confirment que l'âge de la Terre est jeune, bien que l'ensemble de l'événement ait pu se passer aussi des milliers d'années auparavant, car le jour de la mort de Joseph n'est pas connu précisément. Un déluge mondial qui aurait eu lieu il y a environ 5500 ans au lieu de 4500 pourrait être plus facile à faire cadrer avec l'histoire culturelle que nous connaissons, si tant est qu'elle soit exacte jusqu'à ce point en général. Je fais cette restriction parce que des indices qui doivent absolument être pris au sérieux suggèrent qu'au Moyen-Âge, à l'époque de Charlemagne, on a inventé librement, et même plusieurs siècles.

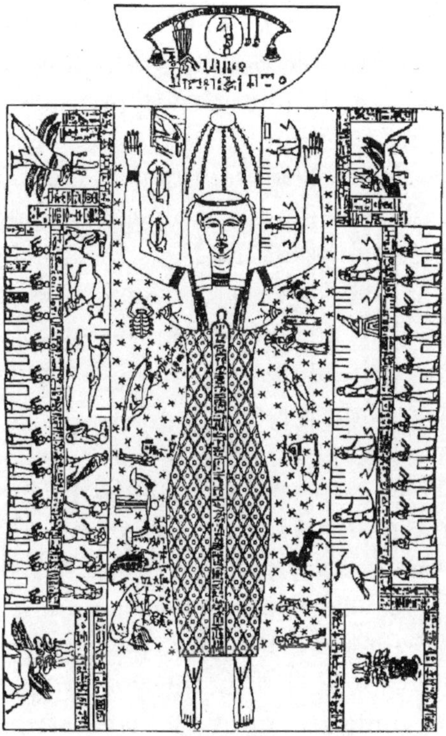

Carte céleste. Cette carte céleste a été découverte sur le couvercle d'un sarcophage en 1857. La déesse Nut est figurée entourée des douze signes du zodiaque. On peut en outre reconnaître les douze heures du jour et de la nuit. Les planètes sont représentées comme des dieux du ciel, et les barques célestes symbolisent les trajectoires que nous connaissons. En haut sont figurées les planètes Mercure et Vénus, à côté du soleil. On trouve sur le côté droit la Terre, la lune, Mars et Jupiter dans leurs barques célestes. À gauche se trouvent les planètes Saturne, Uranus, Neptune et Pluton dans leur succession exacte, mais sans barque, car les trajectoires n'étaient pas connues avec exactitude à l'époque. Même Pluton a été figurée, bien qu'elle n'ait été découverte par nous qu'en 1930.On trouve en outre, au-dessus de la tête de la déesse, la barque géante d'une planète supplémentaire du système solaire, que nous ne connaissons pas. S'agit-il de la planète X/Nibiru ?

Cependant, même si l'on considère comme possibles les événements que je décris, mais qu'on les repousse 10 000, 100 000 ou même 1 000 000 d'années dans le passé, cela ne change absolument rien à mes constatations fondamentales : seules les indications temporelles devraient être modifiées, *parce que l'évolution conforme à notre image du monde n'aurait quand même pas pu avoir lieu en raison du manque de temps* ! Quoi qu'il en soit, il y a eu une période précédant le déluge pendant laquelle tout était différent. La pression atmosphérique était supérieure, et dans les conditions qui régnaient à cette époque, il pouvait exister des animaux considérablement plus grands qu'aujourd'hui, comme les dinosaures. Mais cette époque fut brusquement terminée par le déluge, vraisemblablement conditionné par les impacts cosmiques décrits, formant les « tranchées » de la dislocation de Phaéton, car des éclats de planète formés à l'époque lors de la collision frappèrent la Terre avec un certain retard. La croûte terrestre fut encore une fois formée à neuf en grande partie, et cette fin du monde fit que tout commença de nouveau et dans des conditions à leur tour radicalement différentes. Mais le fait qu'il ne peut pas y avoir eu d'évolution par manque de temps rend songeur. La Bible a-t-elle aussi raison quand elle affirme que les êtres humains et les animaux ont été créés ? Mais avant de discuter plus profondément la création (notion interdite) des créatures, je voudrais encore examiner un aspect intéressant de ce point de vue.

L'orientaliste Sitchin interprète dans son livre *La 12e Planète* l'histoire de la création propre aux Sumériens en disant que le corps céleste qui est entré en collision avec Tiamat/Phaéton constitue dans notre système solaire une planète supplémentaire, que nous ne connaissons pas. Impossible parce que tout a été exploré ? Peut-être pas, car l'existence d'une planète plus grande dans notre système solaire est considérée comme possible y compris par divers astronomes.

Carte stellaire de Thèbes

En 1857, Heinrich Karl Brugsch trouva dans une tombe de Thèbes, en Égypte, une carte du ciel. La déesse Nut était représentée sur le couvercle du sarcophage, entourée des 12 signes du zodiaque. On peut en outre reconnaître les 12 heures du jour et de la nuit. Les planètes sont représentées comme des dieux du ciel, et les barques célestes symbolisent les trajectoires que nous connaissons. En haut se trouve une reproduction des planètes Mercure et Vénus à côté du soleil. Sur le côté gauche se trouvent la

Terre, la lune, Mars et Jupiter dans leurs barques célestes. À droite sont représentées les planètes Saturne, Uranus, Neptune et Pluton dans leur succession exacte, mais sans barque, parce que leurs trajectoires étaient mal connues à cette époque.

On a longtemps cru que nos ancêtres ne pouvaient connaître que les planètes visibles à l'œil nu. La carte stellaire de Thèbes avec une représentation du système solaire différente de la représentation scientifique de l'époque a été pendant longtemps rejetée comme étant fausse ou déroutante. Cela n'est pas étonnant si l'on songe que la planète Pluton n'a été découverte *officiellement* par nous qu'en mars 1930, mais avait été trouvée figurée 73 ans auparavant sur le couvercle du sarcophage. L'interprétation de cette carte céleste inhabituelle par les archéologues date du XIXe siècle, soit d'une époque où la *planète Pluton elle-même n'était pas connue*. Mais qui est prêt à revoir volontairement des énoncés provenant de personnalités scientifiques capables ? Une question importante se pose : comment les Égyptiens connaissaient-ils l'existence des planètes invisibles sans télescope, il y a déjà plusieurs milliers d'années ?

Mais il y a plus intéressant. Une planète supplémentaire que nous ne connaissions pas du tout jusque-là est dessinée au-dessus de la tête de Nut. La barque immense caractérise une trajectoire très grande et donc longue. Cette trajectoire était-elle du temps des Égyptiens précisément connue, comme celle de Mars ou de Vénus ?

On désigne souvent cette planète comme la 12e planète manquante. Le nombre 12 remonte aux Sumériens et aux signes du zodiaque qu'ils avaient inventés. Le pendant en serait à proprement parler 12 planètes, que l'on obtient effectivement en incluant le corps céleste encore inconnu de nous – planète X ou Phaéton. Cette manière de voir suppose toutefois que l'on compte la lune et le soleil, en tant que corps célestes visibles de grande taille.

Le soleil était déjà représenté par les Sumériens comme le *centre* du système solaire. Galilée était encore considéré comme un hérétique au Moyen-Âge quand il affirmait la même chose. Pourquoi en savait-on beaucoup plus il y a 6000 ans sur notre système solaire que nos ancêtres du Moyen-Âge, et ne semble-t-il pas que le savoir de l'époque dépassait celui d'aujourd'hui ? Beaucoup d'indications sur les tablettes d'argile de Ninive prêtent de nos jours encore à rire, mais peu à peu, l'histoire de science fiction apparemment bien inventée est démontrée par les connaissances scientifiques les plus récentes.

La 12e planète

La recherche d'une planète supplémentaire dans notre système solaire occupe les astronomes depuis déjà longtemps. La découverte de la planète Pluton en 1930 n'était à proprement parler pas un hasard. Des perturbations dans les orbites des planètes Uranus et Neptune faisaient conclure, avant la découverte de Pluton, à l'influence d'une planète supplémentaire. La découverte de la petite Pluton n'était donc qu'une question de temps et de zèle. C'est en 1978 seulement que l'on constata que Pluton était beaucoup plus petite que l'exploitation des lois physiques ne le laissait attendre. En outre, cette planète avait une lune jusqu'alors inconnue, Charon. Ces nouvelles connaissances ont fait conclure à l'existence d'une autre planète dans notre système solaire, car la taille et la masse de Pluton ne suffisaient pas à expliquer les perturbations orbitaires mesurées pour les autres planètes.

Beaucoup d'astronomes acceptent la nécessité d'une autre planète inconnue jusqu'à présent dans notre système solaire, mais considèrent la recherche de cette 12e planète comme superflue, parce que pour eux elle devrait tourner autour du soleil loin à l'extérieur dans l'espace sous forme d'un bloc de roche glacé. Si l'influence sur les autres planètes est considérable, ce corps céleste doit avoir une taille à ne pas sous-estimer, qui dépend de l'éloignement de la trajectoire par rapport au soleil.

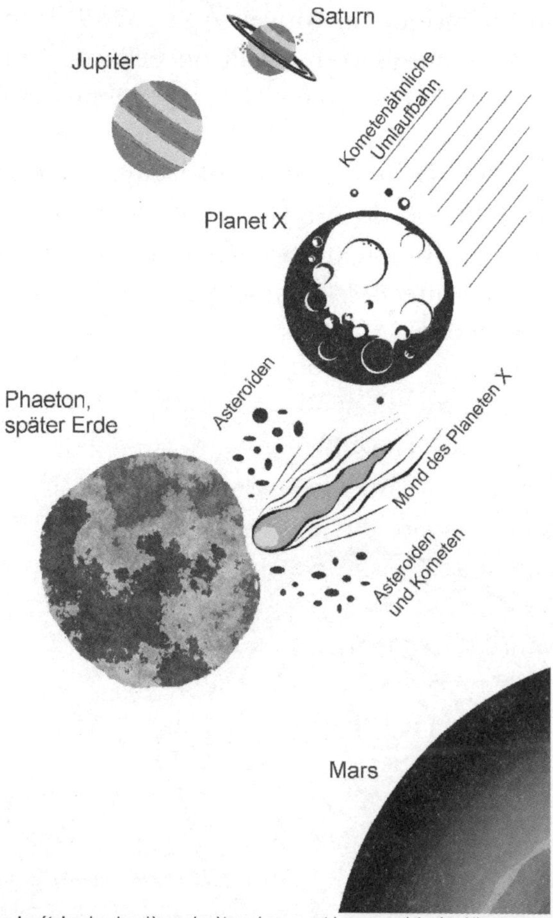

Collision planétaire. La douzième planète qui nous est inconnue (planète X) est venue de la profondeur de l'univers et s'approcha de la planète originale Phaéton. Cette planète fut brisée en deux parties. L'une des parties a été fragmentée et une partie des fragments constitue aujourd'hui la ceinture d'astéroïdes ainsi que les comètes de notre système solaire. L'autre moitié de Phaéton fut éjectée de la trajectoire originelle et devint la Terre. Les contours de la Terre proviennent d'un relevé calqué sur l'image générée à partir de données des Satellites ERS-1 par Michael Anzenhofer pour le GeoForschungsZentrum de Potsdam. Il y a un grand trou profond dans la partie ouest du Pacifique. Le fond de l'océan se trouve sur de grandes surfaces à une profondeur de 6000 à 7500 mètres. La Terre n'est pas une sphère aplatie, mais a la forme d'une pomme de terre irrégulière : le résultat d'une collision planétaire ?

À vrai dire, la découverte d'une 12e planète n'est pas sensationnelle. Mais il faut se demander d'où les Sumériens tiraient leurs connaissances. Pour eux, cette planète qui nous est inconnue, Nibiru (planète X), était peuplée par une race dotée d'une haute technologie – les Annunaki. En outre, en suivant sa trajectoire semblable à celle d'une comète, cette planète doit revenir tous les 3600 ans dans notre système solaire jusqu'au niveau de la ceinture d'astéroïdes[108]. Dans ce cas, deux objets très lumineux devraient être visibles dans le ciel à intervalles périodiques : la douzième planète et le soleil.

Si une planète a été autrefois présentée comme un soleil brillant en raison de sa clarté, il devrait aussi y en avoir des documents imagés. Il y a effectivement en Mésopotamie beaucoup de représentations où l'on voit deux soleils. Une représentation de ce genre (image 92) n'a aucun sens religieux ou scientifique. Il doit s'agir d'une scène réelle de notre passé, en particulier parce que notre lune est toujours figurée avec les deux soleils.

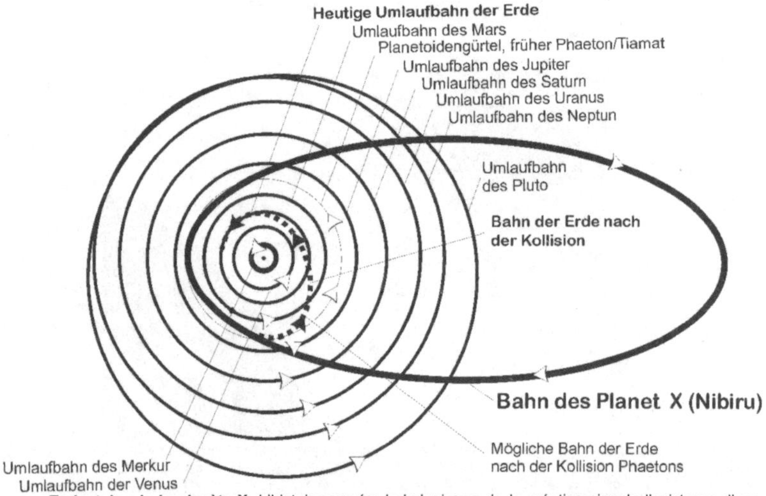

Trajectoire de la planète X. L'histoire suméro-babylonienne de la création signale l'existence d'une planète supplémentaire dans notre système solaire, qui est censée avoir une durée de rotation de 3600 ans, et parcourt une orbite semblable à celle des comètes. Si un corps céleste de taille planétaire pénètre dans notre système solaire, il peut en résulter des catastrophes cosmiques et une collision planétaire. La planète originelle Phaéton s'est brisée. Il en est né la ceinture d'astéroïdes et la Terre.

Mais on ne peut pas exclure que c'est un rapprochement planétaire entre la Terre et Vénus ou Mars qui a été représenté dans l'errance de la Terre à travers le système solaire, conformément à l'interprétation d'anciennes traditions par Velikovsky. Ce point de vue, conformément à la théorie présentée dans ce livre, offre pour les rapprochements planétaires un fondement réaliste qui autrement nous manque. Quoi qu'il en soit, ce sont des événements cosmiques extraordinaires qui doivent avoir été représentés. Entre-temps, les satellites les plus variés, comme les sondes Pioneer, examinent les répercussions qu'entraîne une planète supplémentaire sur notre système solaire. Le satellite à infrarouge IRAS a été lancé en 1983, et a aussi été chargé de rechercher cette planète supplémentaire. Sitchin restitue une interview du collaborateur scientifique de ce projet, O'Tool, qui est parue dans le *Washington Post* – et dans d'autres journaux – sous le titre : *Un objet gigantesque au bord du système solaire pose une énigme* :

> « *Un télescope appellé IRAS a, en direction de la constellation d'Orion, découvert un corps céleste qui pourrait être aussi grand que la géante Jupiter, et peut-être tellement proche de la Terre qu'il pourrait appartenir à notre système solaire. Cet objet est tellement énigmatique que les astronomes ne savent pas ce qu'il est, une planète, une comète géante, une proto-étoile qui n'est jamais devenue assez chaude pour devenir une étoile, une galaxie éloignée qui est encore si jeune que ses premières étoiles sont en train de se former, ou une galaxie tellement enveloppée de nuages de poussière que la lumière de ses étoiles ne perce pas* »

Le rapport précise encore que le corps céleste a été photographié deux fois dans une période de 6 mois, et que pendant ce temps il avait à peine bougé. Ce ne peut donc pas être une comète. Les Sumériens ont-ils encore raison ? Si oui, une planète aussi géante qui avance régulièrement jusqu'au niveau de la ceinture d'astéroïdes exercerait des effets catastrophiques non seulement sur la Terre, mais aussi sur l'ensemble du système solaire. De ce point de vue, on peut tout à fait imaginer aussi des collisions planétaires, par exemple l'éclatement de Phaéton sur la voie de la ceinture d'astéroïdes actuelle. Ces dernières années, des astronomes ont déjà repéré plusieurs blocs assez grands dans la ceinture de Kuiper. Le 29 juillet 2005 a été découvert le corps céleste *2003-UB- 13*, *provisoirement* baptisé 10e planète. Cet objet appelé Xéna, accompagné par une lune, est, avec un diamètre de 2400 kilomètres, 5% plus grand que Pluton, et a une surface assez claire, brillante comme de la neige fraîche. Sa trajectoire est semblable à celle d'une comète et inclinée de 45 degrés. Il se trouve actuellement presque au point le plus éloigné du soleil de sa trajectoire, 97 fois plus éloigné du soleil que la Terre. En une demi révolution, en 280 ans, il s'approchera cependant jusqu'à 36 fois la distance avec la Terre. D'autres planètes candidates devraient être découvertes à l'avenir. Des indications sur les tablettes d'argile de la *Bibliothèque royale* de Ninive représentent exhaustivement *trois systèmes planétaires* : « *Les planètes singulières sont selon leurs mouvements rattachées à trois systèmes différents... Chacun de ces systèmes est développé jusque dans le plus petit détail, mais seul le dernier système planétaire et le dernier système lunaire correspondent à l'ordre du monde actuel*[101] ». L'action d'un champ magnétique intense lors d'un rapprochement planétaire peut ralentir la rotation de la Terre ou même la mettre tout à fait à l'arrêt. Il y a des planètes qui ne se meuvent que d'une façon extrêmement lente, et même presque pas, ou qui sont comme notre lune, liée uniquement à la rotation de la Terre et dépourvue de rotation autour de son propre axe. Notre Terre ne doit donc pas nécessairement tourner vite comme il est habituel de le penser. Étant donné que sa rotation a diminué en moyenne ces dernières années, en 500 jours, d'une seconde (leap second), notre Terre, si ce taux de ralentissement reste stable à l'avenir, n'effectuera plus de rotation autour de son axe dans moins de 120 000 ans. Dans ce cas, ce sera toujours la même face de la Terre qui sera tournée vers le soleil, ce que l'on peut observer aujourd'hui dans le cas de la lune par rapport à la Terre. Si l'on considère que la rotation de la Terre n'est pas

101 Velikovsky, *Mondes en Collision.*

toujours la même, beaucoup des irrégularités que j'ai décrites dans les notations calendaires des anciens peuples civilisés pourraient être expliquées.

~ 9 ~
Géologie et mythe

D'anciennes traditions font état de déluges et d'autres catastrophes violentes. Un mythe connu traite de la disparition de la culture antédiluvienne de l'Atlantide. Dans l'Atlantique, une grande île a disparu en un jour *lors de la fin du monde.*

La géologie dans le miroir du temps

Jusqu'à il y a vingt ans, on ne connaissait que très peu de cratères d'impact de météorites ou d'astéroïdes. Les partisans du darwinisme et de l'évolution niaient vivement toute catastrophe cataclysmique et considéraient les événements correspondants comme un désastre localement limité sans grandes répercussions globales, parce qu'un scénario de ce genre aurait entraîné des conséquences fondamentales inconciliables avec un développement uniforme. Le prix Nobel de physique 1968, Luis Walter Alvarez (1911-1988), a amené un changement de conscience et a ouvert à la géologie en 1980 un nouveau champ d'activité : la recherche d'impacts de météorites, comètes, astéroïdes ainsi que de planétoïdes assez grands, et les répercussions d'un impact de ce genre sur la Terre. Alvarez a étudié et documenté l'impact d'un astéroïde d'un diamètre de 10 kilomètres. Cet impact est censé s'être produit il y a 65 millions d'années, et ses conséquences dévastatrices sont rendues responsables de l'anéantissement des dinosaures.

Il faut absolument saluer ces études, parce qu'elles ont mis en branle un processus de changement de la pensée dont le terme ne peut pas encore être déterminé. La critique des études accomplies à l'époque et qui durent aujourd'hui encore ne doit concerner que la détermination de l'âge de cet impact. La détermination temporelle s'est faite dans le cadre d'une croyance ferme au darwinisme et à la théorie de Lyell. Comme les hommes et les dinosaures ont vécu ensemble, il faut rapprocher cet événement d'un grand nombre de millions d'années de notre présent, ou bien, dans l'autre cas, accorder à l'humanité un âge notablement supérieur.

Les preuves et les théories présentées dans ce livre sont soutenues par diverses études et publications de ces dernières années. Des milliers de publications en plus de 70 langues ont été faites sur le problème et le mythe du déluge. On peut trouver dans la Bible la présentation que nous connaissons le mieux. Mais presque toutes les publications ont été éditées en supposant la validité complète de la théorie de l'évolution de Darwin. La géologie et le darwinisme sont pour l'instant indestructiblement liés. C'est pourquoi les inférences sur des périodes situées loin en arrière ne peuvent qu'être fausses. Comme les grandes couches sédimentaires de l'ensemble de la Terre se sont formées relativement vite et que la différence, censée atteindre plus de 60 millions d'années, entre l'époque des dinosaures et le début de l'humanisation ne s'est révélée être qu'une pure invention de la théorie de l'évolution, la géologie part de présupposés faux.

Dès que nous essaierons d'exploiter de façon nouvelle les connaissances qui ont été obtenues, sans reconnaître les assertions du darwinisme comme une loi irrévocable, nous obtiendrons des connaissances radicalement nouvelles et ainsi une image du monde révolutionnaire comme le sont les principes discutés dans ce livre. La proposition centrale est la suivante : *les dinosaures et les hommes vivaient ensemble,* et cette coexistence prouve l'inexactitude de la théorie de l'évolution.

Il est certain que la géologie est, à côté de l'astronomie, une des sciences les plus vieilles du monde, mais au fil des millénaires, les conceptions et ainsi *l'image du monde actuelle de chaque période* ont constamment changé. C'est pour cette raison que la géologie, malgré son long passé, ne compte *pas* au nombre des sciences exactes.

Pendant longtemps, on a considéré les fossiles comme des caprices de la nature. Comme on trouvait des coquillages pétrifiés aussi dans des régions montagneuses élevées du monde entier, l'Église considérait ces découvertes comme une preuve assurée du déluge de la Bible. Au XVIIIe siècle encore, ces découvertes étaient interprétées par Voltaire (1694-1778) au sens des Lumières qui germaient alors, comme suit : il s'agissait d'objets que des pèlerins avaient perdus. Jusqu'à cette époque, l'opinion régnait que le déluge avait effectivement eu lieu et était responsable de la formation de tous les fossiles de l'histoire de la Terre. Une fois qu'Hérodote, il y a 2000 ans déjà, eut reconnu dans les fossiles des coquilles pétrifiées d'animaux marins, et en déduisit que des régions avaient été inondées par la mer, la Bible fut interprétée littéralement, au plus tard depuis le IIIe siècle post-chrétien. L'interprétation de la Bible permet seulement de conclure à l'existence d'une ou de plusieurs grandes catastrophes. Même le réformateur Martin Luther (1483-1546) était convaincu du déluge qui avait tout englouti, au sens de la doctrine de l'Église, et était ainsi en phase avec les conceptions scientifiques de cette époque. William Buckland était l'un des derniers défenseurs de cette idée et présenta la vieille thèse en 1823 dans son livre *Observations sur les phénomènes géologiques qui ont produit une inondation universelle*.

La doctrine de la catastrophe fut présentée en 1812 par Georges Cuvier (1769-1832). Elle se distinguait par une reconnaissance de plusieurs déluges pendant l'ensemble de l'histoire de la Terre, déluges qui apportaient à chaque fois des bouleversements profonds du monde animal et végétal. Léonard de Vinci (1452-1519) a le premier défini les principes fondamentaux de la géologie moderne, et était convaincu que l'histoire de la genèse des fossiles considérés comme les vestiges d'animaux marins était infiniment longue. Dans cette optique, le déluge en tant qu'explication de la genèse des couches de fossiles disparaît. Lentement, l'opinion s'imposa que le déluge n'avait été qu'un phénomène régional et non un déluge universel. Malheureusement, l'Église se rattacha à ce changement d'opinion.

Jusqu'à maintenant, c'est la doctrine représentée par Lyell en 1830, d'un monde qui ne se modifie guère au cours des âges de la Terre, qui a prédominé ; elle constituait un changement d'esprit par rapport aux théories catastrophiques en vigueur jusqu'à cette époque, et finit par les refouler complètement. La théorie de Lyell professe strictement que la modification de la surface de la Terre ne procède que de l'action de forces actuelles infimes, et ne laisse aucun espace à de grands événements cataclysmiques.

Le développement de la Terre et de toutes les créatures, tel qu'il résulte de cette idée, lent, uniforme et à peine perceptible, se concrétise dans le darwinisme, ce qui se reflète aussi dans la théorie de la dérive des continents d'Alfred Wegener. Sont des exemples de cette théorie l'érosion prétendument lente des vallées par les fleuves, et l'élévation du sol qui est de quelques millimètres par an mais qui, si l'on prend en compte l'histoire lente de la Terre, conduit à la formation de montagnes. Pourtant, au cours de ces dernières années, on a cessé d'exclure que le développement uniforme de la Terre, qui est censé représenter le processus géologique normal, a été interrompu par une catastrophe extrêmement rare. Mais seul le prix Nobel Alvarez a commencé à rendre l'influence mondiale d'un événement de ce genre pensable, et ainsi admissible dans les cercles géologiques.

Les études circonstanciées d'Alvarez ont fait vivre à la théorie de la catastrophe de Cuvier, après juste deux cents ans, une résurrection que l'on n'aurait pas crue possible. Le développement des espèces est censé n'avoir été perturbé que de façon subordonnée par des événements graves, mais il est censé avoir été causé par des mutations. Comme je reviendrai plus en détail sur ce thème, je me contenterai ici d'indiquer que des catastrophes globales graves remettent au moins en question la notion de progrès des espèces qui se produisent par sauts ou aussi de façon constante. Or l'uniformité du développement constituait par définition le postulat de l'évolution.

Mythes du déluge

Légendes et mythes ont pendant longtemps été considérés comme proches des contes. On a découvert ces derniers temps que les événements décrits dans les traditions avaient été auparavant mal interprétés, car il n'y avait dans ces domaines aucune connaissance fondée et aucune recherche scientifique. L'interprétation erronée des mythes est la conséquence des *contradictions* en apparence *criantes* des rapports transmis. Beaucoup des événements précoces ont pour cette raison été *séparés par des intervalles temporels, si bien que des histoires indépendantes sont apparues*. Hiver, chaleur et inondation constituaient tout simplement des phénomènes qu'il était difficile d'associer. Mais la recherche de ces dernières années emprunte de nouvelles voies et obtient d'autres connaissances, comme l'expliquent les géologues Tollmann : « *Mais pour nous géologues, cette combinaison justement de tremblement de terre, d'incendie, de déluge, de nuit et de gel, qui nous sont présentés dans la plupart des récits de déluge comme étroitement associés, livre un fondement logique pour son explication naturelle. Ce couplage curieux de manifestations naturelles d'apparence contradictoire a été très précisément travaillé par les recherches géologiques des années quatre-vingt en prenant pour exemple l'impact sur les dinosaures*[102] ».

Les mythes doivent être différenciés selon la position géographique des régions habitées par les anciens peuples.

102 Tollmann, 1993.

Chez les habitants du nord – Eskimos, Indiens du nord, Germains du nord,et du sud, aussi bien dans la Terre de Feu que dans les montagnes – la pluie abondante doit s'être transformée rapidement en violentes chutes de neige. Un hiver lié à l'impact au début de l'automne, dans l'hémisphère nord, doit avoir comme contrepartie un hiver également rude dans l'hémisphère sud au début du printemps. En se basant sur les événements décrits dans chaque mythe et sur d'autres mécanismes, comme l'examen d'un point de vue géologique et ethnologique, on peut tester le contenu de vérité des traditions.

On peut de cette manière neutraliser aussi des descriptions de catastrophes purement locales fondées sur des défauts d'indice d'impact et sur des parties falsifiées par des missionnaires ou greffées dans les récits – souvent en rapport avec l'arche de Noé.

L'exploitation des mythes a aussi aidé à déterminer le type de l'impact ayant causé le déluge et le déroulement de l'ensemble de l'événement, avec les conséquences correspondantes. La version du déluge que nous connaissons le mieux a été rédigée dans l'Apocalypse de Jean (6, 12-15), vraisemblablement en 96 après JC :

> « *Alors il y eut un violent tremblement. Le soleil devint noir comme un habit de deuil, et la lune devint comme du sang. Les étoiles du ciel tombèrent sur la terre... le ciel disparut comme un rouleau d'écriture... toutes les montagnes et les îles furent arrachées à leur place... tous les esclaves et tous les hommes libres se cachèrent dans des cavernes et des rochers des montagnes* »

On trouve ici une description nette d'une partie du déroulement des événements suivant un impact : tremblement de terre lors de l'impact et après lui, obscurcissement du soleil et de la lune par la poussière projetée dans l'atmosphère, éclat en partie ou initialement rouge du ciel, dû à des gouttes d'eau et des cristaux enrichis en particules de poussière, ainsi que la chute d'éclats de comètes ou de planétoïdes. La chute des étoiles, souvent décrite, peut aussi être considérée comme un effet du déplacement de l'axe terrestre. Pour les hommes, dans ce cas, ce n'est pas la Terre qui se meut, ce sont au contraire les étoiles qui semblent accomplir un mouvement. La dissimulation des hommes dans des cavernes et des failles est confirmée par les charniers collectifs déjà décrits contenant différentes espèces d'animaux, et doit être considérée comme une recherche de protection contre une catastrophe qui fait irruption.

L'Apocalypse (8, 1-13) continue et fait état de 7 anges (comètes ou astéroïdes) qui apportent l'un après l'autre le malheur sur la Terre :

> « ... *alors il commença à tonner et à gronder, à fulgurer et à trembler... il tomba sur la terre de la grêle et du feu qui étaient mêlés à du sang. Un tiers de la terre brûla, un tiers des arbres et toute l'herbe verte... Puis quelque chose qui ressemblait à une montagne tremblante fut jeté dans la mer. Un tiers de la mer devint du sang. Et un tiers des créatures qui vivent dans la mer succomba, et un tiers des vaisseaux fut anéanti... Alors une grande étoile tomba du ciel ; elle brûlait comme un flambeau et tomba sur un tiers des fleuves et sur les sources. Le nom de l'étoile était "Absinthe". Un tiers de l'eau devint amère, et beaucoup d'hommes moururent à cause de l'eau, parce qu'elle était devenue amère... Alors un tiers du soleil et un tiers de la lune et un tiers des étoiles furent touchés, si bien qu'ils perdirent un tiers de leur force lumineuse et que le jour devint d'un tiers plus sombre et la nuit également.* »

Et encore (9, 1-15) :

> « ... *Alors je vis une étoile qui était tombée du ciel sur la terre ; on lui remit la clef du puits qui mène à l'abîme. Et elle ouvrit le puits de l'abîme. Alors de la fumée monta du puits,*

comme d'un grand four, et le soleil et l'air furent enténébrés... De cette fumée, des sauterelles se répandirent sur la terre, et il leur fut donné de la force comme celle des scorpions... Il leur fut commandé... de ne faire que tourmenter les hommes, pendant 5 mois. Et la douleur qu'elles infligeaient était intense comme quand un scorpion pique un homme... Alors furent relâchés quatre anges, qui étaient prêts pour l'année et le mois, le jour et l'heure, afin de tuer un tiers de l'humanité ».

Cette description se distingue de la version précédente et dépeint un autre impact. Dans l'ensemble, différents impacts partiels sont décrits, éventuellement aussi des événements temporellement retardés. L'indication de la couleur rouge de la terre et de la mer est particulièrement frappante. Elle est intéressante notamment parce que ce passage a sans cesse été mal interprété dans le passé, car on ne disposait pas de représentations exactes des processus physiques et chimiques accompagnant un impact. On ne peut pas expliquer ces colorations rouges par du sang, elles se fondent dans la précipitation d'acide nitrique, une conséquence de l'impact, sous forme de pluie corrosive, qui colorait tout en rouge et empoisonnait l'eau, qui de ce fait avait un goût d'absinthe. Les hommes aussi souffraient de cette corrosion comme sous le poison des scorpions.

L'Apocalypse (16, 1-21) continue et fait référence à 7 événements apocalyptiques au moyen de 7 anges :

« *Allez et versez les 7 coupes pleines de la colère de Dieu sur la terre... versa sa coupe sur la terre. Alors se forma un abcès malin et mauvais chez les hommes... versa sa coupe dans la mer. Alors elle devint du sang, qui ressemblait au sang d'un mort ; et tous les êtres vivants dans la mer moururent... versa sa coupe sur les fleuves et les sources. Alors tout devint sang... versa sa coupe sur le soleil. Alors lui fut donné le pouvoir de brûler les hommes avec son feu... versa sa coupe sur le trône de la Bête. Alors les ténèbres vinrent sur le règne de la Bête, et les hommes se mordirent la langue de peur et de douleur... versa sa coupe sur le grand flot, l'Euphrate. Alors son eau sécha... versa sa coupe sur l'air... Et il s'ensuivit des éclairs, des voix et du tonnerre ; il se produisit un violent tremblement de terre, comme il n'y en avait jamais eu depuis qu'il y a des hommes sur la terre... Toutes les îles disparurent et il n'y eut plus de montagne. Et de puissants blocs de grêle, lourds d'un quintal, se précipitèrent depuis le ciel sur les hommes* ».

Cette description de l'apocalypse est encore plus nette et détaillée. La couleur de la mer, causée par la pluie d'oxyde d'azote et d'acide nitrique, est précisément décrite. *Le sang des morts est brun rouge et non rouge clair, comme le sang frais.* Cette couleur correspond à celle de l'acide nitrique saturé d'oxyde d'azote. Même les abcès causés par la pluie acide sur la peau des hommes sont décrits. La chaleur énorme à proximité d'un impact fait se vaporiser aussi de grands fleuves. On connaît également des représentations correspondantes dans les descriptions des légendes d'autres peuples. Le déluge puissant submergea les îles ainsi que des monts et des montagnes assez hauts. Ce fait permet de conclure à un grand événement diluvien, et non à plusieurs catastrophes locales. Ce qui ne veut pas dire qu'un impact ne pouvait pas consister en plusieurs impacts partiels retardés dans le temps, car le corps céleste avant l'impact était brisé en plusieurs parties, ou était constitué d'un *essaim de planétoïdes* (fragments de la planète Phaéton). De même, des impacts retardés de plusieurs années sont possibles, parce que certaines parties pouvaient avoir été mises sur une orbite terrestre puis être tombées n'importe quand sur la Terre.

Il y a dans le monde entier des centaines de légendes relatives au déluge, qui se distinguent par la distance qui les sépare du lieu d'impact et par les différentes perceptions des phénomènes. Seules les recherches de ces 20 dernières années ont pu permettre d'interpréter correctement les représentations originales rassemblées par les ethnologues. Les mythes représentent dans leur ensemble un document inestimable sur le déroulement de l'impact du déluge et révèlent plusieurs lieux d'impact sur notre globe. *La géologie confirme par la recherche intensive menée depuis 1980 que la Terre a été frappée par plusieurs projectiles célestes.*

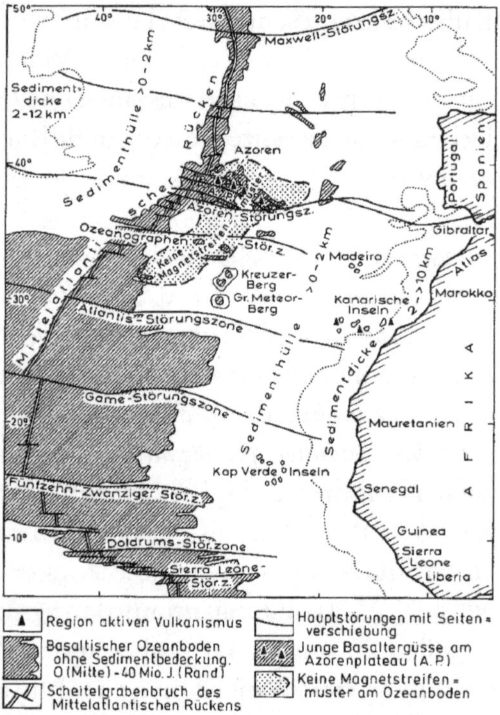

L'Atlantide. Il se trouve, dans le manteau terrestre de la position géologique du plateau des Açores, au centre de l'Atlantique, un « hot spot », une tache chaude avec du magma chaud ascendant. Dans cette zone des Açores, il n'y a presque aucune anomalie magnétique. On peut en déduire un développement historique différent de celui de la zone environnante à proximité de la dorsale de l'Atlantique central, car ici, le magma qui afflue laisse au moment de la solidification des anomalies magnétique. Les Açores actuelles constituent le sommet des anciennes montagnes de l'Atlantide. La description de l'Atlantide par Platon — au nord un massif montagneux, au sud une plaine profonde — correspond qualitativement aux données topographiques de cette région.

Le continent américain doit avoir été particulièrement frappé par le déluge, car des rapports de vécus impressionnants sont présents dans presque toutes les tribus. Les Navajos font état d'un *flot aussi haut qu'une montagne*, qui s'abattit partout, sauf à l'ouest. Les Indiens Choctaw ont la connaissance traditionnelle d'une obscurité qui a duré longtemps et d'une vague qui s'est ensuite déroulée, apparaissant au nord et aussi haute que de grandes montagnes[103]. D'anciennes traditions tibétaines rapportent une inondation du haut plateau tibétain, et selon de vieilles chroniques chinoises, *Schu-King*, la position des points cardinaux a été déterminée de nouveau, les mouvements ainsi que l'apparition du soleil, de la lune et des signes du zodiaque ont été de nouveau calculés et représentés, et la durée des saisons fixée. Un nouveau calendrier a été établi. Velikovsky résume de façon pertinente la raison des anciennes traditions chinoises relatives à la nécessité de ces modifications dans son *Mondes en Collision* :

> « *... provoque l'impression que pendant la catastrophe, la trajectoire de la Terre et ainsi l'année, l'inclinaison de l'axe de la Terre et donc les saisons ainsi que la trajectoire de la lune et par suite le mois avaient changé. Nous n'apprenons pas ce qui a produit ce bouleversement du monde, mais il est écrit dans les anciennes annales que pendant l'époque où régnait Yahou, une étoile brillante a surgi de la constellation Yin* ».

Le récit de Platon

Depuis plus de 2500 ans, beaucoup de personnes sont convaincues qu'il doit y avoir eu une grande île quelque part entre l'Europe, l'Afrique et l'Amérique. Elle suscite les spéculations les plus variées. Ce que nous savons sur cette île est contenu dans les dialogues de Platon (427-347 av. JC) connus sous le nom de *Timée* et de *Critias*. Critias, l'oncle maternel de Platon, souligne expressément qu'il doit s'agir d'une histoire étrange, mais vraie, que le sage Solon a apportée autrefois d'Égypte en Grèce. L'île est l'Atlantide enveloppée de légendes. Platon mentionne expressément qu'elle ne se trouvait pas dans la Méditerranée, mais au-delà des colonnes d'Hercule (Gibraltar et massif de l'Atlas). Il poursuit :

103 Riem, 1925.

« L'île était plus grande que la Libye et l'Asie réunies, et l'on pouvait se rendre à l'époque à partir d'elle dans d'autres îles, et depuis celles-ci sur l'ensemble du continent situé en face, qui entoure le véritable océan. Car tout ce qui se trouve de ce côté-ci de la route d'Héraclès n'est qu'un golfe semblable à un port avec une entrée étroite. Mais cette autre mer est une vraie mer, et la terre qui l'entoure peut à juste titre être appelée continent. »

L'exactitude de la description est incroyable si l'on songe que l'histoire a certes été rédigée par Platon, mais qu'elle est censée reposer sur des sources égyptiennes encore plus anciennes. Elle décrit non seulement la Méditerranée avec le passage de Gibraltar, mais aussi un autre continent – l'Amérique – au-delà de l'océan, de l'Atlantique. Entre les deux est censée s'être trouvée autrefois une île aussi grande qu'un continent. Il faut songer que les régions de l'Asie connues à l'époque étaient beaucoup plus petites que la région gigantesque de l'Asie actuelle. Qui savait, à peu près deux mille ans avant la découverte du continent américain par Colomb, qu'il y avait au-delà de l'Atlantique un continent, et non pas une île ? Au sens strict, Colomb n'a pas même foulé le sol du continent. Si cette description s'est révélée exacte plusieurs centaines d'années plus tard, pourquoi la description de l'île ne serait-elle pas vraie elle aussi ? Pourtant, dans les 2500 années passées, l'existence d'une grande île dans l'Atlantique a été rejetée comme une farce ou une pure invention. L'histoire paraît incroyable, parce que l'on n'a trouvé aucune trace de cette île au-dessus du niveau de la mer, si l'on fait abstraction des petits groupes d'îles comme par exemple les Canaries, Madère, les Açores et éventuellement les Bahamas ou les Bermudes.

Aristote, un disciple de Platon, a critiqué l'histoire de l'Atlantide et en a fait une invention. Mais il confirme que les Phéniciens connaissaient effectivement une grande île dans l'Atlantique, qui avait été nommée Antillas. La ressemblance des noms Antillas et Atlantide saute directement aux yeux. Il y a en deçà et au-delà de l'Atlantique beaucoup de dénominations qui rappellent l'Atlantide.

Les peuples de l'Afrique du nord-ouest de la côte atlantique ont été appelés dans d'anciens écrits Atalantes ou Atarantes. Les tribus berbères font état d'un royaume guerrier d'Attala. Les Vikings nommaient Atli un pays légendaire situé à l'occident. Dans d'anciens écrits d'Inde, on fait référence à une île du nom d'Attala, qui est censée avoir été éloignée d'un demi-monde de l'Inde dans l'océan occidental. Les Aztèques croyaient qu'ils provenaient de l'île Aztlan dans l'océan oriental, donc, vu depuis l'Amérique Centrale, dans l'Atlantique[104]. S'agit-il de similitudes purement fortuites touchant la dénomination ?

L'Atlantique et le massif de l'Atlas rappellent par leur nom directement l'Atlantide. Le Groenland se situe au bord de la mer du Groenland, le Mexique dans le golfe du Mexique, l'Inde se trouve dans l'océan Indien, la Perse dans le golfe persique, pourquoi l'Atlantide ne se trouverait-elle pas dans l'Atlantique ? Platon décrit l'Atlantide exhaustivement, avec tous les détails de la topographie, les fleuves, les canaux et les montagnes, ainsi que la forme de l'État, le nombre des habitants, des guerriers et des animaux. Il rapporte encore qu'un prêtre égyptien de Saïs, une grande ville dans le delta du Nil, a déclaré :

> « *... il y a eu beaucoup de destructions des hommes... Ce qui est raconté chez vous aussi, qu'autrefois Phaéton, le fils d'Hélios – après avoir attelé le char de son père, mais sans réussir à le conduire –, a brûlé tout ce qui se trouvait sur la Terre, et que lui-même a été tué par la foudre... le vrai en cela est la déviation de la course des astres qui se meuvent dans le ciel autour de la Terre, et l'anéantissement de tout ce qui se*

104 Berlitz, 1986.

trouve sur la Terre, qui s'est produit après de grands intervalles de temps, avec une grande quantité de feu. »

L'action apocalyptique d'un corps céleste arraché à sa trajectoire est confirmée sans équivoque, même s'il n'est pas directement question d'un impact. Mais la destruction presque totale de l'ensemble de la Terre est confirmée sans erreur possible. Il ne semble pas s'agir d'une catastrophe locale. La destruction de l'île de l'Atlantide est décrite plus loin :

> « *Plus tard toutefois, quand des tremblements de terre et des inondations gigantesques se produisirent, en un seul mauvais jour et en une seule mauvaise nuit, tout ce qu'il y avait chez vous de combattants fut englouti, et de même, l'île de l'Atlantide, s'étant abîmée dans la mer, disparut. C'est pourquoi, même aujourd'hui, la mer est devenue là-bas impossible à traverser et à explorer, car la boue très haute que l'île a causée lors de sa destruction empêche la navigation* ».

Ce passage précisément a toujours été présenté comme non crédible.

Comment une grande île ou un petit continent peut-il disparaître en un seul jour ?

Les théories de Lyell et de Darwin, basées sur l'idée d'une modification très lente touchant seulement la surface terrestre et le monde animal, ne laissent aucune place pour une catastrophe aussi importante, et s'opposent à elle dans une contradiction patente. Les théories de l'uniformité contestent résolument que *des bouleversements géologiques puissants, à ce point dévastateurs, aient jamais pu avoir lieu*, et qu'une grande île entière de peut-être 200 000 kilomètres carrés ait pu disparaître sans laisser de traces. C'est pour ces raisons que la théorie de l'Atlantide a été jusqu'à aujourd'hui rigoureusement rejetée.

Les résultats les plus récents de la recherche géologique montrent qu'au moins 7 parties principales d'une comète ou de divers corps célestes sont tombées, largement disséminées, dans différents océans de la Terre. On n'a pas encore pu identifier un impact partiel situé précisément dans la zone décrite par Platon ou à proximité. Mais d'un autre côté, l'Atlantide se trouvait à la *jonction la plus labile et en même temps la plus grande* de la Terre, dans un fossé d'effondrement, une zone de rift au centre de l'océan.

> « *Ici, la croûte terrestre extrêmement mince, la plus mince de tout le globe, se trouve soumise à une tension de traction permanente, et est en plus traversée par un épais réseau de failles longitudinales et transversales gigantesques.*
>
> *Et ce type de croûte extraordinaire est déposé en plus sur une chambre de lave large souvent de douzaines de kilomètres, donc sur un oreiller mince et liquide de basalte, chauffé à juste 1200°C. Il est déterminé d'avance qu'une calotte de croûte en position aussi instable, froide et donc plus épaisse et plus lourde, au-dessus d'un soubassement de lave chaude, spécifiquement plus légère, doit aboutir, lors d'un tremblement de terre d'intensité inimaginable, à un effondrement de cette croûte... nous ne savons qu'aujourd'hui qu'il se trouve précisément dans la région cruciale au milieu de l'Atlantique, au large des Açores, une des peu nombreuses " taches chaudes " (hot spots) de la Terre, où des flots de magma chaud montent depuis la profondeur du manteau terrestre et conditionnent en plus une mobilité de la lave*[105] »

Les simulations par ordinateur les plus récentes, qui ont été menées en 1996 dans le célèbre *Sandia National Laboratory* du Nouveau Mexique, prouvent que lors du choc d'un astéroïde de 10 kilomètres de diamètre, un cratère de 30 km de profondeur se forme en neuf secondes. Les ondes de choc déclenchées par la collision se sont propagées à travers

105 Tollmann, 1993.

l'ensemble de la Terre. Elles ont été focalisées à l'intérieur de la Terre comme par une lentille optique et dirigées de l'autre côté de la planète où l'on signalait peut-être, à proximité justement, un autre impact. Sous l'action de ces ébranlements, la croûte terrestre s'est rompue, si bien que de violentes éruptions volcaniques se sont produites. Naturellement, la croûte terrestre se brise d'abord dan les régions qui sont particulièrement minces, le long de lignes de fracture existantes, et c'est ce qui s'est passé lors de la catastrophe de l'Atlantide.

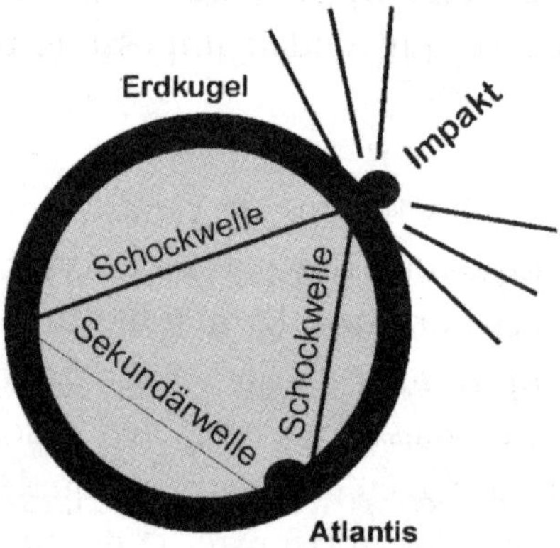

Ondes de choc. L'impact d'un corps céleste sur la Terre produit une onde de choc qui est réfléchie par le manteau terrestre plusieurs fois dans toutes les directions. Il s'en suit des ruptures de la croûte terrestre, des volcans et des séismes, y compris dans les régions qui étaient situées loin de la zone de l'impact originaire, et qui peuvent même se trouver de l'autre côté du globe terrestre.

Lors d'un séisme sous-marin au sud de Tokyo le 1er septembre 1923, des parties du fond marin se sont enfoncées de plus de 450 m, alors que d'autres parties étaient surélevées de 250 m. Combien plus intenses doivent être les conséquences de l'impact du déluge !

À la suite de processus correspondants, l'île de l'Atlantide elle aussi fut relativement vite engloutie sous plusieurs milliers de mètres. L'Atlantique forme un grand bassin et est divisé en deux parties par une montagne sous-marine haute de plus de 2500 m, la dorsale atlantique aussi appelée dorsale delphinienne. Le bassin occidental est en moyenne profond d'approximativement 6500 m et ainsi peut-être plus profond de 2000 m que la partie orientale de la dorsale atlantique, qui représente la ligne de fracture entre les continents d'où sourd aujourd'hui encore du magma. Muck a démontré que justement, l'indication temporelle toujours critiquée qui parle d'une disparition en l'espace de 24 heures, du fait de la particularité géologique de cette zone que je viens de décrire, est d'une façon particulièrement précise exacte, et il a calculé que la vitesse d'engloutissement de la grande île était d'environ 4 à 5 cm/sec[106]. Le déroulement de la catastrophe diluvienne concorde avec la description de Platon : tremblements de terre, inondations, fissurations de la terre, engloutissement du sol et enfoncement du fond de la mer. Il reste encore à examiner ce que dit Platon de la mer boueuse qui rendait impossible toute navigation.

Des matières grossières, des flocons de cendre et de la poussière fine sont les composants des masses éjectées lors des éruptions volcaniques historiques. La matière grossière dans les éruptions volcaniques sous-marines n'est pas compacte comme la lave liquide, mais très poreuse en raison de l'interaction de la vapeur d'eau et du magma liquide. La *pierre ponce*, que ce processus fait apparaître, constitue une quantité notable de l'éjection globale et flotte longtemps à la surface de la mer en raison des petits pores aériens qu'elle contient. Il peut même se former, lors d'éruptions volcaniques intenses, une couverture d'un seul tenant, qui peut perturber même la navigation moderne. Les mouvements de vague de la mer érodent lentement la pierre ponce pour en faire du sable. L'éjection énorme de flocons de cendre fait apparaître une couche de boue supplémentaire sur l'eau.

On a vu nettement, lors de l'éruption du volcan insulaire relativement petit du Krakatoa en Indonésie en 1883, que les pierres ponces flottantes mettaient en péril la navigation, et l'empêchaient même parfois totalement, bien que la couche ne soit alors épaisse peut-être que de 25 cm. En se

106 Muck, 1976.

basant sur ces informations, Muck a calculé que l'épaisseur de la couche de pierres ponces flottant dans l'océan après la catastrophe de l'Atlantide était de 100 m. Platon confirme : « *... la mer là-bas était impraticable... il était impossible aux navires de la traverser, parce que la boue très épaisse... l'empêchait* ». Même sur ce point, Platon décrit quelque chose d'inhabituel, mais c'est précisément à ces détails que l'on reconnaît le profond contenu de vérité de l'histoire. Tout simplement trop bien pour être inventée, et en harmonie avec nos connaissances les plus récentes !

Le sol marin dans la région des Açores doit s'être enfoncé relativement vite d'au moins 2000 m. Le paysage sous-marin est caractérisé par des angles aigus, des dents rocheuses et de profondes fissures. Si cette zone était très âgée, les influences chimiques et mécaniques auraient arrondi les contours fins. Charles Berlitz et Otto Muck rapportent que l'on fait dans le fond marin auprès des Açores des découvertes caractéristiques qui devraient en fait se trouver à la surface de la Terre[107]. Johannes von Buttlar décrit dans son livre *La planète d'Adam* des découvertes correspondantes dans la région des Açores :

> « *Dans le cadre d'un projet de recherche accompli en 1973/74 par l'université d'Halifax, des prélèvements par forage ont été effectués dans la dorsale médio-atlantique, puis ont été analysés. Il apparut alors que la formation rocheuse actuellement située à 800 mètres sous le niveau de la mer devait s'être formée autrefois au-dessus du niveau de la mer. Les chercheurs suédois R. Mailaise et P. Kolbe avaient déjà fait en 1956 une découverte particulièrement intéressante. En effet, ils avaient réussi à identifier dans la dorsale atlantique à 3700 mètres de profondeur les vestiges de diatomées qui devaient avoir vécu il y a 10 000 à 12 000 ans dans des lacs d'eau douce.*

107 Berlitz, 1986.

En 1898, le câble transatlantique dut être réparé à 750 km au nord des Açores. On s'aperçut, lors de la recherche de la coupure, que le fond marin consistait à cet endroit en vallées, sommets montagneux et rocs déchiquetés. Les prélèvements rocheux qui y avaient été faits à 3100 mètres de profondeur se révélèrent constitués de tachylite (verre basaltique).

Mais comme la tachylite se forme exclusivement à pression atmosphérique, elle ne peut avoir été produite qu'au-dessus du niveau de la mer. En outre, la lave ne se décompose qu'après 15 000 ans, par conséquent la dorsale médio-atlantique doit avoir été avant cette date une masse de terre. Cette théorie fut confirmée en 1977 par une expédition soviétique qui ramena au nord des Açores des blocs de roche – donc situés sur la surface terrestre – tirés de plus de 2000 m de profondeur[108]»

Diverses études de prélèvements de sédiments ont montré que l'ensemble de la région proche des Açores a dû s'enfoncer de 2500 à 3000 m. On trouva par exemple du calcaire de globérine à 7300 m de profondeur. Par conséquent, la région examinée devait s'être enfoncée d'au moins 2800 m. Les actuelles îles des Açores sont les sommets montagneux de l'ancienne grande île de l'Atlantide.

Platon n'a pas écrit à la première personne ce récit de l'Atlantide, et accuse de mensonge tous ceux qui veulent voir dans cette histoire un mythe. Socrate, le maître de Platon, constate dans le dialogue *Timée* : « *... et en plus elle a le grand avantage de ne pas être un mythe inventé, mais une histoire vraie* ». Les connaissances scientifiques actuelles confirment dans toute leur ampleur les indications géographiques et géologiques que Platon donne dans le récit sur l'Atlantide. Peut-être la partie restante de l'histoire concernant le peuple des Atlantes est-elle alors elle aussi exacte ? Y a-t-il eu non seulement une grande île de l'Atlantide qui a disparu, mais aussi un peuple hautement développé à cette période

108 Buttlar, 1991.

précédant le déluge ? Si c'est le cas, et si ce peuple dominait le monde, comme les spéculations portent à le croire, on retrouve l'Atlantide partout dans le monde, sous forme de colonies, et peut-être que ces villes étaient toutes construites de la même manière. Cette idée m'est venue lorsque j'étudiais les conceptions les plus diverses sur la situation très controversée de l'Atlantide. Il est peut-être profitable de méditer plus longtemps cette réflexion.

Quoi qu'il en soit, comme l'Atlantique devait être avant le déluge plus étroit qu'aujourd'hui en raison du processus de dérive des continents et d'un niveau de la mer plus bas de 100 à 200 m, et comme il y avait une grande île, l'Atlantide, d'une longueur d'environ 1100 kilomètres, la liaison entre l'Europe et l'Afrique d'un côté, et l'Amérique de l'autre, était facile à établir.

Les similitudes des diverses civilisations des deux côtés de l'Atlantique et les artéfacts que l'on a trouvés ainsi que les signes écrits venus de l'Ancien Monde en Amérique ne représentent plus de ce point de vue une énigme, mais sont l'expression de relations commerciales normales.

Le déplacement continental contredit ?

Mais si la description de la disparition d'une grande île dans l'Atlantique est exacte, ce récit n'est-il pas en contradiction avec la tectonique des plaques, ou la théorie de Wegener ? Cette théorie de la dérive des continents, soutenue au début du XXe siècle, énonce qu'il n'y avait dans les temps primitifs qu'un seul grand continent. Ce continent originel s'est plus tard divisé en plaques partielles. À un moment et pour une raison quelconques, les continents ont commencé à dériver et à s'éloigner l'un de l'autre. Ce qui est exact dans cette théorie, c'est que l'Amérique du Sud doit avoir été directement attenante à l'Afrique. On peut vérifier cette affirmation sur une carte du monde. En outre, on a trouvé dans les deux continents les mêmes couches rocheuses. Toutefois, contrairement à la présentation de Wegener, les plateaux de l'Atlantique nord ne coïncident pas l'un avec l'autre, mais avec *les bords de la dorsale atlantique présente sous l'eau dans l'Atlantique*. Il se forme, entre l'Afrique et l'Europe d'un côté et le Canada de l'autre, un *trou* au nord-ouest du bassin mexicain effondré.

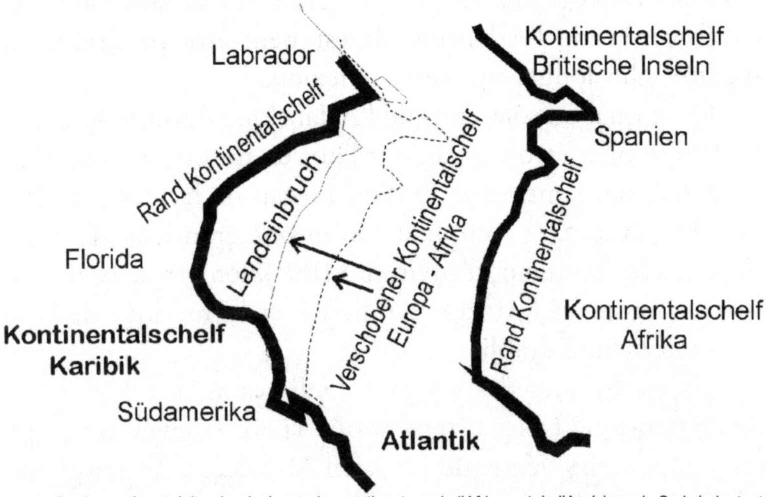

Socle continental. Les bords des socles continentaux de l'Afrique et de l'Amérique du Sud s'adaptent exactement l'un à l'autre. Dans l'Atlantique du Nord, les socles d'Afrique-Europe et de l'Amérique du Nord s'adaptent à la dorsale de l'Atlantique central. Il en résulte un manque de masse terrestre, un bassin d'effondrement. Cette zone est assez grande pour correspondre à la grande île engloutie de l'Atlantide près des Açores.

La formation de ce bassin d'effondrement doit avoir eu pour la Terre des conséquences dévastatrices. La répercussion d'un impact unique doit déjà être considérée comme catastrophique pour la Terre en raison de la multiplication des ondes de choc. La conséquence en a été l'obscurcissement du soleil et un choc climatique marqué. Mais que se passe-t-il quand on dénombre l'un après l'autre sept, huit grands impacts ou plus, et un grand nombre de petits ? La croûte terrestre est presque anéantie et remaniée par les éruptions volcaniques, les tremblements de terre et les phénomènes consécutifs, et on assiste à une nouvelle construction de l'écorce terrestre. Des éruptions et des effondrements terrestres se déroulent dans le laps de temps le plus bref. Des montagnes surgissent par plissement, des vallées sont formées et d'épaisses couches de sédiment se déposent.

Des plateaux s'enfoncent ou naissent sous l'action du magma sortant de l'intérieur de la Terre.

Dans ces circonstances, qui donnent un aspect tout à fait différent au déluge, la dérive continentale elle aussi doit être considérée avec d'autres yeux. Des changements violents bouleversant la Terre ne sont pas compatibles avec les théories de Lyell et de Darwin. Ces événements décrits pendant l'impact du déluge exigent un modèle de pensée radicalement différent de celui qui nous est habituel. Le processus de la dérive continentale s'est produit, dans le cadre des processus cataclysmiques que j'ai décrits, relativement vite, et non lentement au cours de N millions d'années, même si c'est peut-être en deux ou trois poussées. Le grand continent originel, appelé Pangée, s'est disloqué conformément au déroulement de la naissance violente de notre Terre, que j'ai esquissée, peut-être directement après l'explosion de Phaéton/Tiamat. Quelques millénaires plus tard, avec le déluge, les continents ont une fois encore été écartés l'un de l'autre. Pour ces raisons, un échange culturel entre les peuples singuliers des différents continents est tout à fait pensable et aussi plus facilement possible avant le déluge.

C'est peut-être aussi de cette manière que l'on peut expliquer les racines de mots identiques sur tous les continents dans les langages les plus différents. On estime même qu'il a dû y avoir dans notre monde, à un moment donné, une langue unique. Cette énigme pourrait aussi être résolue grâce à ma théorie : *un peuple originel créé par les dieux possède aussi une seule langue*. Après l'occupation de tous les espaces vitaux, les langues continuent à se développer. En outre, il y avait régulièrement une influence réciproque due à l'échange commercial entre les continents plus étroitement rattachés. L'histoire biblique de la tour de Babel avec la survenue de la confusion des langues peut aussi s'inscrire dans ce cadre. Elle témoigne qu'il y a eu à un moment quelconque un langage commun à tous les hommes, et ce moment peut être situé dans un passé pas trop éloigné. D'un autre côté, les animaux ne pouvaient plus utiliser des isthmes présents autrefois, mais disparus après le déluge, et devinrent des passagers clandestins sur les plaques continentales qui s'éloignaient rapidement l'une de l'autre. C'est ainsi que s'explique le fait qu'il y a eu *les mêmes espèces de dinosaures en Australie et en Amérique*.

Lawrence Witmer, de l'université de l'Ohio à Athen, USA, a trouvé à Madagascar le crâne d'un dinosaure de type tyrannosaure éteint il y a 65-70 millions d'années. La découverte de ce saurien sur une île et dans d'autres parties du monde prouve qu'il doit y avoir eu une liaison terrestre entre l'Afrique, l'Asie et l'Amérique du Sud. « *Madagascar a été autrefois la partie d'un continent méridional gigantesque, appelé Gwondana, qui commença à l'époque de la floraison des dinosaures à se briser en segments de taille différente*[109] ». L'Antarctique était une partie de cette masse de terre primitive, il était donc exempt de glace. D'un autre côté, la présence de beaucoup d'animaux primitifs identiques – sauriens, insectes et mammifères – sur presque tous les continents témoigne qu'il n'y a pas très longtemps, et du vivant des sauriens, il devait y avoir des isthmes. Mais cela confirme que les continents « *ont été en communication bien plus longtemps qu'on ne l'admettait autrefois* ».

Mais au cas où les continents auraient dérivé l'un de l'autre bien plus tard seulement, la vitesse de dérivation doit avoir été autrefois relativement plus élevée qu'on ne l'admettait auparavant. Après qu'Alfred Wegener a établi le début de la translation continentale il y a 225 millions d'années et que l'hypothèse de la tectonique des plaques a rajeuni ce moment à 200 et actuellement 180 millions d'années, le célèbre expert en sauriens Paul C. Sereno a démontré au moyen de la distribution mondiale des découvertes

109 *Image de la science*, News-Ticker du 18/05/1998 ; cf. *Manuel des dinosaures*, 2002, p.54.

de fossiles que l'éloignement des continents n'a commencé qu'il y a 140 millions d'années (*Science*, vol. 284, 25/6/1999). Dans mon *Manuel des dinosaures*[110], ces aspects de la paléographie des dinosaures ont été développés sur la base de découvertes récentes. Le résultat est qu'il faut entreprendre une réduction temporelle supplémentaire de 40 millions d'années sur 100, depuis Wegener donc une réduction de plus de la moitié.

Le tempo traînant des continents, dont on a d'abord fait état, devient donc, sous l'influence de la paléographie des dinosaures, hâtif, et peut finir par le biais de découvertes futures dans un tempo catastrophiquement rapide, car le déplacement rapide de l'axe de la Terre (cf. p. 2 : d), déjà discuté, d'environ 20 degrés, accélérerait d'une façon explosive un éloignement des continents l'un par rapport à l'autre. Une autre raison d'éloignement réciproque des continents réside dans l'expansion de la Terre, que je ne discuterai pas davantage ici, et que je décris plus précisément dans mon livre *Le mensonge de l'évolution*[111].

Comme la présence des dinosaures il y a encore quelques milliers d'années est démontrée dans ce livre (cf. p. 2 : e), il ne reste qu'une solution logique : *les plaques continentales constituaient il y a seulement quelques milliers d'années une masse de terre cohérente et se sont éloignées rapidement l'une de l'autre.*

110 2002, p. 54 sq.
111 2005, p. 102 sq.

~ 10 ~
Le déluge global

Le déluge mondial a inondé et brûlé la Terre il n'y a que quelques milliers d'années. Pendant ces événements se sont formés le pétrole, le charbon et l'ambre, mais beaucoup de montagnes et de massifs on aussi surgi par plissement.

Déroulement du déluge

La dispersion des impacts cosmiques sur l'ensemble du globe terrestre est causée par la rotation de la Terre. Cela signifie en même temps que les événements se sont déroulés l'un après l'autre. Outre le cratère d'impact identifié par Alvarez dans le Yucatan, il y a encore d'autres grands trous dans le sol de l'Atlantique, qui proviennent aussi de corps célestes assez grands. À proximité de Puerto Rico, on trouve aujourd'hui encore deux trous profonds de plus de 7000 m dans le fond de la mer, qui sont figurés sur presque toutes les cartes. Muck pense y voir l'impact de deux fragments partiels de planétoïdes gigantesques venus du nord-ouest, d'un poids d'un billion de tonnes. Les blocs de ce genre provoqueraient une vague de 10 kilomètres de haut, si bien que même le mont Everest, qui dans les temps anciens était peut-être aussi plus bas, serait submergé. La Bible et d'autres mythes confirment expressément un raz de marée correspondant, et les découvertes de fossiles en altitude dans les hautes montagnes le prouvent.

Certains mythes rapportent plus d'un impact. La légende du déluge des Yamanas en Terre de Feu fait état de deux impacts séparés. Après le déroulement d'une catastrophe, une deuxième est mentionnée qui a submergé les montagnes avec une période de retard[112]. Les Aztèques font état

112 Tollmann, 1993.

dans leurs mythes de grandes années qui décrivent nettement le déroulement d'un impact diluvien. Ils rapportent quatre catastrophes mondiales qui sont censées avoir anéanti l'humanité. C'est de nos jours la cinquième génération humaine parfaite qui doit vivre. La première humanité prit fin avec le démon de l'obscurité, qui la dévora. Le deuxième âge du monde fut arraché par le vent. À la fin du troisième âge du monde, l'humanité fut brûlée par le feu du ciel. Ensuite, il est fait état du soleil de l'eau, une période qui s'est achevée par la chute du ciel sur la Terre, ce qui désigne l'inondation par la pluie. Le cinquième âge qui dure encore se trouve dans le signe du soleil du tremblement de terre. Même cette description est exacte, car les chocs liés aux impacts diluviens ont ébranlé, brisé et percé la croûte terrestre. Des tremblements de terre et des éruptions volcaniques qui durent aujourd'hui encore peuvent être considérés comme des conséquences tardives de la violente catastrophe du déluge. Les géologues Tollmann résument les connaissances de ces dernières années relatives au déroulement de l'impact du déluge :

- impact de la planète (astéroïdes/planétoïdes) ;
- séisme lié à l'impact ;
- déchaînement du volcanisme ;
- tempête de feu et incendie mondial ;
- raz de marée (déluge) ;
- nuit due à l'impact ;
- hiver dû à l'impact ;
- pluie intense, déferlement de neige et océan bouillant ;
- production de toxiques environnementaux ;
- décomposition de l'ozone et rayonnement ;
- effet de serre ;
- mort en masse à la suite de l'impact ;
- explosion de la vie.

Comme avant les études d'Alvarez tous les événements

étaient considérés isolément et présentés comme des incidents localement limités, il manquait toute cohésion à l'ensemble. Un scénario singulier comme l'hiver lié à l'impact et la congélation des mammouths par choc glacial qui s'y rattache ne pouvait donc pas être expliqué rationnellement jusqu'à maintenant.

La Terre en feu

Les simulations par ordinateur que nous avons déjà abordées, et qui ont été menées au *Sandia National Laboratory* d'Albuquerque, ont donné pour l'impact d'astéroïde du Yucatan un obscurcissement du soleil par de grandes quantités de poussière. Le refroidissement qui a suivi a déclenché un choc climatique auquel beaucoup d'animaux (dinosaures, mammouths) n'ont pas survécu. À côté de ces connaissances, on a obtenu pour le centre de l'impact une augmentation de la température de plusieurs milliers de degrés, si bien que d'un seul coup 100 milliards de tonnes de roche se sont vaporisées. Du fait de la teneur en soufre, un nuage épais et très stable de soufre s'est étendu au-dessus de l'atmosphère.

Des quantités gigantesques de magma qui s'étendaient sur de vastes surfaces et ensevelissaient tout sous elles ont dû s'écouler du trou profond creusé dans la croûte terrestre. C'est peut-être de cette manière que s'est formé sur le subcontinent indien le plateau du Dekkan, dont la surface dépasse 500 000 kilomètres carrés.

L'impulsion thermique irradiée à une grande vitesse par le foyer de l'explosion peut être considérée comme le début d'un violent incendie mondial. L'ouragan et la tempête de chaleur brûlante ainsi déclenchés pouvaient avancer à la vitesse de 1200 km/h, et abattaient encore des forêts comme des allumettes à plusieurs milliers de kilomètres de distance. Les fragments de comète et les retombées incandescentes (précipitations radioactives) provoquèrent de grands incendies dévastateurs qui s'étendirent à partir de plusieurs centres dans toutes les directions. La chaleur incandescente fit éclater les rocs, assécha les fleuves et fit bouillir les lacs et les mers. La comparaison avec les grands incendies dans les villes et les sinistres habituels fait conclure à des températures bien supérieures à 1500°C. C'est pourquoi les mythes n'exagèrent pas quand ils parlent des minéraux liquéfiés dans les montagnes. Ce qui étaye aussi ma théorie du durcissement rapide des roches.

Ainsi, la religion de la Perse ancienne parle-t-elle conformément à la vérité de métaux qui se liquéfièrent dans les montagnes et se répandirent comme un flot incandescent sur la terre. Le point de fusion du cuivre est par exemple de 1083°C, celui de l'argent de 961°C, de l'or de 1063°C et du fer pur de 1535°C. Ces températures sont dépassées lors d'un incendie de taille mondiale, et ce savoir montre que les anciens mythes ne flottent pas dans la lueur d'une tradition fécondée par l'imagination, comme on l'admettait jusque-là.

Les particules de suie dans l'atmosphère réfléchissaient la lumière et intensifièrent l'assèchement de la surface terrestre. Des manifestations de frittage de certains matériaux furent aussi possibles. Les éléments éjectés tombant sur la terre, déjà refroidis, furent à nouveau fondus à une distance qui allait jusqu'à 1000 km. Le ciel brûlait et tomba littéralement sous forme d'un nuage incandescent et destructeur sur la surface de la Terre. On a trouvé, dans les couches d'argile de la limite, de la suie qui provient principalement de forêts de conifères brûlés et de leur résine. Certaines traditions de l'Inde ancienne parlent de pluie de charbon de bois incandescent. Les Quichés au Guatemala avaient à leur tour affaire à une masse résineuse tombant du ciel, et ils entendirent, dit Velikovsky, « *un grand bruissement au-dessus de leurs têtes* », comme un embrasement.

Velikovsky rapporte du livre bouddhiste *Visuddih-Magga* qui contient aussi un chapitre sur les cycles du monde, les propos suivants: « *Il y a trois destructions : la destruction par l'eau, la destruction par le feu et la destruction par le vent... après que se soit écoulée une longue période depuis la cessation de la pluie, un deuxième soleil apparut.... il n'y a pas de différence entre le jour et la nuit... une chaleur incessante brûle sur le monde* ». Les *Livres sibyllins* expliquent : « *Les neuf soleils sont neuf âges... Actuellement, c'est le septième soleil* ». Velikovsky demande si la raison de l'usage du mot soleil à la place du mot âge doit être cherchée dans le fait que « *à chaque âge, l'aspect de l'astre et sa trajectoire dans le ciel changent ?* ».

Les raz de marée

Dans la succession temporelle, après le tremblement de la croûte terrestre accompagné en même temps d'un volcanisme gigantesque, suivi d'une tempête de feu et d'un embrasement mondial, apparaît ce que l'on entend à proprement parler par déluge : le puissant raz de marée. Un mur d'eau de la hauteur d'une montagne se précipita dans une pénombre produite par la cendre volante, d'horizon à horizon dans l'intérieur des terres, causant un fracas croissant. L'activité volcanique et les masses éjectées incandescentes, sorties des crevasses terrestres, réchauffèrent l'eau des mers. Les vagues d'eau bouillante submergèrent beaucoup de montagnes et aussi de hauts massifs. Tout ce qui était encore présent jusqu'à ce moment-là fut ébouillanté et brûlé. Mais en même temps, les flammes des incendies furent éteintes. Ainsi, des objets artificiels et des feuilles furent conservés en assez grands amas organiques brûlés jusqu'à former du charbon. Ces découvertes extraordinaires, qui selon l'image du monde qui nous est familière doivent être très simplement, sans examen plus précis, *falsifiées*, parce qu'elles sont censées être déposées au « *mauvais* » endroit et à une époque géologiquement trop précoce, trouvent avec le déluge une explication logique et convaincante, dont la science scolaire même à son début ne peut que manquer.

Les raz de marée gigantesques ont laissé dans les endroits hauts situés des Alpes, dans l'Himalaya et d'autres massifs, des traces marines fossiles que presque chaque randonneur connaît. On a trouvé des restes de grands bateaux et d'ancres de pierre à des altitudes de 4000 à 5000 m en Anatolie de l'est, en Turquie, sur le mont Ararat, le lieu éventuel de l'arche de Noé. La Genèse (7, 19-21) parle de la puissance des vagues : « *L'eau avait puissamment enflé sur terre et couvrait toutes les hautes montagnes qu'il y a sous tout le ciel. L'eau était montée de quinze coudées au-dessus des montagnes et les avait recouvertes. Alors tous les êtres de chair périrent...* ».

L'ampleur gigantesque du grand raz de marée est exprimée très clairement : *par dessus toutes les hautes montagnes*. Les découvertes géologiques, les traditions anciennes et d'autres indices, que je présente dans ce livre, confirment cette proposition, même si l'on peut concéder que les montagnes étaient éventuellement un peu plus basses avant la grande inondation, vu que le déluge seul a dans certains cas fait apparaître définitivement des montagnes par plissement.

Les mythes de nombreux peuples dans le monde entier confirment cette inondation inimaginable. L'*Épopée de Gilgamesh* mentionne des montagnes plongées dans l'eau. Dans le *Livre des morts* des Égyptiens, le dieu du soleil Râ parle de la grande inondation qu'il a provoquée, et le dieu Atoum menace d'anéantir la Terre : « *Cette terre doit devenir eau, un océan par inondation, comme elle l'était au début*[113] »

Les Cheyennes et d'autres tribus indiennes ont connaissance d'une inondation qui a eu lieu quatre fois dans leur patrie, laquelle à l'origine se trouvait plus au sud. La dernière inondation est censée s'être produite *plusieurs centaines d'années après* ! La catastrophe principale consistait en tremblements de terre, en éruptions volcaniques, en grandes inondations et en un hiver long. Le *Livre des écritures* chinois

113 Tollmann, 1993.

du VIe siècle av. JC parle d'un raz de marée gigantesque qui a inondé le monde entier et plongé sous l'eau les plus hautes montagnes. La légende du peuple des montagnes Jau-dze au sud de Canton parle d'eaux montantes telles que les montagnes les plus élevées étaient rendues pareilles à la mer[114].

Les Eskimos décrivent l'inondation de la même manière : « *L'eau coula au-dessus des sommets des montagnes, et la glace emporta tout au-delà. Puis, quand le flot se retira, la glace échoua et constitua partout sur les sommets des montagnes des calottes de glace* ». Ce qui est dit à propos de la formation des glaciers est intéressant, car ceux-ci se sont éventuellement formés pendant le déluge, et non avant en raison de prétendues oscillations climatiques. Que ce soit dans le Nord de la Sibérie, en Inde, en Mongolie, au Vietnam, à Sumatra, en Australie ou en Amérique du Sud, les traditions parlent de grandes vagues d'eau qui submergèrent même les hautes montagnes.

L'Amérique est particulièrement riche en légendes relatives à l'inondation. Les Indiens Navajos parlent dans leurs mythes d'une eau semblable à une paroi de falaise sans lacune et d'une inondation semblable à une montagne occupant l'ensemble de l'horizon. Des faits correspondants sont mentionnés dans les traditions des Indiens Choctaw dans la région Oklahoma-Mississippi, ainsi qu'au Pérou et dans des textes aztèques.

L'ensemble du déluge ne s'est pas limité à un seul grand raz de marée. Il y a eu en tout plusieurs impacts dans différentes parties du monde. En outre, des tremblements de terre partaient de la croûte terrestre partout éventrée, et produisaient dans la mer les raz de marée redoutés – les tsunamis. Les différents impacts et les éruptions de la croûte

---

114 Riem, 1925 (cf. Tollmann).

terrestre produisirent plusieurs raz de marée gigantesques, qui furent accompagnés de vagues secondaires et qui se recouvrirent et s'accumulèrent dans diverses parties du monde.

On peut identifier, à partir des traditions des Indiens d'Amérique du Nord, jusqu'à quatre grands raz de marée indépendants et séparés dans le temps. Ces différents raz de marée ont laissé dans la région de la Paluxy River à Glen Rose des couches rocheuses superposées d'une épaisseur variant de 30 cm à 3 mètres. Les couches rocheuses singulières ont une structure de consistance différente, et peuvent être pelées comme les peaux d'un oignon. On voit particulièrement bien dans ce cas que les couches rocheuses singulières n'ont pas épaissi lentement, comme les géologues l'affirment, mais sont faites de dépôts rapidement durcis de différentes inondations qui se sont succédées l'une après l'autre.

L'obscurité

Presque tous les mythes déjà cités ou mentionnés parlent aussi de l'assombrissement du soleil. Il est question le plus souvent de la durée d'*une longue nuit*, ou d'*une longue période*, et dans l'*Épopée de Gilgamesh* d'une extinction des étoiles, du soleil et de la lune accompagnée de ténèbres. Lors de l'éruption du petit volcan insulaire du Krakatoa dans le détroit de la Sonde en Indonésie en 1883, on a signalé une masse éjectée proportionnellement modeste qui correspondait à moins de 100 kilomètres cubes. Les particules de poussières furent emportées à 30 km de haut dans la stratosphère, se dispersèrent tout autour de la Terre et purent y être mises en évidence pendant deux ans en train de flotter. Ce qui conduisit au phénomène connu du rougeoiement du ciel que l'on a pu observer aussi lors d'autres éruptions volcaniques. La ligne de rupture active, plus grande dans l'Atlantique, fait qu'il y a peut-être 40 000 fois plus de volume éjecté que pendant l'explosion du Krakatoa. Comme des masses colossales de poussière, de fumée et de cendre volante ont été projetées simultanément en plusieurs endroits dans l'atmosphère, un nuage de fumée épais de N kilomètres s'est rapidement étendu sur tous les continents[115].

Les mythes disent en plusieurs passages que l'*apparition de l'inondation s'est faite alors que s'était déjà étendue l'obscurité* dont la durée varia dans les différentes régions. Les directions prédominantes du vent et la plus grande concentration des impacts dans l'hémisphère nord expliquent que les examens concluent à une concentration supérieure des nuages sur la partie nord du globe terrestre. Il en résulte une phase plus longue d'obscurité et une constitution plus intense de glace, ainsi qu'une chute de neige plus violente sur l'Europe du nord que dans l'Antarctique. La nuit de l'impact ne dura sûrement pas aussi longtemps de la partie sud de la Méditerranée jusqu'à la Mésopotamie. Les peuples nordiques nécessitèrent de ce fait plus de temps pour se reconstruire, car l'obscurité et plus tard la pénombre durèrent chez eux beaucoup plus longtemps. On trouve des indices correspondants dans les légendes nordiques. La glaciation et la chute de neige importante, conditionnées par l'hiver dû à l'impact et le déplacement de l'axe terrestre, ne cédèrent sous le nuage sombre que lentement et gênèrent le développement de la race nordique.

L'archéologie baptise volontiers âge de pierre la période précédant l'édification des grandes civilisations. En raison de la destruction presque totale du monde par le déluge, que j'ai présentée, les hommes ont dû, après la fin du monde, recommencer depuis le début, mais ils avaient encore des souvenirs et quelques restes techniques du temps qui précédait le déluge. C'est pourquoi il y a beaucoup de vestiges qui paraissent trop âgés et ne cadrent pas avec l'image habituelle de l'évolution et le développement lent

115 Muck, 1976.

de l'humanité qui l'accompagne. Ce n'est sûrement pas un âge de pierre constituant un stade évolutif de l'ensemble de l'humanité, même si les hommes ont dû vivre dans des conditions très primitives. C'est pourquoi l'époque de l'âge de pierre est une invention de l'archéologie et des anthropologues.

On connaît l'effet qu'une longue privation de lumière exerce sur les plantes. Les feuilles et les tiges pâlissent en raison de la diminution de la teneur en chlorophylle. Sous le nuage de fumée, les plantes n'avaient que de misérables conditions de vie. Il en allait de même pour les animaux et les hommes à l'époque de l'obscurité qui suivit le déluge et qui dura quelques années. Le nombre des globules rouges diminua, les hommes devinrent plus anémiques et pâles. Muck pose la question : est-ce ainsi que se forma une couleur de peau claire, pauvre en pigments, et donc la race blanche ? Il faut l'accorder, c'est là une question fort provocante, mais qui a un certain piment.

Mais les répercussions du nuage sombre sur le monde animal et végétal furent cruciales. Les dinosaures, les mammouths et d'autres animaux s'éteignirent soudain. Les plantes à grande croissance, que l'on connaît grâce à de nombreuses pétrifications, s'atrophièrent et ne se régénérèrent qu'en format miniature. Le gigantisme des êtres des périodes prétendument précoces de l'histoire de la Terre ne prit donc fin qu'avec le déluge, et non il y a N millions d'années.

Chute des températures, neige et pluie abondante

Il est question dans les légendes nordiques d'une mer qui s'élève jusqu'au ciel, de tempêtes violentes, de masses de neige venant de toutes les directions, d'un gel extrême et de trois hivers sans été intercalé. Les Vogoules au nord-ouest de la Sibérie se souviennent d'un nuage de neige qui s'est abattu en même temps que le monde était inondé[116]. Même les Tchouktches du détroit de Béring en Asie du nord-est

116 Velikovsky, « Welten... », 1994.

connaissent une effrayante tempête de neige qui a tué la plupart des hommes. Il est question, chez les Indiens des régions du nord de l'Amérique, d'une longue nuit, de la chaleur, d'une submersion des montagnes et d'une chute de neige qui ensevelit sous elle presque tous les sapins. De même, il y a à la pointe sud de l'Amérique, en Terre de Feu, des traditions similaires relatives à des tempêtes et à des chutes de neige qui ont duré plusieurs mois. La chute des températures fut sévère dans le monde entier.

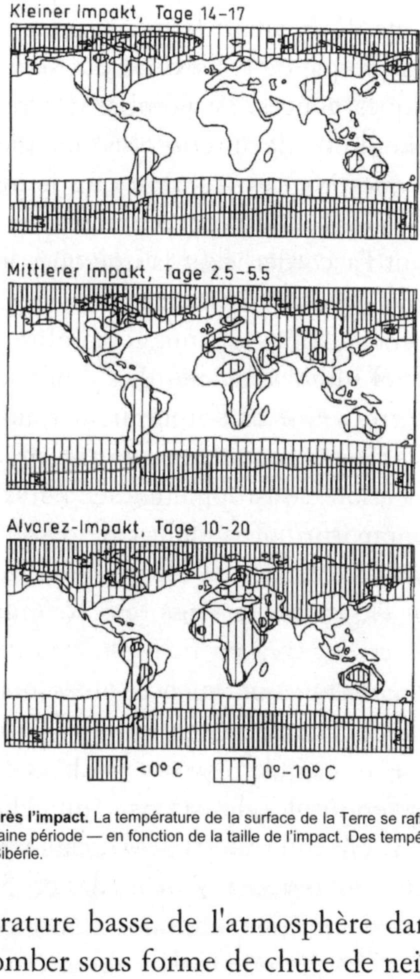

Températures après l'impact. La température de la surface de la Terre se rafraîchit selon des calculs modélisés pour une certaine période — en fonction de la taille de l'impact. Des températures basses sont apparues aux pôles et en Sibérie.

La température basse de l'atmosphère dans la nuit de l'impact fit tomber sous forme de chute de neige épaisse les masses d'eau, propulsées en hauteur par les éruptions à des altitudes de plus de 1000 m, sur l'ensemble de la terre. J'ai déjà montré exhaustivement que c'est le scénario décisif, et le seul possible, qui explique la formation des glaciers. Dans les autres régions de la Terre, à des endroits de plus basse altitude, il n'y eut pas à signaler de chute de neige, mais une pluie violente qui emportait tout avec elle. Il est question dans les légendes des masses d'eau bouillante tombant du ciel, qui brûlaient tout. Les informations au premier regard contradictoires donnent une image globale concluante et témoignent de la catastrophe indescriptible qui s'était déchaînée sur le monde entier.

Comme le remarquent les géologues Tollmann, les glaciers du grand nord de l'Amérique proviennent pour certains de masses de neige transformées en glace, pour certains de blocs de glace qui étaient restés lors du retrait des masses d'eau de l'océan glacial ; les Eskimos du centre racontent leur dérive avec la vague de l'inondation partant de l'océan arctique.

Dommages consécutifs du déluge

En même temps que les éruptions, des quantités importantes de toxiques environnementaux comme l'acide carbonique, le dioxyde de soufre et d'autres gaz furent propulsées dans l'atmosphère. En outre, de l'acide nitrique et d'autres acides furent produits. La chaleur de l'incendie mondial et la liquéfaction des minerais dans les montagnes activa les métaux lourds et dégagea en même temps des toxiques et des gaz dangereux. En conséquence, une pluie acide chaude tomba sur la terre et corroda tous les êtres vivants.

À côté des gaz toxiques, qui ont tué plus de 30 000 personnes lors de l'éruption relativement minime du Mont Pelée sur l'île de la Martinique en 1902, et de la grande proportion d'acide carbonique, il y a lors des éruptions volcaniques une quantité proportionnellement importante d'eau projetée dans l'atmosphère. J'ai déjà abordé en détail le phénomène de la coloration rouge. Elle correspond à une réaction chimique due à des acides nitriques concentrés saturés d'oxyde d'azote. La surfertilisation par l'azote des acides nitriques neutralisés dans le sol calcaire, associée à la boue, explique la fertilité ultérieure du sol.

La couche d'ozone, si tant est qu'elle ait été présente à l'époque, fut complètement dégradée, parce que de grandes quantités d'oxygène étaient consommées. Le puissant rayonnement UV put, après le retrait du nuage sombre et la rupture de l'enveloppe protectrice de vapeur d'eau, percer presque sans être gêné jusqu'à la surface de la Terre. Ce rayonnement associé à la production de toxiques environnementaux endommagea gravement les cellules germinales et le patrimoine génétique. Les naissances difformes et la stérilité en furent la conséquence. Peut-être cela explique-t-il les descriptions de divers monstres dans le monde de nos légendes, comme les cyclopes à un œil chez les Grecs.

Comme il régnait avant le déluge des conditions environnementales radicalement différentes, les hommes et les animaux vivaient vraisemblablement à l'époque bien plus longtemps. Seuls les toxiques environnementaux et les dommages dus aux rayonnements réduisirent considérablement l'espérance de vie des hommes. Même les biologistes sont convaincus que d'un point de vue purement biologique, l'homme est capable dans des conditions idéales d'augmenter plusieurs fois son espérance de vie, ce que l'on réussit déjà à faire chez les souris grâce aux manipulations génétiques.

La durée de vie, même chez l'homme, est programmée génétiquement. Après un maximum de 100 divisions cellulaires chez l'homme, un grand nombre de molécules déterminées, données à la naissance (télomères), sont tout simplement épuisées, comme dans un réservoir vide. Le renouvellement et le contrôle de ces molécules permettront d'augmenter considérablement l'espérance de vie. Grâce à cette méthode, l'homme peut tout à fait atteindre l'âge de plusieurs centaines d'années. Ce n'est plus une utopie dans l'état de la science. Il y a quelques années encore, ces pensées auraient été considérées comme des produits de l'imagination. La Genèse (6, 3) le confirme : « *Alors le Seigneur dit : mon esprit ne doit pas rester dans l'homme pour toujours, parce que lui aussi est chair ; c'est pourquoi le temps d'une vie doit durer cent vingt ans* ».

Une limitation arbitraire de l'espérance de vie est ainsi exprimée d'une façon nette et claire.

Cet énoncé correspond aussi à l'état actuel des connaissances scientifiques. L'âge moyen aujourd'hui n'est pas *donné par la nature,* mais a apparemment été *artificiellement implanté* dans notre patrimoine génétique (ADN). L'utilisation du terme « aussi » en relation avec un corps terrestre est intéressante. Ce choix de mot signifie-t-il que le Seigneur ou seulement ses fils de dieux, mentionnés dans ce contexte, étaient semblables à l'homme ? Un Dieu réel a-t-il besoin de fils ou d'aides faits de chair ?

Production de charbon et de pétrole

Le charbon de terre est né d'éléments végétaux, et le pétrole, selon les convictions scientifiques en vigueur, est aussi constitué d'éléments organiques – surtout des cadavres d'animaux et d'autres restes biologiques. Les gisements de pétrole et de charbon se trouvent tout autour du globe terrestre, y compris dans les régions arctiques comme l'Alaska et le Spitzberg. Les gisements de pétrole seraient donc des charniers collectifs des animaux les plus variés. Si l'on considère la consommation colossale et les réserves bien supérieures à 100 milliards de tonnes de ces matières premières, on obtient d'un côté une *cause globale* de la constitution de ces matières premières, et d'un autre côté un nombre gigantesque d'organismes morts. Comme ce processus a dû se produire à l'échelle du monde, seul le déluge s'offre comme élément déclencheur, car la seule mort ne conserve pas un organisme, il se décompose et pourrit tout simplement en raison d'influences mécaniques (oscillations de la température, gel et chaleur), biologiques (animaux charognards et décomposition) et chimiques (acides).

Impacts et pétrole. On a localisé sept grands impacts de corps célestes sur la Terre en se basant sur les découvertes de champs de tectites et sur l'exploitation des mythes, l'impact dans le Pacifique du Sud près de la Terre de Feu, en Amérique du Sud, n'étant pas tout à fait assuré. L'impact dans le Yucatan qui a exterminé les dinosaures (Mexique) il y a prétendument 65 millions d'années n'est pas temporellement rattaché aux autres impacts par la géologie. Mais l'aspect de l'ensemble des découvertes au Texas (USA) et la datation temporelle erronée par la géologie permettent quand même de conclure à une relation temporelle entre tous les impacts. Les gisements de pétrole du monde se trouvent à proximité de ces impacts, car les conditions de pression et de chaleur y étaient extrêmement élevées, ou au bord des vagues du déluge. Depuis la mer du Nord en Allemagne jusqu'à la mer Jaune en Chine, le gisement de pétrole s'étire parallèlement à la zone du banc de loess qui représente le bord du déluge.

Il en résulte à son tour le scénario que l'on observe sans cesse de nouveau : tout doit s'être passé rapidement pour qu'en général du pétrole et du charbon de terre aient pu se former, et ce non pas dans une région localement limitée, mais dans le monde entier, comme le prouve la situation dispersée des zones de découverte. Seulement le gisement de ces réserves de matière première témoigne d'un événement cataclysmique qui contredit un développement lent et uniforme de la Terre, et spécialement du monde animal et végétal. Mais même leur distribution globale est intéressante, car des gisements importants se trouvent à proximité de l'impact du déluge, comme au Texas, dans le Golfe Persique ou aussi dans la mer du Nord.

Le fait que l'on trouve dans le monde entier du pétrole

et du charbon constitue donc une preuve de la globalité du déluge. Mais d'un autre côté, je doute qu'il y ait eu si tôt en général une masse biologique telle que ces gisements gigantesques de pétrole aient pu se former, abstraction étant totalement faite des épaisses veines de lignite. Y a-t-il un autre modèle de pensée possible pour la genèse du pétrole, qui suffise sans recourir à la présence de substances organiques ? Nous devrons répondre : « *Oui, naturellement* ». Quand de l'*hydrogène et du carbone* – tous deux présents autrefois en quantités suffisantes – sont rassemblés dans les couches rocheuses de la Terre tout en étant exposés à une grande pression et à une température adéquate, il peut se former du *pétrole*. La théorie de la genèse anorganique du pétrole, sans masse biologique, cadre avec le modèle d'un déluge global que j'ai esquissé, car les présupposés géochimiques déterminants pour ce processus – pression et chaleur – étaient présents à l'échelle du monde à une intensité variable pendant cette catastrophe. Le pétrole s'est formé en tant que réaction chimique, tandis que certaines espèces de charbon étaient formées aussi à partir de substances organiques. La science scolaire ne peut en aucun cas accepter, pour les raisons que j'ai présentées, cette réflexion, car conformément aux théories de Lyell et de Darwin, des conditions de pression et de chaleur aussi énormes ne peuvent pas avoir régné dans le monde entier, puisque l'évolution caractérisée par un développement uniforme des espèces n'aurait que très difficilement survécu à ce scénario extrême et hostile à la vie (cf. p. 2 : f).

Lors de l'éruption du volcan Sainte Hélène en 1980, des conditions au début similaires à celles qui avaient régné pendant le déluge furent créées dans le Spirit Lake situé à proximité du volcan. Dans un chapitre précédent, j'ai abordé plus exhaustivement la formation du charbon, qui a commencé dans ce cas après quelques années déjà et qui est aujourd'hui encore surveillée. Ce processus s'est donc déroulé dans les conditions du déluge. Le charbon et le pétrole se sont formés il y a quelques milliers d'années seulement. J'ai déjà décrit les découvertes étonnantes d'objets artificiels dans d'assez gros blocs de charbon. Une chaîne d'or de huit carats, des figures d'argile et d'autres objets artificiels prouvent la présence de l'homme avant et pendant l'époque où le charbon s'est formé. De même, on trouve aujourd'hui encore des feuilles et d'autres matières organiques naturelles dans du charbon. Le processus de carbonisation doit s'être accompli rapidement. Certains objets artificiels ou naturels ont pour des raisons quelconques échappé à la combustion. L'ouragan qui a accompagné l'incendie mondial avait rassemblé dans des lieux déterminés les feuilles, branches, arbres et buissons secs. La chaleur du sol a entraîné la transformation par métamorphisme du bois carbonisé en charbon, mais pas complètement, si bien qu'à l'intérieur des amas, des objets encore non carbonisés sont restés conservés, parce que les incendies ont été éteints par les raz de marée qui ont suivi.

On peut observer un effet similaire par exemple lors de la combustion d'un annuaire téléphonique, où les pages intérieures sont brûlées sur les bords mais où l'on trouve encore au milieu de l'annuaire des fragments lisibles.

Genèse de l'ambre

La dessiccation des arbres a aussi fait apparaître l'ambre. La résine, fondue par la chaleur, a été conservée par le raz de marée qui a suivi et a été protégée de la combustion définitive. C'est pour cette raison que les animaux inclus dans l'ambre correspondent à nos exemplaires d'aujourd'hui, ce qui a souvent conduit à un défaut d'explication scientifique cohérente avec la notion d'évolution. L'ambre est censée être âgée de plus de soixante millions d'années, et provient de ce fait de la période des dinosaures. Les événements décrits pendant le déluge ont aussi constitué l'ambre à partir de résine fossile, et ce processus était contemporain de la disparition des dinosaures. Il y a toutefois une différence de taille : ce processus ne s'est pas accompli il y a plus de soixante millions d'années, mais il y a relativement peu de temps, avec le déluge.

L'Amérique du Sud a-t-elle basculé ?

En Amérique du Sud, le cuvieronius, un animal doté d'une trompe, s'est éteint il y a prétendument à peu près 12 000 ans, et le toxodon, un animal ressemblant à l'hippopotame, au onzième millénaire[117]. Les dates de l'extinction des deux espèces animales sont proches et seront ramenées au même événement. La coïncidence temporelle avec la mort soudaine, en une seconde, des mammouths il y a quelques milliers d'années saute directement aux yeux. Mais dans le même laps de temps, d'autres espèces animales s'éteignirent encore en Amérique, comme le tigre à dents de sabre, le paresseux géant, le tatou géant et les chevaux. Même Darwin fut étonné de constater que les coquillages trouvés dans le sol de l'Amérique du Sud provenaient de la même époque que les espèces animales éteintes. En Europe à la même époque disparaissaient par exemple le grand élan irlandais et l'aurochs, ainsi qu'en Asie du sud-ouest un grand nombre d'éléphants et de rhinocéros.

Ce qui est étonnant dans la découverte des vestiges du cuvieronius et du toxodon en Amérique du Sud, c'est le lieu où elle a été faite : Tiahuanaco sur la rive sud du lac Titicaca. Les ruines de cette ville se situent à 4000 m de hauteur. Mais quels animaux semblables à l'éléphant ou à l'hippopotame vivent à des altitudes qui se trouvent à 2000-3000 m au-dessus de leur espace vital normal ? En tout cas, aucune espèce que nous connaissons. Ces animaux ont-ils fui à de si hautes altitudes devant le déluge ? Sans doute pas, car le flot était trop rapide pour cela. Les cadavres d'animaux ont-ils été emportés par les eaux ? Le type de la découverte s'oppose à cette possibilité.

117 Hancock, 1995.

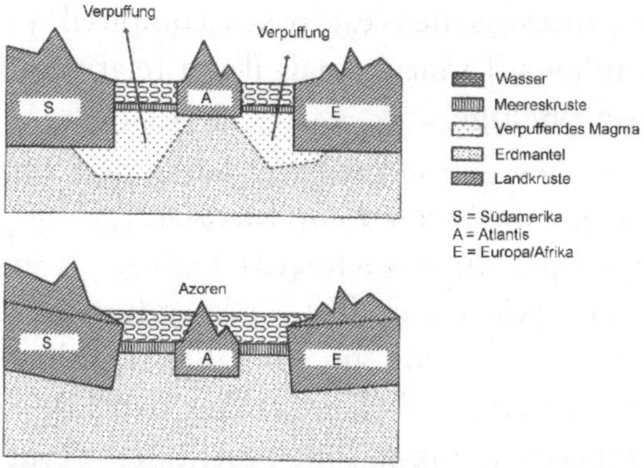

Bassin d'effondrement de l'Atlantique. L'irruption du sol marin dans l'Atlantique du Nord et la volatilisation du magma rejeté ont causé un espace creux, ce qui fit s'enfoncer le continent-île de l'Atlantide et entraîna des engloutissements des côtes de ce continent et des rehaussements au niveau des bords opposés. Il en résulta une surélévation de la partie ouest de l'Amérique du Sud. L'Atlantique était plus étroit avant la catastrophe du déluge et fut élargi par le magma sortant des fissures extensives du fond marin, ce qui produisit l'écartement des continents.

Les vestiges d'origine *marine* sont aussi étranges à cette altitude. La côte ouest de l'Amérique du Sud peut-elle à un moment donné avoir été soulevée ? En tout cas, une *bande de craie blanche s'étire le long des rochers côtiers des cordillères*. Le voyageur-chercheur Alexander von Humboldt (1799-1804) déjà avait vu cette bande côtière extrêmement ancienne située entre 2500 et 3000 m et l'avait décrite.

Mais par quoi le soulèvement important de la côte ouest de l'Amérique du Sud a-t-il été causé ? Les Andes se sont-elles seulement élevées progressivement en raison de l'effet d'écrasement des plaques continentales qui se rencontraient dans le Pacifique, ou bien l'ensemble du socle continental a-t-il basculé autour d'un axe de gravité ? Muck suppose un basculement de l'Amérique du Sud autour d'un axe allant de Panama à Bahia. Si cet axe de bascule existe, la côte nord-est doit s'être enfoncée. En regardant une carte des profondeurs de la mer, on reconnaît devant la côte un socle qui descend doucement dans la mer, puis qui, loin dans l'Atlantique seulement, décline profondément d'une façon abrupte, pratiquement verticale, de plusieurs milliers de mètres. Les zones d'embouchure de l'Amazone et du fleuve

Rio Paraná se trouvaient autrefois bien plus loin devant la côte actuelle et se situent aujourd'hui au-dessous du niveau de la mer. L'Amérique du Sud a peut-être basculé autour d'un axe, si bien que le côté sud-ouest s'est considérablement rehaussé et que le côté nord-est a d'une manière correspondante été poussé vers le bas. Qu'est-ce qui a causé ce processus ? Le ou les impacts d'astéroïdes pendant le déluge.

Il y a dans cette région de l'Atlantique Nord beaucoup de lignes de fracture brisées dans le sol de l'Atlantique, qui se sont rompues pendant l'impact du déluge. L'île de l'Atlantide, à la place des Açores actuelles, s'est enfoncée de plusieurs milliers de mètres. Du magma liquide s'est déversé depuis les lignes de rupture au niveau du sol marin et a été projeté dans l'air, par l'eau de mer qui s'évaporait et par les éruptions. Les restes de ces masses projetées en hauteur formèrent l'épaisse ceinture de loess qui s'étend à travers toute l'Europe et l'Asie, mais qui peut aussi être observée en Amérique du Sud. Le niveau du magma dans l'Atlantique Nord s'enfonça et attira l'île de l'Atlantide avec lui vers le bas. En même temps, les bords des socles continentaux contigus s'inclinèrent pour des raisons isostatiques, parce qu'ils flottaient sur un lit de magma visqueux. Mais si la côte nord-est de l'Amérique du Sud s'incline, le côté sud doit, pour des raisons statiques, s'élever autour d'un axe de bascule. C'est pour cette raison que les animaux de plaine éteints, les coquillages marins et aussi la ville de Tiahuanaco ainsi que l'ensemble de la très ancienne ligne côtière se retrouvent à 4000 m d'altitude.

Si la plaque continentale de l'Amérique du Sud a basculé et si la cause s'en trouve dans l'inclinaison du sol de l'Atlantique Nord, on devrait trouver aussi des indices correspondants dans les autres grandes plaques contiguës. On trouve ces preuves dans les longs canaux d'embouchure sous-marine des fleuves. Muck explique divers exemples concrets : l'embouchure semblable à un fjord du Congo en Afrique de l'Ouest se poursuit sur plus de 100 km au-dessous de la surface de la mer jusqu'à une profondeur de 800 m. La côte Ouest doit s'être enfoncée d'autant. La côte de l'Amérique du Nord donne aussi l'impression d'une côte engloutie. L'Hudson présente un canal haut de 800 m sous l'eau et se termine à plus de 2000 m de profondeur. Même pour la plaque européenne, on a découvert un enfoncement sous-marin de 2500 mètres au large de Cap Breton.

La situation actuellement basse des socles continentaux dans l'Atlantique nord prouve l'impact d'au moins un très grand corps céleste dans cette zone et les conséquences dévastatrices qui en résultent avec le déluge. En outre, les plaques continentales, l'Europe et l'Afrique d'un côté, et l'Amérique de l'autre, ont été très soudainement éloignées l'une de l'autre par les processus décrits. Ce processus n'a pas duré des millions d'années, comme veut le présupposer la théorie de la dérive des continents d'Alfred Wegener, mais s'est produit en grande partie avant, pendant ou après le déluge. De faibles mouvements continuels des socles continentaux n'excluent pas ce scénario.

Émergence des montagnes

Il y avait vraisemblablement déjà avant le déluge des massifs montagneux, qui cependant n'étaient pas aussi haut que les montagnes d'aujourd'hui. Des fossiles marins, des coquillages et des squelettes d'animaux marins se trouvent sur les plus hautes montagnes, comme l'Himalaya. Comment y sont-ils arrivés ? Comment les montagnes s'élèvent-elles à partir du fond de la mer, alors qu'en même temps d'autres masses de terre ont été immergées ? Quelles sont les forces qui les ont comprimées, poussées ou tirées en hauteur ? Pourquoi trouve-t-on des crânes ou des os humains lors de travaux miniers au milieu de la montagne ou sous une épaisse couche originalement faite de basalte ou de granite ? La rotation de la Terre a été freinée par des influences et des impacts cosmiques, par l'approche d'une autre planète dotée d'un champ magnétique intense ou par le passage d'un nuage interstellaire contenant du fer. Des forces énormes sont apparues entre la croûte et le manteau terrestre visqueux. Toutes les couches du globe terrestre ont toujours la même vitesse angulaire, mais la vitesse absolue croît avec la distance par rapport au centre de la Terre. La différence de vitesse pendant un processus de freinage entre les différentes couches terrestres, en particulier la croûte terrestre et le lit de magma visqueux contigu, fait naître des frictions qui causent des tensions dans la croûte terrestre et produisent de la chaleur. La conséquence en serait des fissures, des crevasses et des fentes dans la surface de la Terre, à travers lesquelles la roche incandescente de l'intérieur de la Terre ferait issue vers le haut et se déposerait sur les sédiments.

Une autre énigme serait ainsi résolue, car les roches déposées ne devraient se trouver qu'exceptionnellement sous la roche incandescente dans la région des volcans. Mais en réalité, l'exception est presque régulièrement présente partout sur cette Terre : des couches prétendument anciennes se trouvent au-dessus de couches plus jeunes. Ce qui explique que l'on ait trouvé aussi des restes humains sous des couches de basalte.

Les forces décrites ont fait s'enfoncer des contrées entières, comme l'Atlantide, ou bien en ont rapidement surélevées certaines par compression latérale, comme par exemple l'Himalaya. Ce processus s'est déroulé relativement vite et n'a pas duré N millions d'années. La chaleur due à la friction et l'incendie mondial provoqué par le déluge ont rendu la roche molle et non friable comme à l'état froid normal. C'est pourquoi les émergences de montagnes et de couches, impossibles dans des conditions physiques normales, ont pu se produire, car les couches terrestre auraient été totalement déchirées lors d'une *déformation à froid*, puisque la roche friable comme le béton ne peut supporter que peu de tensions de traction sans se fissurer. La formation des montagnes suppose un état au moins plastique du matériel brut, comme quand du chocolat mollit, puis se déforme et finit par se redurcir. Dans ces conditions, le chocolat est plastique. Si l'on essaye de déformer le chocolat durci à l'état froid sans le réchauffer, il apparaît des fractures : il se rompt. À l'état élastique ou plastique, on peut imposer au chocolat n'importe quelle déformation imaginable. Il en va aussi ainsi pour les roches, sauf que leur point de fusion justement est considérablement plus élevé que pour le chocolat, et qu'il faut de ce fait des températures extrêmes.

À proximité du fleuve de la Sullivan River dans les Rocky Mountains, Canada, il se trouve un massif élevé qui est très joliment fait de sédiments aux strates ondulées (voir photographie 81). La description officielle de cette image est la suivante : « *Cette représentation dramatique explique les puissances imposantes, constamment agissantes, de la reformation des données de notre Terre* ». Si l'on regarde précisément l'image, on reconnaît plusieurs ondes très étroites et abruptes. Des forces agissant depuis l'intérieur de la Terre ne peuvent pas avoir produit ces vagues très abruptes, car il faudrait que plusieurs forces différentes et singulières aient agi. En outre, la pression nécessaire et la traction correspondante auraient produit dans les couches rocheuses des fissures, alors qu'elles sont restées homogènes. Le tableau est le même que dans le cas d'un gâteau marbré. Quand la masse du gâteau est molle, on peut imiter les couches que l'on voit ici, comme dans un modèle. Dès que le gâteau (couche rocheuse) durcit, il devient impossible de produire par la contrainte des déformations semblables à celles-ci. De même, la montagne était au moment de sa formation une masse molle qui a durci rapidement.

~ 11 ~
Témoins du temps

Avec le déluge, un nouveau monde est apparu. La croûte terrestre dans son ensemble a été brisée, remaniée, empoisonnée et submergée. Presque aucune des connaissances actuelles ne peuvent être transposées à la phase précédant le déluge. La Terre a pratiquement été créée à neuf dans des conditions radicalement différentes. Notre monde, ou plus précisément la croûte terrestre, n'existe sous sa forme actuelle que depuis peu de temps : la Terre est jeune.

Détermination temporelle du déluge

S'il n'y a pas eu de période glaciaire, alors nous pouvons utiliser des examens portant sur l'âge de la dernière période glaciaire pour déterminer l'irruption du déluge. Selon les géologues, les grands lacs d'Amérique du Nord se sont formés à la fin de la dernière période glaciaire. Il y a encore 50 ans, on croyait que la dernière période glaciaire devait avoir eu lieu il y a 30 000 à 35 000 ans. Les célèbres chutes du Niagara en Amérique du Nord ont reculé dans les 200 dernières années d'environ 1,50 m par an depuis le lac Ontario en direction du lac Érié. On peut donc calculer par une simple division que les chutes du Niagara ont dû se former il y a environ 7000 ans, si l'on part d'un indice d'érosion constant. Mais si l'on suppose au début des masses d'eau plus importantes, et donc une érosion supérieure, les chutes du Niagara doivent être encore plus jeunes, et par conséquent leur âge n'est souvent estimé qu'à 5000 ans. À ce moment-là, le déluge devait avoir pris fin. D'un autre côté, à peu près au même moment, les grandes civilisations venaient au monde. Une concordance purement fortuite ?

On peut procéder aux mêmes réflexions, mesures et calculs avec les dépôts de boue au fond des lacs des Alpes, qui donneront les mêmes résultats que dans l'exemple des chutes du Niagara. Pour ces raisons et d'autres similaires, la fin de la prétendue dernière période glaciaire a sans cesse été avancée en direction du présent par la géologie, et son âge estimé se situe actuellement entre 13 000 et 10 000 ans.

En se référant à Solon et aux déclarations originales d'un prêtre égyptien, Platon avait approximativement daté la catastrophe de l'Atlantide à environ 8560 av. JC. Dans beaucoup de sources, cette date est considérée comme trop précoce de 1000 ans, car la durée de 9000 ans depuis l'inondation doit être ramenée à la différence d'ancienneté de la civilisation grecque et égyptienne indiquée par le prêtre.

Mais il y a des connaissances tout à fait scientifiques relatives à la détermination temporelle de l'impact du déluge. La carapace de glace épaisse du Groenland présente des stratifications très bien repérables. L'intensité de la production d'acide pendant l'impact du déluge a été mise en évidence avec une grande vraisemblance dans les noyaux de forage de la glace de Camp Century au nord-ouest du Groenland, qui officiellement remontent à 10 000 ans. On obtient, conformément à l'image du monde scientifique d'une Terre qui se modifie à peine, un âge d'approximativement 7640 ans av. JC. Cette détermination temporelle ne peut qu'être erronée, car la chute de neige ne s'est pas produite régulièrement hiver après hiver comme aujourd'hui, mais en grande partie couche après couche au cours d'un intervalle de temps bref pendant le déluge. C'est pourquoi on a établi pour la formation des couches de glace, au moyen des théories de Lyell et de Darwin, un intervalle de temps trop vaste. Quoi qu'il en soit, l'âge déterminé scientifiquement correspond à l'évaluation d'une valeur limite : *le déluge ne peut pas être plus âgé*.

La date du déluge ne peut pas être déterminée très exactement selon l'état actuel de notre savoir, parce qu'il faudrait faire correspondre les preuves scientifiques avec les nouvelles connaissances. C'est pourquoi on ne peut indiquer qu'une certaine amplitude, qui pourtant se situe très près de notre présent : le déluge s'est produit il y a au moins 4500 et au plus 10 000 ans, et a constitué une époque de bouleversement pour la Terre. Si l'on tient compte des faits et des théories discutés jusqu'ici, l'âge le plus vraisemblable est de juste 6000 ans. La Terre a littéralement été créée à neuf, et tout ce qui existait déjà a été presque totalement anéanti. Le souvenir que le petit nombre de survivants a gardé de cet événement persiste dans les traditions des peuples.

Même si l'âge du déluge avec l'événement principal de l'impact est à peu près établi, il s'agit dans l'ensemble vraisemblablement d'une catastrophe étalée dans le temps, dont la durée globale a occupé un laps de temps de plusieurs centaines d'années. Il n'y a en aucun cas un développement uniforme de la Terre, comme le supposent les théories de Darwin et de Lyell. Les datations qui partent d'un développement lent et uniforme des couches terrestres ne peuvent donc qu'être fausses.

Consommation de matière première

La consommation de matières premières dans les derniers 6000 ans et peut-être spécialement dans les 100 dernières années donne l'occasion de réflexions critiques. Les réserves de pétrole et aussi d'autres matières premières sont aujourd'hui en grande partie exploitées. On connaît certes des mines antiques, mais l'exploitation des ressources était autrefois minime, puisque les gisements de matière première sont presque complètement conservés. Si l'humanité était aussi ancienne que l'époque de la formation de la roche calcaire, tous les gisements de matières premières seraient aujourd'hui épuisés.

Je rappelle la conclusion. Si l'on devait, en se basant sur les réflexions que j'ai présentées, conclure à une histoire courte de l'humanité, les traces de pieds pétrifiées dans la roche prétendument très âgée prouveraient l'inexactitude de l'histoire de la Terre : la roche calcaire est dans ce cas exactement aussi jeune que l'homme !

Particularités géologiques

Si la géologie avait raison et si les couches terrestres correspondaient à des matériaux anciens qui croissent et se solidifient lentement, on devrait, après d'éventuels mouvements dans la croûte terrestre, voir des fractures dans ce matériel friable, précisément aux points où des tensions de traction surviennent en raison de la courbure imposée. Or le cas normal est précisément l'inverse. On a l'impression que beaucoup de couches rocheuses de consistance liquide ou plastique ont été ainsi formées ou, mieux, déposées. Souvent, les couches rocheuses sont rangées sous forme d'ondulations ou même de demi-cercles, sans que l'on puisse repérer des anomalies de la structure ou des fissures. La formation des couches terrestres a donc été rapide et non lente. D'autres observations encore parlent en faveur de cette constatation.

Pour les partisans de l'évolution, les racines ou troncs d'arbres fossiles qui traversent sous forme pétrifiée plusieurs couches rocheuses solides constituent aussi une énigme, parce qu'ils doivent avoir été déjà présents lors de la formation des couches, et parce qu'ils prouvent la formation rapide non seulement d'une seule, mais même de plusieurs couches rocheuses géologiques, très rapidement à la suite l'une de l'autre, dans un laps de temps bref. La zone touchée doit avoir été plusieurs fois submergée par les différents raz de marée. Les flots qui se retiraient sans cesse ont laissé sur la terre ferme des couches de boue qui se solidifiaient rapidement, mais de hauteur variable, à l'intérieur desquelles les diverses découvertes étaient conservées, comme les traces de pieds de dinosaures et d'hommes, aussi bien que les racines d'arbres fossiles.

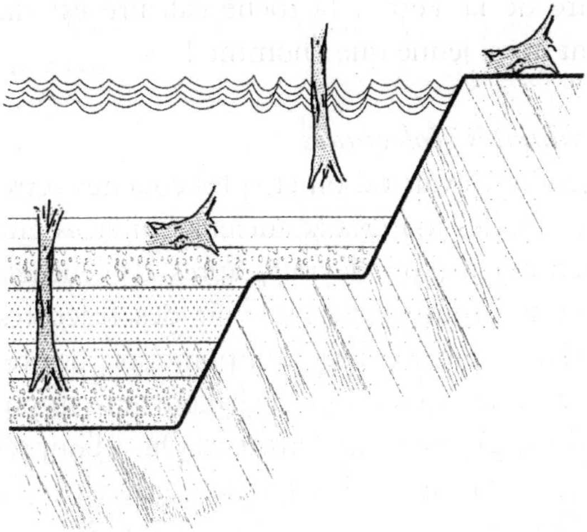

Troncs d'arbres dans le Spirit Lake. Pendant l'éruption du volcan du Mount St. Helens, les arbres furent déchiquetés et emportés dans le Spirit Lake. Les troncs d'arbres flottèrent pour certains verticalement, avec la souche dirigée vers le bas. Ils descendirent aussi dans cette position jusqu'au fond, et furent enfouis dans les couches du sol qui se déposaient l'une après l'autre. Si les dépôts (sédiments) devaient durcir, on trouverait ultérieurement des troncs d'arbres qui traversent plusieurs couches géologiques indépendantes. Cela correspond au concept de l'histoire de la Terre pendant le déluge.

Dans le Spirit Lake (Mount St. Helens), les souches d'arbre emportées par l'éruption volcanique ont flotté dans certains cas verticalement, avec la racine vers le bas, en position debout, et se sont ainsi enfoncées, certaines à la verticale, dans le sol fraîchement formé du lac. Les sédiments apportés petit à petit dans le Spirit Lake ont constitué un nouveau fond pour le lac, chaque couche se superposant à la précédente. Si l'on creuse ultérieurement le sol du lac peut-être asséché à ce moment-là, on trouvera plusieurs couches terrestres différentes superposées parallèlement, dans lesquelles des souches d'arbre seront fichées verticalement, le tronc restant traversant plusieurs couches de sédiments. Des découvertes correspondantes ont été faites plusieurs fois au Texas et dans d'autres parties du monde.

Mais l'interprétation des découvertes de ce genre place les géologues conservateurs devant des obstacles infranchissables, si l'on reste fidèle au principe de la datation des couches terrestres singulières. Dans le parc national *Dinosaur National Monument* à la frontière entre l'Utah et le Colorado, on a trouvé un squelette fossilisé de dinosaure, en position presque verticale, inclus dans du grès solide. Les mêmes processus géologiques que dans la constitution déjà décrite de l'Ayers Rock ainsi que des couches rocheuses de Glen Rose étaient responsables de la conservation de l'animal. Le mélange de sable et d'eau s'est solidifié rapidement grâce à l'apport d'un durcisseur. Qu'en pense au contraire la science ? Dans le numéro spécial *Dinosaures* du magazine *P.M.*, on trouve l'affirmation suivante : « *Le courant original qui a coulé ici un jour a amené des milliers de cadavres d'animaux qui se sont déposés dans un quelconque méandre du fleuve et s'y sont pétrifiés au cours de millions d'années. Cette supposition est confirmée par le fait qu'en bien des endroits plusieurs douzaines de fossiles se sont empilés l'un à côté de l'autre...*[118]»

Donc une pétrification qui a duré des millions d'années, et des os qui restent conservés fortuitement pendant ce temps, à l'abri complet de l'air ? Comment une chose se pétrifie-t-elle en général ? Doit-elle seulement rester à sa place longtemps ? Quel processus peut être en général déterminant pour une lente pétrification et pour le durcissement correspondant du grès, grain après grain ? Seul le durcissement du roc solide entourant les os fossiles par un durcisseur qui prend rapidement (carbonate de calcium) peut être la bonne réponse, et tous les faits que j'ai décrits parlent aussi en faveur de cette solution.

Il y a d'autres découvertes inexplicables pour la géologie, comme des pétrifications de gouttes de pluie, des surfaces ondulées comme dans un sol marin à proximité du rivage ou aussi des empreintes de pieds animaux et humains. Tous ces phénomènes présents en plusieurs parties du monde doivent avoir été rapidement conservés, parce qu'au-

118 « P.M. », numéro spécial « Dinosaures », Muich 1997, 20.

trement ils auraient été érodés. La couche de roche qui se trouve au-dessus doit aussi avoir eu une consistance molle, sinon ces traces n'auraient pas été conservées dans la couche située au-dessous. Ce n'est pas un processus durant des millions d'années qui est responsable de ces phénomènes ; plusieurs jours représentent déjà un laps de temps trop long.

À vrai dire, si l'on considère le poids et la violence des raz de marée pendant le déluge, toutes les montagnes et les collines dans les zones d'inondation directe devraient s'être formées à partir de dépôts sédimentaires de cette époque.

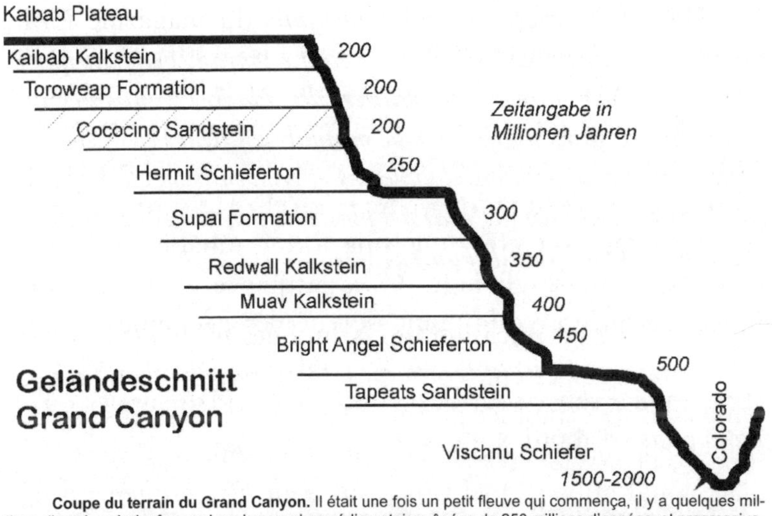

Coupe du terrain du Grand Canyon. Il était une fois un petit fleuve qui commença, il y a quelques millions d'années, à s'enfoncer dans les couches sédimentaires âgées de 250 millions d'années, et progressivement, le Grand Canyon se forma… En réalité, cette gorge s'est formée rapidement, en plusieurs phases, lors de super-raz de marée. Il y a plusieurs énigmes impossibles à résoudre pour les géologues. Constituent de « grandes inconnues » les sauts temporels sous forme d'ères manquantes de plus de 1000 millions d'années pour le précambrien, de presque 200 millions d'années pour le cambrien et pour le laps de temps d'aujourd'hui jusqu'à il y a 250 millions d'années y compris l'ère des dinosaures. En outre, le grès de Cococino est organisé en couches considérablement plus abruptes que l'angle de pente normal du sable. Il ne s'agit pas d'un désert (selon la géologie) mais d'une stratification croisée qui s'est formée sous l'eau. En outre, il ne peut plus y avoir après des millions d'années des angles abrupts sur le bord du plateau de Kaibab.

Celui qui cherche une roche ancienne et originelle doit creuser profondément dans la croûte terrestre. Le Grand Canyon a-t-il également été constitué aussi vite pendant le déluge ? Si on l'étudie de près, on reconnaît quatre zones correspondant à des types de couches différentes qui se distinguent essentiellement par leur couleur (rouge, jaune, gris-noir), leur granulation ou leur matériau (calcaire, schiste, grès). Une couche de grès rouge et épaisse, qui se trouve en troisième position *entre* deux couches plus sombres de schiste, ordonnées parallèlement, est intéressante. Sa particularité réside dans l'angle de dépôt de ce grès, qui est plus grand que l'angle intérieur de friction alors que les couches qui se situent juste au-dessous et au-dessus sont placées horizontalement. Mais si des couches rocheuses inclinées ne sont obligatoirement, d'un point de vue géologique, formées que par des mouvements lents dans la croûte terrestre, alors les couches qui se trouvent au-dessus et au-dessous doivent aussi présenter des déformations. Une couche prise en sandwich ne peut pas, après son durcissement, être profondément déformée sans que les autres couches ne soient touchées. La seule explication est la thèse que je ne cesse de propager, à savoir que ces couches étaient molles quand elles se sont déposées, qu'elles ont été déformées par l'influence de l'eau ou du vent, et qu'elles se sont solidifiées très vite dans cet état sous une forme inhabituelle ou en constituant un angle aigu. C'est là que se trouve la différence marquée avec le point de vue des géologues et avec notre image du monde en général. Les conséquences de cette connaissance sont beaucoup plus fondamentales qu'on ne le pense d'abord[119].

La Colorado River charrie trop peu d'eau pour être ne serait-ce qu'approximativement capable de créer un ouvrage d'érosion aussi important que le Grand Canyon. Il a dû y avoir des masses d'eau plus importantes, qui effectivement existaient en abondance du temps du déluge. L'eau qui se retirait après chaque raz de marée a produit de grandes ravines d'érosion dans le matériel sédimentaire déjà apporté et pas encore tout à fait solidifié. Impossible ? Pas dans le sens de ma théorie, cette explication est d'un point de vue théorique tout à fait imaginable, et s'impose littéralement en raison de réflexions logiques raisonnables. C'est vraisemblablement de cette manière que se sont formés le

119 Brown, 1980.

Zion Canyon, le Grand Canyon et d'autres merveilles de la nature célèbres. Le magma incandescent, qui monte par les failles de la croûte terrestre éventrée, a refroidi et est resté conservé, une fois que les couches sédimentaires fraîches ont été emportées, sous forme de tours ou de créneau. C'est ainsi que se sont formés le Bryce Canyon et le Monument Valley (cf. p. 2 : g).

Le Grand Canyon n'a-t-il pas justement dans sa façade sud un véritable angle d'arrachement avec une zone relativement plane à l'arrière ? J'ai vu clairement, en faisant un survol en hélicoptère, que celui-ci ou aussi les angles d'arrachement inférieurs ne peuvent pas être très âgés. Comme la Colorado River a dû commencer très tôt son œuvre d'érosion à la surface et est censée s'être enfoncée de 1600 mètres dans les formations rocheuses, les bords devraient être âgés, car le fleuve ne s'enfonce soi-disant que de 15 cm en 1000 ans. Mais dans ce cas, le haut plateau qui s'y rattache devrait présenter aussi en raison du vent et de l'eau une modulation plus marquée.

Conformément à ce que l'on pense généralement, l'ancien plateau de Kaibab a commencé il y a 65 millions d'années à se déplacer vers le haut, alors que la Colorado River s'enfonçait en même temps dans le roc. La faille a prétendument été sans cesse élargie par l'érosion. La contradiction réside dans cette prise de position officielle, car pendant ce long laps de temps, l'aplanissement des bords aurait dû être très avancé. Mais plus les pentes latérales s'affaissent par des ruptures des berges, plus elles s'aplanissent, jusqu'à ce que l'angle de friction du sol actuel soit constitué. Après N millions d'années, il ne devrait plus y avoir d'angles d'arrachement vastes et cohérents, en particulier si le plateau s'est élevé en même temps, et se présente aujourd'hui comme relativement lisse et plan. Conformément à mes observations et aux preuves et théories présentées dans ce livre, il n'y a qu'une solution : le Grand Canyon, comme d'autres merveilles de la nature, s'est formé il y a relativement peu de temps.

Imaginons un versant avec une épaisse couche de terreau ou aussi d'argile. Quand il pleut fortement, de profonds sillons apparaissent dans le matériau non solidifié. Un ou aussi plusieurs Grand Canyons miniatures se sont constitués dans ces circonstances dans le laps de temps le plus bref. On observe aussi une chose correspondante dans les zones de déferlement de la mer. Si une tempête jette sur la plage du sable frais, il apparaît pendant la phase de repos consécutive de profondes ravines d'écoulement. Il suffit de se représenter ces processus à une échelle gigantesque, avec en plus l'action d'un durcisseur qui dans notre exemple a fait solidifier le sable de la côte en une sorte de béton avec des degrés de dureté différents. Les résultats sont des Grands Canyons en miniature. Cette merveille de la nature a-t-elle été constituée non en 65 millions d'années, mais par à coup il y a tout au plus 10 000 ans ?

Une autre question doit aussi être posée : *pourquoi y a-t-il aujourd'hui précisément une belle nature ?* Au terme de N millions d'années accompagnées de conditions environnementales sans cesse changeantes – périodes glaciaires – montagnes et formations rocheuses devraient être érodées depuis longtemps. On ne devrait plus voir aujourd'hui que des décombres et des montagnes arasées. La conservation de beautés naturelles n'aurait été possible que dans le cas particulier, et pas généralement. Les *balanced rocks* ou les arcs rocheux ne sont pas un cas géologique particulier ou heureux, mais un phénomène d'observation relativement fréquente. Ne peut-on pas constamment lire dans des publications quelconques des informations sur le danger de violents glissements de terrain dans les Alpes, dus au fait que l'existant en matière de forêts est mis en péril par la pluie acide et par des modifications des conditions environnementales ? Maintenant précisément, à notre époque, les Alpes seraient-elles menacées ? Y a-t-il toujours eu dans les périodes passées un climat idéal, constituant le préalable à la croissance des arbres ? Existait-il en général toujours de la végétation sur les montagnes ? Comment se passaient les choses à l'époque de l'extinction des dinosaures, il y a prétendument 65 millions d'années, quand le ciel était obscurci et qu'il régnait de ce fait des conditions de vie et de croissance extrêmement hostiles ? À la suite d'une période de froid correspondante, les montagnes devraient à vrai dire être érodées très rapidement, s'être désintégrées en un cône de déjection.

Écran protecteur plus faible

L'intensité du champ magnétique de la Terre est un autre exemple de la jeunesse de notre planète. On ne sait pas clairement pourquoi la Terre et d'autres planètes ont un champ magnétique, alors que beaucoup n'en ont pas ou n'en ont qu'un faible, comme la lune. En tout cas, le magnétisme doit être causé par des courants électriques dans des zones extérieures au noyau terrestre, représentant pratiquement une dynamo terrestre[120]. Ce qui est intéressant, c'est que l'intensité de notre champ magnétique diminue continuellement avec un taux de 0,07% par an. *Dans 4000 ans, selon les calculs, il devra avoir complètement disparu*. Comme le magnétisme nous protège des rayons cosmiques mortels, une diminution importante de son intensité aurait déjà des conséquences catastrophiques pour la vie sur notre planète. Les scientifiques croient que notre magnétisme change de pôle tous les 250 000 ans, et que ce processus est censé être en retard. Mais aurons-nous vraiment en peu de temps un nouveau champ magnétique qui aura changé de pôle, et qui ensuite devrait se charger spontanément ? Une idée extravagante.

120 « P.M. », 11/1996, 12.

Partons du fait que le champ magnétique peut certes changer de pôle, mais ne peut pas se recharger. Cette réflexion aboutit à une Terre jeune, car avec une perte d'intensité du champ de force de 0,07% par an, une valeur limite absolue peut être atteinte très rapidement même dans le passé. Des calculs basés sur des observations et des mesures scientifiques depuis 1829 ont donné un maximum correspondant à un laps de temps d'environ 22 000 ans[121]. La Terre ne pourrait donc pas être plus âgée que cette valeur limite, au cas où aucune influence grave quelconque ne devrait être signalée dans le passé. Mais justement, les géologues et les partisans de l'idée d'évolution propagent précisément l'université du développement de notre planète et en font la base de leur conception du monde. Et cette théorie de l'uniformité a aussi été utilisée pour fonder la genèse de l'univers et des galaxies avec leurs étoiles et leurs nuages.

Le sel des mers

L'eau des mers contient du sel commun (chlorure de sodium). Le sodium pourrait provenir des roches lavées par la pluie. Mais comme la teneur en chlore des roches est cinquante fois plus faible, la question se pose de la provenance de cet élément. Curieusement, l'acier du marteau fossile décrit au début contenait aussi, en plus du fer, du chlore.

Les océans présentent un taux de salinité moyen de 3,5%. Le contenu en sel et en minéraux de la roche est emporté par les fleuves et transporté dans les océans. La teneur naturelle en sel du sol marin, les influences atmosphériques (activité volcanique), l'évaporation, l'eau souterraine et l'érosion des côtes représentent aussi des facteurs influents.

Il résulte, de tous ces processus, une augmentation lente de la teneur en sel des océans. Si l'on part, avec des conditions constantes, d'une valeur limite dérivée de la valeur actuelle, alors l'âge maximum des mers est de 62 millions d'années. L'eau à cette époque devait être de l'eau douce

121 Morris, 1994.

sans immixtion de sel. Par conséquent, il ne pourrait pas y avoir eu d'eau salée du vivant des dinosaures.

L'augmentation moyenne de la teneur en sel s'établit seulement, sur cette base de calcul, à 0,06% pour 1 million d'années. Si la Terre devait réellement avoir plus de 4 milliards d'années, le taux calculé serait encore 50 fois trop grand et il tend ainsi vers zéro. Si l'on prend en considération l'influence aggravante du déluge ou aussi d'autres événements avec un taux d'érosion augmenté, l'âge possible des océans diminue drastiquement. En outre, le taux d'augmentation de la teneur en sel diminuera plutôt avec le temps, parce que les fleuves transportent au cours du temps toujours moins de sédiments dans la mer. La Terre doit donc être foncièrement plus jeune que la valeur maximale calculée. Conformément aux réflexions précédentes, l'âge de 62 millions d'années ne représente qu'une limite absolue obtenue par calcul. Mais l'océan primordial doit selon la théorie de l'évolution être plus de 50 fois plus âgé ! Où est passé dans ce cas tout le sel ?

Les montagnes ne se sont élevées en grande partie qu'il y a quelques milliers d'années. C'est pourquoi les processus que l'on peut mesurer aujourd'hui n'ont pu avoir de répercussion pendant une longue période, et les fleuves ont eu beaucoup moins de temps pour emporter dans les mers du monde les sels et le matériel issu de l'érosion.

Érosion des continents

Les réflexions relatives à la teneur en sel des océans peuvent aussi être appliquées à la quantité de sédiments au fond des mers. Les fleuves apportent les matériaux issus de l'érosion sous forme de boue, de gravier et de galets dans les mers. Le matériel du paysage est ainsi lentement arasé et s'accumule au fond des océans. Les continents perdent de ce fait en masse et le fond de la mer s'élève lentement.

Comme l'âge des montagnes est censé varier entre 70 millions et 3 milliards d'années, les fleuves ont eu assez de temps pour transporter le matériel issu de l'érosion. Si l'on compare maintenant la quantité actuelle du matériel introduit dans les océans avec le volume de l'ensemble des continents, on arrive par le calcul à ce résultat qu'en moins de 15 millions d'années, plus aucune montagne ne pourrait exister dans le monde, car tout le matériel terrestre et rocheux aurait été amené dans les océans et les mers. Naturellement, on suppose encore un taux d'érosion constant durant toute la période. Si le processus était autrefois accéléré, l'âge calculé des montagnes diminuerait en conséquence.

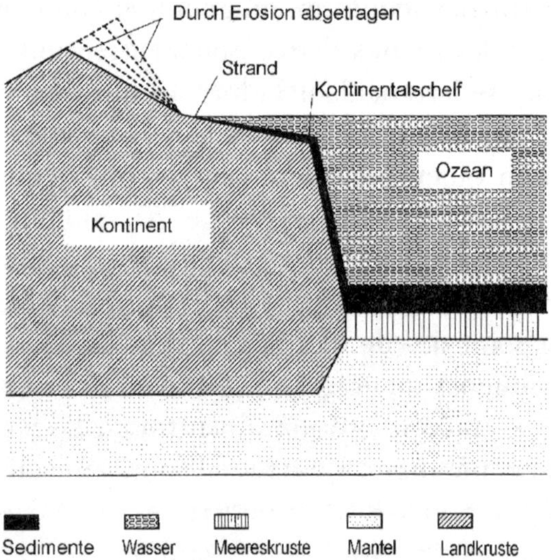

Manteau d'érosion. Le matériel issu de l'érosion, sous forme de galets, de sable, de gravier et d'argile, est transporté par les fleuves dans les lacs et les océans. Cette réflexion explique que la terre ne peut pas être plus âgée que 15 millions d'années, car en ce laps de temps, avec un taux d'érosion constant, toutes les collines et les montagnes devraient être arasées, ou bien la mer serait obstruée. Ce laps de temps représente une valeur maximale et doit être considérablement plus bref parce que l'érosion est au début notablement plus intense. Les monts et montagnes présents aujourd'hui sont toutefois censés être âgés de centaines de millions d'années. En outre, il devrait y avoir déposé dans les lacs et les mers une couche sédimentaire considérablement plus épaisse que celle que nous avons aujourd'hui.

Le matériel issu de l'érosion, jusqu'à présent chassé dans les océans, peut d'un autre côté être mesuré par forage. Si l'on prend encore une fois le taux actuel d'érosion comme étalon, on obtient une période de 15 millions d'années, qui est nécessaire pour emporter les sédiments présents de façon mesurable au fond de la mer. Conformément à ces réflexions, l'âge de la Terre ne pourrait pas dépasser ces 15 millions d'années. C'est pourtant plus de 50 fois moins que l'âge effectif des continents. Si les continents étaient vieux de trois milliards d'années, il n'y aurait plus de montagnes, et les océans seraient *emplis* de matériel accumulé.

Comme les deux considérations critiques concernant la teneur en sel et les sédiments ont donné indépendamment l'une de l'autre des valeurs extrêmes similaires pour l'âge de la Terre, cette considération devrait être concluante.

La seule question qui se pose est la suivante : quel âge ont réellement nos jeunes montagnes ? Si l'on considère les embouchures des grands fleuves, on a l'attention attirée par les deltas qui se jettent dans la mer, et qui sont formés par du matériel érodé et apporté dans le fleuve. Si les géologues avaient raison quand ils disent que les plus jeunes montagnes ont toujours un âge élevé de 70 millions d'années, beaucoup de fleuves devraient également être aussi âgés. Or les deltas fluviaux de ce monde ont tous une taille trop minime de ce point de vue. Les fleuves sont-ils donc beaucoup plus jeunes que les montagnes ? N'y avait-il avant le déluge aucun fleuve, ou bien les montagnes sont-elles jeunes d'une manière correspondante ? Cette réflexion vaut aussi de manière analogue pour les mers intérieures et les lacs anciens, qui devraient eux aussi être transformés en terre depuis longtemps.

Le niveau des océans s'est élevé au temps du déluge de bien plus que 100 m, peut-être jusqu'à 200 m. Par conséquent, les deltas fluviaux anciens se trouvent au-dessous de la surface actuelle de l'eau. Mais eux aussi ont une taille insuffisante pour être âgés de N millions d'années. Une surface terrestre jeune, formée il y a peu de temps, résoudrait l'énigme sans aucune contradiction.

Cavernes des stalactites

Les cavernes à stalactites sont un exemple apprécié et une preuve prétendue de l'âge de la Terre. Les concrétions pétrifiées, stalactites et stalagmites, sont censées être extrêmement anciennes, car les gouttes qui tombent lentement et à de grands intervalles nécessitent de longues périodes pour constituer ces tours ou ces cônes. Les concrétions par égouttement sont formées par les dépôts calcaires de la goutte d'eau, que l'eau contenant de l'acide carbonique a auparavant dissout dans la roche calcaire.

Dans le calcul de l'âge des concrétions, on part du taux de croissance actuel, et l'on détermine celui-ci à partir de la taille présente. Pour que le résultat soit exact, il ne faut pas qu'il y ait eu de changement dans le passé.

Le béton ou aussi le mortier normal contiennent des moyens de prise hydrauliques. Si l'étanchement comme dans les ponts ou les plaques de balcon n'est pas imperméable, l'eau passe dans les parties de la construction à travers les fines fissures qui sont presque toujours présentes dans le béton. Sur la face inférieure des parties faites de béton, l'eau avec le bicarbonate de calcium dissout sort par les fissures existantes et constitue un cône, une stalactite moderne. Même dans les garages et d'autres bâtiments souterrains, qui sont directement attenants à des cours et insuffisamment protégés contres l'humidité suintante, on trouve ces cônes de concrétions calcaires amorphes. La rapidité avec laquelle ces stalactites modernes croissent si l'apport d'eau n'est pas stoppé est remarquable. Si aucune nouvelle fissure n'est formée, la réserve de calcaire s'épuise dans cette zone, et le processus de formation continue de stalactites se ralentit avec le temps.

C'est aussi ce processus précisément qui s'est déroulé dans la nature. Les fissures dans la roche calcaire ont été bouchées avec le temps par du limon, et la teneur de la roche en calcium a diminué. À une époque antérieure, une quantité d'eau plus importante s'écoulait donc à travers les fentes de la roche, et a pu dissoudre aussi plus d'éléments calcaires. On voit le plus souvent sur le sol des cavernes des couches de calcaire couvrant une grande surface, épaisses, sur lesquelles on peut facilement glisser. Ces couches sont un témoignage de l'eau originellement présente en plus grande quantité, qui s'écoulait littéralement à flots. Pour les raisons citées, la croissance des concrétions diminue automatiquement au fil du temps, et elles ne sont donc pas une preuve d'un grand âge de la Terre.

Coraux tropicaux

Les coraux constituent, en tant qu'habitants des océans à des latitudes tropicales, un témoignage supplémentaire en faveur d'une Terre extrêmement ancienne. Ils meurent quand la température de l'eau est inférieure à 20°C. C'est pourquoi Hans Queiser conclut : « *Lors d'un hiver à l'échelle du monde, provoqué par la chute d'un astéroïde, un " hiver nucléaire ", non seulement les ammonites, mais aussi les coraux se seraient éteints*[122] ».

Cette constatation renvoyait le déluge mondial dans le domaine de l'imagination débridée. Les partisans de la théorie de l'évolution se réjouissaient de cette objection parfaitement justifiée d'un point de vue scientifique, mais la recherche la plus récente n'a pas encore été considérée comme il convient à cette époque. J'ai résolu depuis longtemps l'énigme de l'extinction des ammonites. Mais comment les coraux pouvaient-ils continuer à exister ?

Une étude d'O. B. Toon datant de 1984 montre que grâce à leur capacité élevée de stockage de la température, les océans ne s'étaient refroidis que dans une faible mesure, alors que la température de l'atmosphère à proximité du sol était descendue quatre à 5 mois après l'impact jusqu'à – 20° C[123].

L'enrichissement de l'atmosphère en divers gaz à effet de serre (monoxyde de carbone, dioxyde de carbone, oxyde d'azote, méthane), provoqué par l'impact, fit apparaître un

122 Queiser, Hambourg, 1988.
123 Toon, O. B. « Sudden Changes in Atmospheric Composition and Climate » ; in Holland, H. D. et Trendall, A. F. : « Patterns in Change of Earth Evolution », Berlin, 1984, 41-61 (cf. Tollmann) et Tollmann, 1993.

effet de serre. Des carottes dans l'Atlantique Sud ont montré que l'on pouvait mettre en évidence une rapide augmentation de 5°C au fond de la mer.

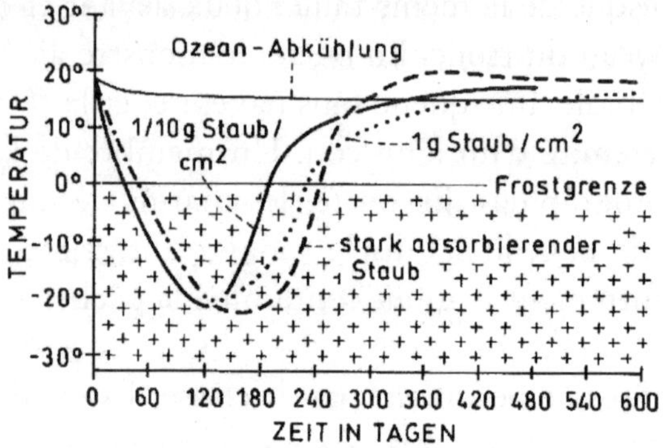

Températures dans les mers. La température dans les océans ne diminua que peu lors d'un impact cosmique relativement important — comme l'impact qui extermina les dinosaures — grâce à leur capacité de stockage de la chaleur. En revanche, à proximité de la surface terrestre, l'atmosphère se refroidit après quatre à cinq mois jusqu'à – 20°C.

Une élévation de la température suscite à son tour d'autres conditions. Les coraux tropicaux se sont vraisemblablement senti mieux dans l'eau plus chaude après l'impact, et ont même produit plus de calcaire. Comme le taux de formation à cette époque était plus haut qu'aujourd'hui, le calcul de l'âge des bancs de coraux n'est pas juste quand on part des données actuelles.

Des dinosaures aquatiques vivants ?

Quelques biologistes et océanologues, comme le Prof. Dr Jabolow, sont convaincus que des sauriens aquatiques, comme des plésiosaures ou des mosasaures, existent dans les profondeurs de l'océan Indien et dans la partie sud-ouest de l'océan Pacifique, entre le 25ème et le 35ème degré de latitude sud. Il y a beaucoup de rapports sur des observations d'habitants des mers semblables à des sauriens[124]. En 1977, un bateau de pêcheurs japonais avec 18 hommes d'équipage remontait son filet plongé à environ 250 m de profondeur au

124 Langbein, 1996.

large de la côte de la Nouvelle-Zélande. Il s'y trouvait un objet fétide mesurant juste 10 mètres de long. Il était déjà en train de se décomposer et était peut-être mort depuis un mois. Le corps pesait juste deux tonnes et avait quatre nageoires presque de la même taille, deux devant et deux derrière au niveau du tronc. En outre, le monstre avait une colonne vertébrale, une queue sans nageoire, et la tête se trouvait à l'extrémité d'un long cou. Un membre de l'équipage prit 5 photographies. En outre, les marins découpèrent un fragment de nageoire. Puis le cadavre fut rejeté à la mer, parce qu'autrement il aurait contaminé la pêche.

Les photos ne permirent pas de classer l'animal dans une des espèces que nous connaissons. L'examen circonstancié du fragment de nageoire révéla des similitudes avec un poisson ou un reptile. On ne put pas trouver de concordances avec un mammifère, par exemple une baleine. La taille globale, le long cou et la colonne vertébrale, le véritable attribut universel des mammifères, s'opposaient à vrai dire à l'idée qu'il puisse s'agir d'un poisson inconnu ou d'une espèce inhabituelle de requin. En outre, il avait quatre nageoires de taille égale, que l'on n'observe chez aucun animal aquatique connu dans cet ordre et avec cette taille. L'animal mort avait une ressemblance avec un plésiosaure, lequel est toutefois censé s'être éteint il y a 64 millions d'années. Le Japon édita à l'occasion de cette découverte un timbre figurant un plésiosaure.

Bernhard Heuvelman rapporte une observation incroyable qui s'est produite lors du coulage du vapeur britannique Iberian par le sous-marin allemand U28 dans l'Atlantique Nord[125]. Après que le navire eut été torpillé et coulé, il y aurait eu une explosion sous l'eau. Peu après, un monstre gigantesque fut aperçu par le commandant et certains de ses officiers. Il s'élança de quelques mètres dans les airs, se

125 Heuvelmans, 1968.

tordit et se courba. Après quelques secondes, il replongea dans les flots de l'Atlantique. Le monstre aurait eu une longueur d'environ 20 mètres et rappelait un crocodile surdimensionné avec des palmes entre les doigts[126].

À Falmouth en Cornouaille, Angleterre, plusieurs monstres marins ont été aperçus dans les années soixante dix ; on les a appelés morgawr. En 1976, deux photos ont même été faites (prétendument des supercheries) ; elles montrent un animal avec plusieurs bosses sur le dos et un long cou avec une petite tête[135].

Il y a beaucoup d'observations crédibles de monstres marins extrêmement variés dans le passé le plus récent. Longtemps, on a cantonné l'existence des calmars géants au domaine de la fable. Des représentations de ces animaux gigantesques sur d'anciennes cartes semblaient être l'expression d'une peur de l'inconnu, mais elles correspondent à la réalité. Un calmar géant mesurant juste huit mètres a été découvert le 30 novembre 1861 au large de Ténériffe. Au cours de ces dernières années, il y a eu des observations semblables ainsi que des captures. Ces animaux vivent à de grandes profondeurs, si bien qu'on ne les voit guère. Mais on a trouvé dans des estomacs de baleines des restes de ces animaux qui suggèrent qu'il y a des calmars géants de 20 m et même jusqu'à 30 m de longueur.

Dans le Pacifique au large de Hawaï, on a pêché en 1976 une espèce de requin jusque là inconnue. Cet animal, appelé megamouth (grande bouche), était long de quatre mètres et demi et avait une grande bouche pour saisir le plus de plancton possible. Un deuxième exemplaire de megamouth a été capturé en 1984 en Californie[135]. Il y a donc vraiment des habitants des mers assez grands et encore inconnus. Si l'on veut croire les observateurs, les lacs d'Amérique du Nord et d'Écosse fourmillent de monstres. Il n'est

126 Bord, 1989.

guère d'État fédéral américain ou canadien qui ne puisse présenter au moins un plan d'eau avec un monstre. Les monstres sont particulièrement nombreux dans les États de New York et du Wisconsin.

D'anciennes légendes indiennes font état d'un monstre qui inspirait la terreur dans le lac Champlain dans l'État de New York. Samuel Champlain, qui a donné son nom à ce lac, a vu l'animal de ses propres yeux en 1609. Ce monstre a paraît-il sans cesse été de nouveau aperçu jusqu'à aujourd'hui. Dans le lac Okanagan en Colombie Britannique (Canada), un serpent de mer géant a été vu plus de deux cents fois ; il pourrait s'agir d'un dinosaure du type basilosaure. Les Indiens qui vivent auprès du lac connaissent cet être depuis des siècles sous le nom de Naiaka, et il est appelé aujourd'hui officiellement Ogopogo[127].

Dans le lac Pohengamook près de Québec, dans la baie de Chesapeak près de Vancouver, dans le lac Flathead dans le Montana, et dans d'autres lacs en Écosse, on a plusieurs fois aperçu et décrit des monstres. Dans le journal russe *Komsomolskaja Pravda*, en 1964, il est fait état d'un redoutable monstre que le professeur Gladkikh dit avoir vu dans le lac Labynkyr en Yakoutie. Le monstre est censé ressembler à un ichtyosaure rampant en forme de poisson. Il a émergé, a nagé vers la rive et s'est élancé sur la terre ferme. Le représentant le plus connu de son espèce est assurément Nessie. Déjà, en 565 de notre ère, les chroniques parlent d'un moine, constructeur du cloître de St. Columba, qui a assisté fortuitement à l'enterrement d'une victime du monstre lacustre du Loch Ness. Par la suite, le saint repoussa par la puissance de la prière le monstre qui se faisait voir. C'est cet événement qui convertit les Écossais au christianisme.

Le poète écossais Sir Walter Scott (1771-1832) nota en 1827 dans son journal que l'on avait essayé de capturer la légendaire vache aquatique. Un plongeur a vu en 1880 un grand monstre sous l'eau, et en 1933, le couple Spicer fut

127 Fiebag, 1993.

témoin de la traversée de la route A 82 par *Nessie*. Elle avait une petite tête, un long cou, un gros corps, quatre nageoires et faisait huit à neuf mètres de long. Elle portait un animal dans sa gueule. Après un bref instant, elle alla en se dandinant sur ses grandes nageoires jusqu'à l'eau. C'est à proprement parler la description exacte d'un plésiosaure, semblable au cadavre que le bateau de pêche japonais avait repêché. Parallèles fortuits ? Mais on ne savait pas encore en 1933 que l'on attraperait en 1977 un animal semblable, même si c'est sous forme de cadavre.

Nessie aurait été observée en tout plusieurs centaines de fois. Un sonar installé à l'angle sud-est du lac profond d'au moins 325 m montra à l'écran le 28 août 1968 un gros objet lancé à une vitesse énorme. En octobre 1987, toute une flotte de vingt bateaux rangés en ligne l'un à côté de l'autre traversa le lac dans un sens et dans l'autre. Trois objets mystérieux furent repérés, qui n'étaient plus présents lors de la deuxième mesure. Les repérages correspondaient à une profondeur supérieure à celle de l'espace vital normal des poissons vivant dans le lac. Il y a aussi quelques photos de Nessie, cependant elles sont souvent très indistinctes et sont présentées comme des supercheries. Le fait qu'une espèce de saurien survive 65 millions d'années dans un espace vital fermé paraît peu vraisemblable, même si Nessie peut apparemment se mouvoir sur la terre. Comme des monstres ont aussi été observés dans des lacs écossais voisins, beaucoup d'arguments sont en faveur de son aptitude à se déplacer sur la terre ferme. Mais il faudrait qu'il y ait plusieurs exemplaires pour permettre la survie d'une espèce de ce type, ce que les contacts sonar et les observations semblent ne pas exclure. Si les dinosaures avaient vécu il y a quelques milliers d'années encore, jusqu'au déluge, l'existence de monstres, comme des plésiosaures dans la mer ou dans divers lacs du monde entier, semblerait bien plus crédible.

Ce laps de temps relativement bref peut aussi être comblé par quelques animaux ayant éventuellement une longue vie. On savait raconter au Moyen-Âge des histoires de dragons tués par un courageux chevalier. Le Drachenstich *dragon transpercé*, fête d'août à Furth im Wald en Bavière) est véritablement un mot passé dans le langage courant. S'agit-il ici d'une scène réelle ? Y avait-il encore au Moyen-Âge de grands lézards, peut-être aussi de petits dinosaures de la taille d'un varan de Komodo, qui avaient survécu au déluge ?

Les navires vikings étaient ornés de têtes de dragons, et *Saint Georges* est censé avoir libéré la ville de Beyrouth d'un dragon. Il y a dans le monde entier des représentations de dragons – en particulier en Extrême-Orient –, et l'on connaît aussi des dessins préhistoriques de dinosaures (voir photo 102 et 103) qui sont cependant volontiers présentés comme des supercheries. Les dinosaures ont-ils vécu jusqu'à récemment, ou Michael Buhl a-t-il raison d'écrire dans le magazine P.M. déjà cité : « *Des découvertes précoces d'ossements pourraient expliquer que les mythes de monstres inspirant la peur sont apparus dès l'âge de pierre* » ? Nos ancêtres méditaient-ils déjà profondément sur de grandes découvertes d'ossements ? Comment connaissaient-ils en général les squelettes correspondants ? Les cherchaient-ils en fouillant ? Des restes de dinosaures ne peuvent pas se trouver simplement à la surface de la Terre pendant N millions d'années, sans se décomposer !

Fossiles vivants

L'exemple le plus célèbre d'un fossile vivant est le coelacanthe. Nous connaissons très bien ce poisson par des pétrifications, et il était considéré comme éteint depuis au moins 65 millions d'années. Je puis encore me rappeler de mes cours d'école où l'on présentait de façon convaincante cet animal, en raison de ses nageoires terminant des lobes charnus, comme un poisson marchant sur la terre et donc comme un trait d'union entre les habitants des mers et de la terre.

Or cette conception se révèle intenable, pour la raison que les nageoires qui se trouvent au bout des lobes sont bien trop faibles. Elles ne peuvent pas porter sur la terre ferme un animal relativement grand pesant vivant quelques kilogrammes. Le chaînon manquant dans la chaîne infinie de l'évolution, c'est-à-dire un animal qui soit d'abord allé sur la terre ferme puis se soit développé en tant que mammifère ou reptile, manque toujours. D'ailleurs, on ne le trouvera pas car il n'y a jamais eu d'évolution dans ce sens.

Timbre du saurien. Le Japon a édité ce timbre en 1977. Il représente sous la forme d'un plésiosaure le cadavre repêché au large de la Nouvelle Zélande.

Au large des Comores, à proximité de Madagascar, on a capturé en 1938 un coelacanthe vivant, et le biologiste océanologue Hans Fricke a filmé cet animal dans son environnement naturel, à deux cents mètres de profondeur. Est-ce seulement un caprice de la nature si une espèce a survécu N millions d'années sous sa forme originaire, ou les pétrifications sont-elles des témoignages du déluge ? En tout cas, un animal préhistorique survivant ne cadre pas avec l'idée de l'évolution, même si les partisans de l'évolution argumentent avec un clin d'œil que la nature produit justement de vrais miracles par des hasards incroyables.

Il ne faut pas moins qu'une merveille pour fonder d'un point de vue scientifique une thèse non prouvée. Mais qui se trouble encore à la vue de hasards infiniment nombreux, et qui de plus se succèdent comme il convient, quand il était censé y avoir assez de temps ? Une seule chose est claire : un fossile vivant contredit d'une manière fondamentale l'idée de l'évolution ainsi que l'adaptation et le développement toujours en progrès qui lui sont associés.

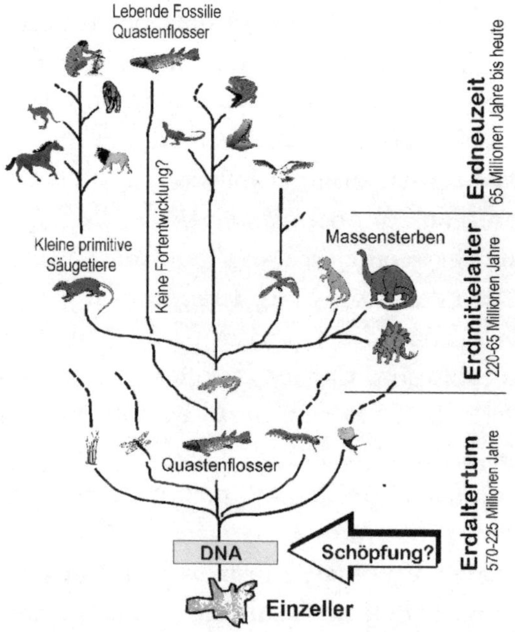

L'arbre de l'évolution. Cette représentation simplifiée de la macroévolution illustre le développement des êtres vivants. La question de savoir comment une cellule biologique a pu recevoir le code génétique n'est absolument pas élucidée. Y a-t-il eu une influence extérieure ? Sommes-nous près de commencer une expérimentation biogénétique similaire sur Mars ? Le coelacanthe, en tant que prétendue forme de transition du stade d'habitant des mers à celui d'habitant des terres, vit encore sans aucune évolution après plusieurs millions d'années. Le fossile vivant ne contredit-il pas d'une manière fondamentale la pensée fondatrice de l'évolution avec le refoulement postulé d'espèces moins adaptées ? Pourquoi les stades intermédiaires nombreux du coelacanthe plus développé et d'autres animaux aussi n'ont-ils pas survécu ? Dans le cas de l'évolution, les êtres vivants plus développés existaient l'un après l'autre, dans le cas de la création les créatures vivaient ensemble temporellement.

Si des fossiles-guides se sont développés dans les temps primitifs conformément à ce qu'affirment les bases théoriques de la doctrine de l'évolution, lentement, pour aboutir à un autre animal, la question cruciale se pose : comment se fait-il qu'il y ait aujourd'hui encore en général des exemplaires vivant qui ne se sont pas modifiés depuis les temps primitifs ? Pourquoi ne trouve-t-on pas un coelacanthe modérément ou même seulement *un peu* évolué ? Si ces animaux existent depuis 64 millions d'années, ils devraient exister sur terre dans leurs stades évolutifs les plus variés, et pas seulement sous forme du modèle de départ le plus reculé, ou bien le hasard joue-t-il de nouveau *le* rôle décisif, contre toute logique et toute probabilité statistique ? La constitution d'un nouvel animal ne peut se produire que par modification du patrimoine génétique à travers des étapes très petites, préalable fondamental d'une évolution effective.

Si le coelacanthe devait s'être développé progressivement et si l'animal original existait lui-même aujourd'hui après 65 millions d'années, *beaucoup d'espèces évoluées à moitié achevées* doivent avoir existé sous la forme d'espèces animales que nous ne connaissons pas. Comme il n'y a de nos jours apparemment que des animaux parfaits, il ne peut pas y avoir eu d'évolution. Car les modèles précurseurs devraient avoir survécu dans des *niches biologiques* jusqu'à nos jours, au moins dans le cas singulier. La science recherche désespérément le *missing link*, le chaînon manquant (la forme de transition manquante). *Mais le véritable problème n'a jusqu'à présent pas été discuté :* chaque forme de transition entre deux espèces animales doit non seulement consister en une espèce unique, mais encore en innombrables *missing links* évolués un peu différemment ! Chaque forme de transition doit représenter toute une série développementale avec un grand nombre de stades singuliers, car la théorie de l'évolution part d'un *changement progressif* au cours de la longue histoire de la Terre, conformément aux théories de Darwin et de Lyell.

Fondamentalement, la question se pose de savoir si un animal à moitié ou partiellement évolué est ne serait-ce que capable de survivre, car les changements, par exemple le développement d'une nageoire en un pied, n'a pu se produire que par très petites étapes. Or un pied qui n'a pas encore évolué jusqu'à son stade terminal représente pour cet animal non un développement, mais un *véritable handicap*.

Ces créatures étaient-elles en général viables et *mieux adaptées que leurs prédécesseurs* ? Manifestement pas ! Mais pour éviter des difficultés d'argumentation, les partisans de la théorie de l'évolution devraient simplement se mettre à affirmer que la transition d'une espèce animale à une autre s'est accomplie très vite, pratiquement dans un état de développement total, quasiment comme une *hyper-macro-évolution*. Toutes les contradictions que j'ai présentées pourraient ainsi très facilement être expliquées, justement parce que l'on n'aurait plus rien à expliquer. Je suis convaincu que nous croirions aveuglément comme à une donnée universelle une thèse scientifique de ce genre présentée avec le sérieux nécessaire. Reste la question : *comment* un tel animal hérite-t-il ses facultés ?

Quoi qu'il en soit, le varan de Komodo constitue un autre exemple de fossile vivant. Les rapports des indigènes faisant état de dragons vivants ont longtemps été considérés comme des produits de l'imagination. On a découvert le reptile en 1912sur l'île indonésienne de Komodo, qui lui a donné son nom ; sa longueur peut atteindre plus de 3 mètres. Ce varan est considéré comme un survivant de l'ère des dinosaures, mais apparemment lui non plus ne s'est pas développé. Un animal de forme hexagonale de la taille d'une pièce de 2 euros avec des séries de points noirs a été découvert en 1986 dans l'océan Atlantique à proximité de sources d'eau chaude. Jusqu'au jour de sa découverte, l'animal était considéré comme éteint depuis 70 millions d'années[135].

Mokele-mbembe

Comme je l'ai déjà dit, je n'ai pas rencontré le Dr Baugh lors de ma dernière visite à Glen Rose. Il participait à une expédition en Nouvelle-Guinée. Les indigènes font sans cesse état de grands monstres qui sont même censés piller les tombes des morts. Il est possible qu'il s'agisse d'une espèce survivante de dinosaure. On n'a pas encore pu présenter de preuve de l'existence de dinosaures vivants, mais il y a eu contact visuel au moyen d'appareils de vision nocturne avec des animaux assez grands. Il est censé y avoir dans les marais du Congo, en Afrique, un monstre que les indigènes appellent Mokele-mbembe. Il y a depuis 200 ans des rapports sur cet animal, et on a recueilli très tôt des observations d'empreintes de pieds inidentifiables. En 1913 déjà, à l'occasion d'une expédition, un capitaine de cavalerie, le Baron von Stein zu Lausnitz, fournit des rapports sur un animal censé avoir la taille d'un éléphant, au moins celle d'un hippopotame, et un cou très mobile.

Le Suédois J. C. Johanson aurait rencontré un saurien en 1932 lors d'un safari. L'animal aurait mesuré 16 m. Il y a bien une photo de cette rencontre, mais malheureusement elle est très indistincte. En 1959, un Mokele-mbembe aurait été tué par les indigènes. Tous ceux qui ont mangé de sa chair seraient morts. Le zoologue congolais Marcellin Agnagna a conduit en 1983 une expédition dans la région de Likouala et aurait vu de ses propres yeux un Mokele-mbembe. Cet animal est généralement décrit comme mesurant de 5 à plus de 10 mètres de long queue comprise, et avoir quatre petites pattes pourvues de griffes. C'est un végétarien et il laisse des empreintes de pieds de trente centimètre. Peut-être y a-t-il encore des dinosaures survivants. S'ils vivaient encore il n'y a pas trop longtemps, comme je l'ai montré de façon convaincante, il est tout à fait pensable et même probable que certaines espèces de dinosaures existent sporadiquement jusqu'à aujourd'hui. Ainsi, les dragons dans toutes les légendes du monde ne seraient pas des produits de l'imagination, mais des descriptions réalistes de dinosaures ou d'autres monstres survivants, ou au moins des souvenirs des jours ayant précédé ou suivi de près le déluge.

Représentations antiques de dinosaures

Si les dinosaures se sont éteints il y a 65 millions d'années et si l'humanité n'existe tout au plus que depuis 3 millions d'années, il ne peut pas y avoir de représentation imagée d'êtres des temps primitifs. Si l'idée de l'évolution était juste, aucun homme n'aurait jamais pu voir un dinosaure et, faute de connaissance, personne n'aurait pu les représenter. Une des découvertes les plus contestées et en même temps les plus sensationnelles a été faite à Ica, au Pérou. Un médecin praticien, le Dr Javier Cabrera, a reçu comme cadeau de la part d'un paysan qu'il avait soigné gratuitement une petite pierre destinée à servir de presse-papier. Un oiseau mythologique était gravé sur cette pierre. Ce dessin gravé ressemblait à la reconstruction d'un plésiosaure (lézard volant dont l'envergure atteint huit mètres), qui est censé avoir vécu il y a environ 100 millions d'années. Si l'on suppose que la pierre ne provient pas de ce siècle, la question se pose de savoir comment on peut représenter un animal qu'aucun homme en général ne peut avoir vu.

Le Dr Cabrera a collectionné en tout plus de 12 000 de ces pierres ; elles étaient mises au jour par des indigènes dans le désert d'Ocucaje[128] et livrées à Cabrera contre paiement. Lors d'examens de laboratoire, on avait depuis quelques années déjà découvert une couche d'oxydation sur la surface des pierres d'Ica, qui se trouve aussi sur les dessins. On pouvait ainsi facilement distinguer les faux, préparés pour les touristes, des originaux. Lors d'une émission de télévision, des Indiens affirmèrent qu'ils étaient les livreurs des pierres d'Ica « authentiques », qui seraient des faux. Quand on leur posa la question, ils affirmèrent produire eux-mêmes sur les pierres la couche d'oxydation, en entreposant les pierres gravées dans un tas de fumier. Ces Indiens étaient apparemment très prévoyants, car ils ont dû soigneusement recouvrir leurs « faux » dès avant les examens de laboratoire avec une couche d'oxydation invisible,

128 Petratu et Roidinger, 1994.

afin qu'elles résistent à un examen ultérieur de leur authenticité en laboratoire. Ou bien ces Indiens n'essaient-ils pas plutôt de préparer après coup leurs faux avec une couche d'oxydation afin qu'ils ressemblent à des pierres d'Ica authentiques ?

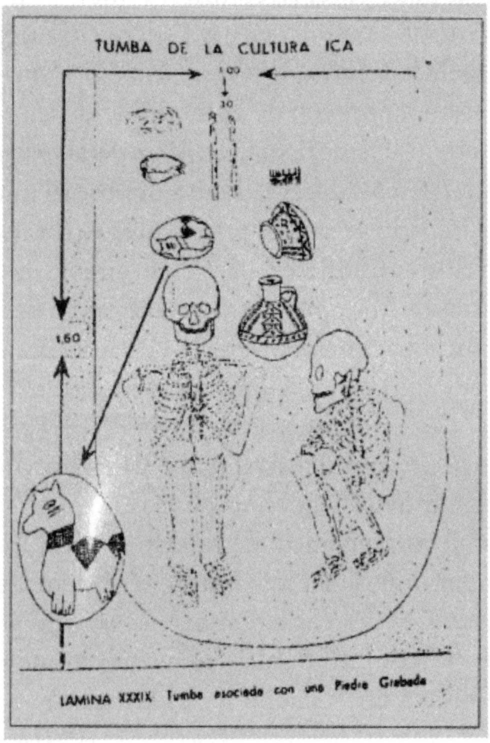

Tombe Ica. L'esquisse officielle d'une « sépulture en position fœtale » de la civilisation Ica au Pérou, avec une pierre d'Ica sur laquelle est représenté un animal stylisé. Tiré d'Assereto (1968, p. 216).

Y a-t-il des objets comparatifs pour ces pierres d'Ica ? Lors de ma visite au Dr Cabrera, qui entre-temps est décédé, celui-ci m'offrit une pierre avec un dinosaure gravé. Mais lors de cette visite au Pérou, j'ai étudié des récits officiels de fouilles, et j'ai découvert que l'on avait aussi mis au jour, dans les tombes des hommes de la culture Ica, des pierres avec des motifs gravés (voir fig. 39).

Qu'y a-t-il de si sensationnel dans les motifs gravés sur les pierres Ica ? C'est que les représentations documentent la coexistence des dinosaures et des hommes ! En même temps, elles témoignent d'un savoir technique que l'on ne connaît que depuis quelques centaines d'années : entre autres les télescopes et les loupes, les instruments de musique.

Des représentations de dinosaures ont aussi été trouvées en Amérique Centrale à Acambaro (Mexique). Il s'agit de figures d'argile que l'on peut dater avec des méthodes modernes. En 1967, Arthur Young envoya deux figures d'Acambaro au Dr Froelich Rainey, directeur du *Pennsylvania Museum*, pour datation au moyen de la méthode de thermoluminescence. L'examen entrepris par le *Museum Applied Science Center for Archaeology* (MASCA), donna un âge allant jusqu'à 2700 ans av. JC. Plusieurs autres datations furent entreprises, entre autres en 1968 par Charles Hapgood. Les examens de trois figures au *Laboratory of Isotopes Incorporated* dans le New Jersey donna un âge allant de 1622 à 4512 av. JC.

Même si je rejette ces déterminations d'âge, elles confirment la coexistence d'hommes et de dinosaures. Car les reconstitutions de dinosaures n'ont débuté qu'il y a 150 ans, et c'est pourquoi des représentions de dinosaures âgées au moins de 200 ans prouvent que l'artiste avait vu lui-même des dinosaures ou une image, ou qu'il avait au moins une description de ces animaux primitifs.

~ 12 ~
Évolution ou création ?

Un déluge mondial, la vie contemporaine des animaux primitifs, dinosaures, hommes et mammifères d'un côté, et la théorie de l'évolution de l'autre côté s'excluent réciproquement. Il ne peut y avoir de solution intermédiaire avec un « si ou un mais ». Sans évolution réalisée, il n'y a qu'une solution : toutes les créatures ont été créées.

Le principe d'entropie

L'idée d'évolution n'est pas compatible avec les lois de la nature. Le principe d'entropie, le deuxième principe de la thermodynamique tiré de la doctrine de la chaleur, dit que sans dépense de travail, la chaleur ne peut pas passer d'un corps de température déterminée à un corps dont la température est supérieure. En d'autres termes, cela signifie inversement que toutes les choses vieillissent et se décomposent : les étoiles brûlent, les créatures vivantes vieillissent, de nouvelles choses se décomposent, et l'énergie elle-même se transforme en états de moins en moins utilisables. L'évolution devrait être opposée à cette loi de la nature, puisque des créatures sans cesse meilleures et plus complexes sont censées s'être développées.

D'où vient et sous quelle forme apparaît l'énergie supplémentaire permettant d'atteindre un niveau supérieur de développement et d'augmenter encore sans cesse celui-ci ? Cette énergie supplémentaire doit avoir été présente pendant toute l'histoire de la Terre de manière constante. La chlorophylle est censée représenter un argument en faveur de la constitution de cette énergie nécessitée en supplément, et donc être le moteur de la vie. Grâce à cette matière, qui ne pouvait être développée que par un nombre incroyable de hasards, une cellule est capable de transposer la lumière solaire en énergie chimique. L'énergie supplémentaire nécessaire pour vaincre le principe d'entropie est-elle ainsi trouvée ?

Une fois que l'on fait abstraction des hasards et miracles supplémentaires nécessaires pour qu'apparaisse une cellule et pour qu'elle produise aussi de la chlorophylle, la voie qui s'ouvre à l'évolution mène à une impasse. Le processus de transposition de la lumière solaire en énergie s'est accompagné pour la première fois sur la Terre d'une production et d'un dégagement d'oxygène.

Mais l'atmosphère primitive ne contenait pas d'oxygène. Nous présupposons en plus que les premières cellules, en dépit de toutes les probabilités statistiques, ont pu se développer dans un environnement de méthane, d'ammoniaque et d'azote. En tout cas, pour les cellules ainsi apparues, l'oxygène libéré par le processus de transposition agit comme un poison mortel. L'évolution devrait s'être elle-même tuée, mais il reste encore comme issue la possibilité du hasard.

La science établie part de l'idée que la nature a expérimenté jusqu'à ce que des formes de vie complexes soient apparues grâce à l'heureux enchaînement d'un nombre infini de hasards. Du point de vue de la probabilité toutefois, on peut comparer ce jeu de loterie à un livre comptant plusieurs volumes, rédigé sans faute et sans modèle par un chimpanzé entre les mains duquel on a mis une machine à écrire[129]. Quoi qu'il en soit, personne n'aurait l'idée de créditer un singe d'une telle performance, mais le développement tout aussi invraisemblable de l'unicellulaire à l'homme se serait produit *sans aucun doute* ?

Microévolution

D'une manière faussement exemplaire, la macroévolution – la transition d'une espèce animale à l'autre – est tou-

129 Geise, 1997.

jours prouvée au moyen de la microévolution qui a lieu dans la nature. Il est sûr qu'il y a eu et qu'il y a une modification des plantes et des animaux : c'est la microévolution, qui ne doit pas être confondue avec l'évolution proclamée par Darwin. Le développement ou mieux le choix procédant d'une sélection de qualités déjà existantes a lieu quotidiennement dans la nature et n'est pas non plus contestable. D'innombrables possibilités de combinaison découlent des dispositions génétiques d'un être vivant. La couleur des cheveux et de la peau, la forme des yeux et tous les autres caractères d'un homme ou d'un animal peuvent à proprement parler être combinés et hérités à loisir. Même l'homme agit comme un créateur, en accomplissant quotidiennement la microévolution : sélection de nouvelles espèces de fleurs ou d'animaux. La main humaine produit une microévolution et ainsi une création.

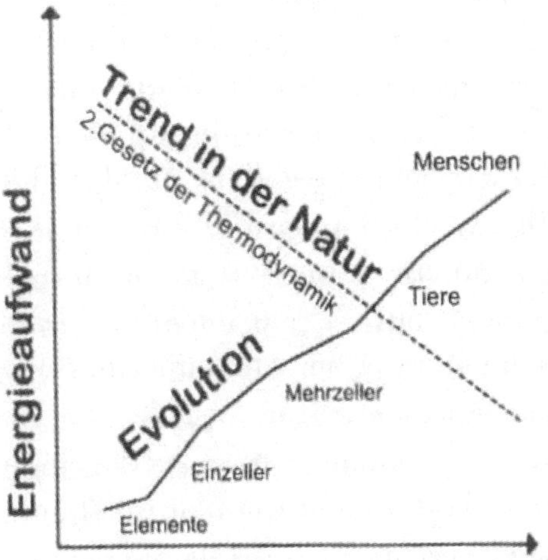

Tendance dans la nature. Le principe d'entropie (deuxième principe de la thermodynamique tiré de la doctrine de la chaleur) contredit l'évolution. Sans dépense de travail extérieure, un corps présentant une température donnée ne peut pas se transformer en un corps dont la température est plus élevée. Sans apport d'énergie supplémentaire, toutes les choses vieillissent et se désintègrent. Le développement d'un système simple en un système complexe n'est de ce fait pas possible. Les états énergétiques présents se transforment au fil du temps en états toujours moins utilisables.

Des fleurs peu remarquables, sauvages, peuvent être transformées en une splendeur florale, comme cela s'est passé par exemple avec le bégonia rouge, qui a été sélectionné au XXe siècle. De même, des chiens, des volailles ou des oiseaux sont presque quotidiennement variés par l'exploitation de la doctrine de l'hérédité définie par le botaniste autrichien Gregor Mendel (1822-1884), il y a donc création de variantes d'espèces existantes.

Diverses races peuvent se développer à partir d'un groupe d'hommes par variations du patrimoine héréditaire ainsi que par adaptation aux conditions de vie correspondantes, même sans saut de mutation. On ne peut absolument pas recourir à ces exemples de microévolution pour en faire une preuve de la théorie de l'évolution en tant que tout, parce que tous les caractères sont stockés dans le patrimoine héréditaire et ne sont que diversement combinés, mutations minimes comprises.

Un autre bel exemple de l'évolution est le développement du chien. Qu'est-ce qu'un teckel a de commun extérieurement avec un afghan ou un chien de berger ? Il y a quelques races de chiens et diverses espèces. Mais les résultats de recherches actuelles confirment que tous les chiens se sont développés à partir d'un animal-mère original. Les examens ADN le confirment, et il est évident qu'il ne faut pas postuler un long laps de temps pour que la genèse tout à fait normale des races de chiens se produise. Indépendamment de la durée réelle du développement, on sait justement des races de chiens que de nouvelles races se forment très vite grâce au croisement naturel et peuvent être multipliées. Après le déluge, les races de chiens se développèrent à partir de très peu ou peut-être même à partir d'un seul couple survivant. Puisque d'un point de vue scientifique, tous les chiens dépendent d'un animal-mère originel, on ne peut que penser involontairement à l'arche de Noé abritant les couples d'animaux ayant survécu au déluge. Un *parallèle qui donne à penser* (cf. p. 2 : c). En tout cas, les bases génétiques de tous les chiens sont pratiquement identiques et ne représentent que des variations du patrimoine génétique présent, soit fortuitement par adaptation à la nature, soit comme résultat d'un choix sélectif. Il n'y a en aucun cas évolution au sens de la macroévolution, bien que les races de chien soient totalement différentes et que des exemples correspondants soient volontiers présentés comme des preuves du darwinisme, ce qui naturellement est parfaitement insensé.

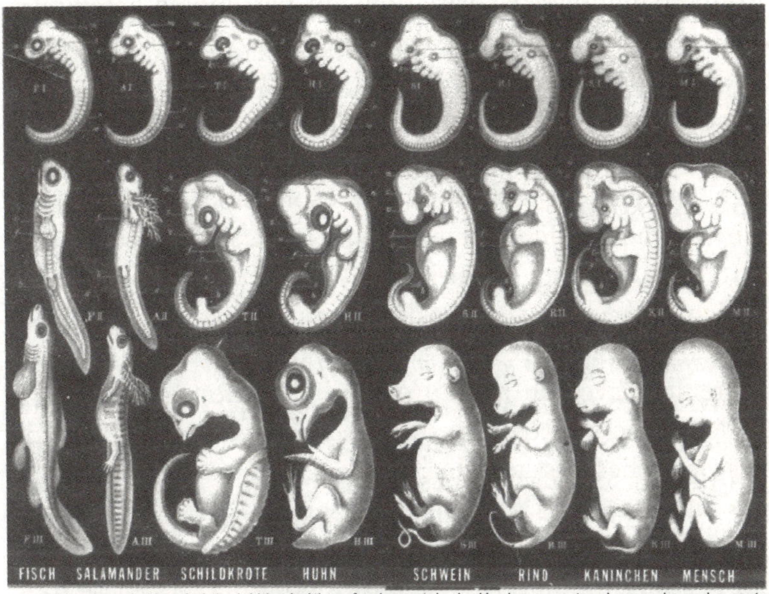

Esquisse de Haeckel. La loi biogénétique fondamentale du développement embryonnaire, qui apporte un soutien décisif à la théorie de l'évolution, a été inventée avec ce document falsifié par Ernst Haeckel. Michael Richardson, du « St. George's Hospital », a examiné à neuf avec des collègues du monde entier les embryons après des décennies et a découvert la supercherie.

À partir d'un cheval primitif, diverses espèces peuvent se développer, comme les zèbres, les chevaux nains, les poneys ou d'autres formes phénotypiques. Une adaptation par sélection préférentielle de certaines dispositions héréditaires existantes, la microévolution, est possible. Mais un cheval ne peut pas donner un autre animal, et un homme ne peut pas provenir d'un singe, comme la loi de Darwin aimerait nous le faire croire. Le développement ne peut pas se faire par la transmission héréditaire de qualités acquises, ne serait-ce que parce que le nombre des chromosomes diffère, ce qui rend une reproduction commune impossible. C'est uniquement par mutations et erreurs dans le patrimoine génétique que pourrait avoir lieu une évolution réelle, la macroévolution.

Je puis me souvenir encore nettement de mes cours de biologie. Notre enseignante nous expliquait de façon convaincante que chaque être vivant parcourait pendant son développement embryonnaire, en accéléré, l'histoire de la lignée de ses ancêtres. Les jeunes embryons d'un poisson, d'une salamandre ou d'un porc ne se distingueraient pas de ceux de l'homme. Cette connaissance remonte au zoologue allemand Ernst Haeckel (1834-1919) – un des leaders de la défense de la théorie de l'évolution au XIXe siècle, à côté de Charles Darwin – et représente une *loi biogénétique fondamentale* de la doctrine de la descendance. Je voudrais souligner les termes loi fondamentale, parce qu'ils ont la même puissance affirmative que la loi de l'évolution de Darwin, et *soutiennent* celle-ci *d'une façon tout à fait décisive*. Qui voudrait douter de ces énoncés venus de scientifiques renommés, les deux théories, pardon : lois, se complètent à cent pourcent. Les doutes sont exclus, pas même permis ! Les connaissances de Haeckel sont considérées comme un des *piliers de notre image du monde*, parce qu'elles permettent de prouver la descendance des espèces, puisque chaque homme, dans la matrice quasiment, est censé parcourir le développement menant du poisson, en passant par les différents stades des mammifères, jusqu'à la « *couronne de la création* ». Il ne peut presque pas y avoir de meilleure preuve de l'évolution, et si cette preuve n'existait pas, elle est excellente au point qu'elle devrait à proprement parler être inventée pour servir la théorie de l'évolution. En d'autres termes : cette preuve est presque trop belle pour être vraie.

On pouvait lire, dans le magazine d'information « Focus », traitant des connaissances scientifiques les plus récentes de l'année 1997, sous le titre de *Dessins falsifiés* : « *Les dessins avec lesquels Haeckel avait étayé sa théorie sont en fait librement dérivés d'embryons humains, affirme Michael Richardson du St. George's Hospital, qui a de nouveau examiné les embryons au niveau international avec des collègues. La supercherie n'a été découverte que maintenant, parce que les embryologues ne menaient plus d'études comparatives depuis des décennies*[130]». En d'autres termes : *une loi biogénétique fondamentale a tout simplement été inventée librement pour étayer la théorie de l'évolution*. Le dogme d'un Haeckel est pulvérisé – celui de Darwin s'effondrera-t-il ? Un commentaire supplémentaire est à vrai dire superflu, mais prouve le caractère biaisé de l'image du monde des biologistes du XIXe siècle à laquelle nous *croyons encore sans restriction*. La théorie de l'évolution reste-t-elle inébranlable, même quand un de ses soutiens importants se brise soudain ? Mais malgré tout, on s'accroche encore sans réserve aux propositions datées et entre-temps dépassées de ce groupe de scientifiques du XIXe siècle.

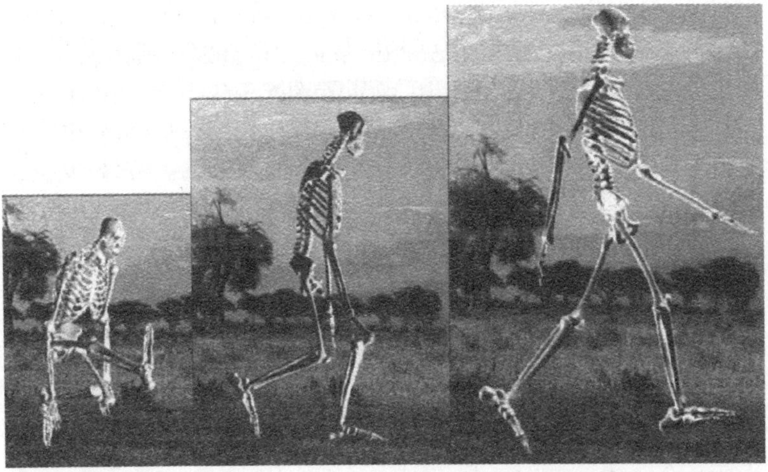

A B C

Marche du singe. L'anthropologue britannique Robin Crompton de l'université de Liverpool a reconstitué le développement de la marche verticale dans le cadre de l'humanisation. La marche du singe (A) n'est pas appropriée pour le premier homme. La marche inclinée (B) n'offre aucune chance de survie. La marche verticale (C) représente le seul modèle de mouvement qui fonctionne. Ce résultat contredit la thèse traditionnelle : nos ancêtres ont quitté les arbres en marchant sur deux jambes. Il n'y a pas eu de développement de la marche traînante à la marche verticale.

130 « Focus », 34/1997, 128.

L'exemple de la prétendue évolution menant du singe à l'homme montre nettement que soit un double miracle a eu lieu, soit l'homme ne peut pas descendre du singe. Selon la théorie de l'évolution, les singes humanoïdes sont censés avoir régulièrement quitté les arbres pour se mouvoir pendant un laps de temps bref sur deux jambes. Pour pouvoir voir au-delà de l'herbe de la steppe, le singe humanoïde devait se redresser. Les singes qui en raison d'une malformation héréditaire des articulations se positionnaient de la manière la plus adroite vécurent plus longtemps et transmirent leur maladie. De ces singes malades sortit ensuite, conformément à la théorie de l'évolution, l'homme. Je souligne que cette présentation du prétendu développement des singes ne provient pas de moi, mais constitue un fonds de pensée des partisans de la théorie de l'évolution.

Le magazine d'information *Focus* rapporte en 1996 des simulations par ordinateur effectuées par une équipe de chercheurs de Liverpool. Le résultat de cette animation tridimensionnelle dispendieuse *contredit* la thèse traditionnelle. On a simulé les propriétés de la marche de Lucy, un être proche du singe à marche verticale. Cette aïeule que l'on présente comme humaine est censée avoir vécu il y a environ 3,6 millions d'années en Afrique de l'Est. Si on faisait marcher ce squelette sur l'ordinateur comme un chimpanzé, il se renversait sans cesse. Un dos courbé et des genoux fléchis se révélèrent non viables. L'anthropologue britannique Robin Crompton est de ce fait convaincu que nos ancêtres soit marchaient totalement verticaux, soit se sont éteints, et qu'ils « *sont passés dans le laps de temps le plus bref de quatre à deux jambes avant d'avoir quitté les arbres*[131] »

Il y a deux solutions pour ce problème. Selon la théorie de l'évolution, Lucy était un modèle très précoce du développement de l'homme et ressemblait en fait à un singe, car son cerveau ne pouvait pas avoir été plus grand que celui

131 « Foculs », 39/1996, 178.

d'un anthropoïde actuel. Pourtant, le squelette est censé ressembler à celui de l'homme d'aujourd'hui. En dépit de ces similitudes, Lucy n'était pas semblable à l'homme et n'appartenait pas à l'espèce homo. Donc, le prédécesseur de Lucy doit déjà avoir marché debout, et il n'y a pas eu de modèle de transition, comme l'exige la théorie de l'évolution et comme elle en a nécessairement un besoin pressant pour maintenir ses thèses.

Microévolution. La microévolution est caractérisée par la combinaison de tous les caractères héréditaires présents qui se marquent avec une intensité variable en fonction des données environnementales. Mais la macroévolution au sens du darwinisme comprend des sauts développementaux plus grands. La figure représente la transition d'un lézard, puis au premier reptile planeur, et au proto-oiseau capable de voler (archéoptéryx). C'est à partir de ce dinosaure volant que sont censés s'être développés les oiseaux que nous connaissons maintenant. Même si les proto-oiseaux pouvaient avoir des plumes, l'écart en termes d'histoire du développement entre un reptile planeur et un archéoptéryx battant des ailes est à presque tous les points de vue trop grand.

L'autre solution impliquerait que Lucy était déjà un modèle développé et que l'histoire développementale des prétendus précurseurs de l'humanité devrait être déplacée plus loin encore dans le passé. Cette solution conforme à la théorie de l'évolution contredit cependant le résultat de l'animation par ordinateur : *entre* la marche quadrupède du singe et la marche verticale de l'homme, il n'y a *aucun intermédiaire*, et il n'y a de ce fait aucun développement conforme à la théorie de l'évolution, ni du vivant de Lucy ni à aucun moment antérieur. Pour des raisons anatomiques, statiques, évolutives et logiques, cette espèce à la marche fléchie n'aurait pas été capable de survivre, en particulier à cause du refoulement des espèces moins adaptées qu'exige l'évolution. La conclusion est que le singe a dû venir des arbres avec une marche verticale. Mais alors la question se pose : que fait donc un singe qui marche debout sur un arbre, et où se trouve le développement ?

Pourquoi un singe sans centre du langage devait-il se développer pour aboutir à un homme qui parle ? Cela s'est-il produit rapidement ? Avec qui cet exemplaire parlant s'entretenait-il ? Ou bien: le tout allait-il lentement, lui-même initiant de façon appropriée d'autres singes ? Mais il s'agissait peut-être d'un animal mutant ; d'où venait alors sa contrepartie, car pour se reproduire, il faut un exemplaire féminin correspondant ? Les chromosomes mutants sont normalement inaptes à la reproduction, car leur nombre anormal est *repoussé par la cellule germinale intacte*. Un homme ne peut pas se croiser avec un chimpanzé, et de même beaucoup d'animaux de la même espèce – on connaît l'exemple des araignées – ne sont pas capables de se reproduire entre eux. La raison se trouve dans le nombre différent des chromosomes. Leurs formes et leurs types varient presque pour chaque espèce. Comme la reproduction nécessite des couples, il faut que deux animaux d'une espèce présentant la même mutation se rencontrent pour assurer la persistance de leur espèce. Aucun de ces stades de développement ne progresse par sauts. Donc, l'évolution nécessite un nombre presque infini de hasards souverainement invraisemblables, et un très long laps de temps. Dans le livre *Évolution*, Ruth Moore confirme mon idée : « *Le travail dans beaucoup de laboratoires a montré que la plupart des mutations sont nocives, et que les mutations drastiques évoluent même habituellement vers la mort. Elles empruntent pour ainsi dire une fausse direction au sens où chaque modification a des répercussions désavantageuses dans un organisme harmonieux, bien adapté. La plupart des porteurs de mutations profondes ne restent pas longtemps en vie pour transmettre à leurs descendants les modifications*[132] ».

Cette constatation, qui correspond pleinement à ma conviction, est pourtant tournée en son contraire, car on trouve dans le même livre l'affirmation suivante : « *Ainsi, quelques mutations – habituellement les plus minimes – ont des répercussions avantageuses sur les espèces* ». Après que des laboratoires eurent trouvé le contraire, une autre affirmation est posée en remplacement sans nulle preuve, mais finalement elle ne se distingue guère de la constatation initiale, car qui décide de ce que sont une grande et une petite modification ? On pose alors à juste titre la question suivante : « *Comment une déviation singulière, infime, avantageuse – par exemple une modification minime des os qui dans certaines circonstances transforme une nageoire de poisson en une jambe – peut-elle s'imposer dans une grande espèce ?* ». La question est justifiée et l'on peut y reconnaître aussi la stupidité de la prétendue macroévolution.

Comment le poisson saurait-il qu'une modification minime de sa nageoire donnera une jambe dans des millions d'années ? Mais s'il ne le sait pas, *la nageoire modifiée représente un handicap*, car il se débrouillait fort bien avec la nageoire originelle. Les poissons aux nageoires un peu déformées ne devaient-ils pas s'éteindre en raison de la sélection et du manque d'aptitude à survivre ? L'exemple déjà mentionné du fossile vivant ne montre-t-il pas que ces animaux peuvent très bien survivre même après 65 millions d'années, parce qu'ils n'ont pas été refoulés par des espèces animales censées être plus développées ? Mais pourquoi cette nageoire spéciale s'est-elle transformée en une jambe, comme

132 Moore, 1970, 91.

l'affirment les partisans de l'évolution ? Le maillon intermédiaire ne manque pas seulement entre le singe et l'homme. Les sauriens sont censés être les ancêtres primitifs des oiseaux, mais où est le trait d'union ? Il n'y a pas de stade de développement ou d'animaux incomplets, même si l'on a trouvé des lézards volants avec des plumes. Toutes les créatures semblent être développées de manière idéale. On ne trouve pas de prototypes, ou bien l'évolution n'est pas terminée ? La réponse doit sans équivoque être *non*, car l'évolution ne peut pas être terminée, puisque le singe en tant que précurseur de l'homme ne peut pas avoir atteint son stade développemental le plus élevé, sinon l'*homo sapiens* n'aurait pas pu se développer à partir de lui. Le Néandertalien, appelé ainsi en raison de la découverte d'os fossiles dans le Neandertal près de Düsseldorf, a longtemps valu comme précurseur de l'« *homme moderne* ». Lors de ma visite au nouveau *Neandertalermuseum*, j'ai dû constater qu'ici, l'homme primitif supposé des partisans de la théorie de l'évolution est présenté de façon impressionnante.

Le généticien Suante Pääbo, de l'université de Munich, a prélevé sur l'os fossile gardé comme un secret d'État un fragment du bras et a examiné pour la première fois en 1997 l'ADN intact du Néanderthalien. Une comparaison du patrimoine héréditaire révéla des différences nettes entre l'homme primitif et l'homme moderne (*homo sapiens sapiens*). Dans une coupe du génome des mitochondries, il découvrit en 27 endroits des différences, alors que dans toutes les races que l'on rencontre aujourd'hui, on ne peut observer au maximum que huit différences. C'est pourquoi homme et néandertalien doivent avoir eu il y a 600 000 ans le même ancêtre, l'*homo heidelbergensis*.

Les néandertaliens ne font pas qu'attirer l'attention comme prédécesseurs de l'homme[133], ils ne sont aussi pas

133 « Focus », 29/1997, 108.

plus âgés que 5000 ans, et vivaient donc après le déluge (cf. p. 2 : h). Il reste ainsi approximativement 300 pièces osseuses pour l'histoire du développement humain, une seule découverte osseuse, en grande partie *fragmentaire*, devant prouver l'existence de 3000 générations. En outre, il n'y a pas de substitut pour le néandertalien en tant que précurseur de l'homme (développement exhaustif dans : *Le mensonge de l'évolution*, 2005, p. 79). Si l'homme s'est développé à partir d'une créature simiesque, il paraît curieux qu'il soit le seul être vivant n'ayant aucun ennemi *naturel*. Il n'est pas naturel non plus que les hommes exterminent réciproquement leur espèce, car ce phénomène n'existe pas chez les animaux.

Pourquoi en général y a-t-il aujourd'hui encore des singes ? Les singes n'auraient-ils pas dû être refoulés par l'animal mieux adapté, l'homme précoce ? C'est en tout cas un des énoncés fondamentaux de la théorie de l'évolution. Celui qui répond par l'affirmative à la question se décide contre la théorie de l'évolution, car la réalité se manifeste autrement. Mais celui qui a une autre idée et croit au développement des espèces avec un espace simultanément libre pour des espèces animales qui ne sont pas entièrement adaptées, et qui apparemment n'existent plus aujourd'hui, devra m'expliquer l'énigme de l'ornithorynque.

Êtres vivants tout prêts ?

L'ornithorynque, qui vit en Australie, est un exemple d'être vivant tout prêt. Il s'agit d'un mammifère qui pond des œufs, avec un bec de canard sans dents, des griffes munies de palmes et une peau de phoque, en un mot : un être unique. Il vit dans les fleuves et les lacs d'Australie de l'est et de Tasmanie. Cet animal ne correspond pas à nos représentations normales des espèces parce qu'il a les caractères les plus différents de divers animaux n'appartenant pas à la même espèce. En outre, la femelle couve les œufs, et allaite ensuite ses petits. On pourrait considérer l'ornithorynque comme un maillon intermédiaire de diverses espèces, au sens de la théorie de l'évolution. Mais s'il en allait ainsi, il devrait y avoir d'autres animaux qui se seraient développés à partir de lui, ou bien il devrait y avoir eu des précurseurs de l'ornithorynque. On n'a pas découvert d'autres créatures, et on n'en trouvera pas non plus. L'ornithorynque est comme il est, à savoir un produit à l'état final sans histoire de développement. Cet être unique n'a pas non plus de raison, à cause de son bec, de suivre le développement menant d'un mammifère à un canard, bien qu'il ponde des œufs.

Et pourquoi ?

Si l'ornithorynque n'était pas tel qu'il est depuis le début, on devrait aussi trouver encore, sur le continent australien détaché du reste des terres depuis le déluge, des ornithorynque développés jusqu'à peut-être 90%. On peut aussi imaginer des ornithorynques qui n'allaitent pas leurs petits, mais les éduquent comme les canards, les oies ou aussi d'autres animaux sans bec. Toutes les espèces imaginables auraient les mêmes ennemis naturels. En outre, le développement d'un animal dans une région localement délimitée doit avoir été un hasard. Ces animaux, qui n'étaient qu'un peu plus développés, ont-ils refoulé les autres espèces originales ? Sûrement pas. Dans une grande région géographique, diverses espèces d'ornithorynque auraient survécu. En Australie spécialement, ces animaux mixtes vivent sur le continent australien et aussi sur l'île de la Tasmanie située à proximité. La distance jusqu'au continent est aujourd'hui de 240 km. Les animaux un peu mieux développés parcoururent-ils à la nage le très long trajet jusqu'à la Tasmanie et refoulèrent-ils les prototypes qui y vivaient ? Cependant, l'ornithorynque ne vit pas dans la mer, mais uniquement dans les fleuves et les lacs. Comment donc l'ornithorynque est-il arrivé sur l'île ?

Il y a 13 000 ans, la Tasmanie doit avoir été reliée à l'Australie. Chose intéressante, ce moment établi scientifiquement coïncide lui aussi à peu près avec le déluge (cf. p.

2 : a). Les ornithorynque ont-ils alors été séparés et ne se sont-ils plus développés depuis ? S'il en allait ainsi, il devrait y avoir quand même des exemplaires de stades de développement différents, même si ceux-ci ne se distinguent éventuellement que peu l'un de l'autre. Mais il n'y a qu'une sorte d'ornithorynque avec les caractères de diverses espèces animales. L'ornithorynque était et est tout simplement là, et il ne s'est pas développé. Si cet énoncé est exact, ne faut-il pas que quelqu'un ait développé à partir des caractères de diverses espèces un nouvel animal grâce à une technique génétique ? Un projet sûrement susceptible d'être réalisé dans l'état de notre technique génétique. Le stade du développement qui conformément à la macroévolution mène de l'unicellulaire au pluricellulaire constitue un thème peu controversé dans ce sens.

D'après ce que je sais, il y a bien des unicellulaires, mais aucun être vivant avec deux, trois, quatre ou cinq cellules. N'aurait-il pas fallu d'abord que se développe à partir d'un unicellulaire un bicellulaire, ou bien les êtres vivants unicellulaires se rassemblent-ils directement en êtres vivants complexes, pluricellulaires ? Il y a bien de la vie avec 6-20 cellules, mais uniquement sous forme de parasites. Or s'il y avait eu une macroévolution, il aurait dû y avoir aussi des stades évolutifs d'animaux sous forme de bicellulaires, lesquels représentent le développement logique entre unicellulaire et pluricellulaire.

N'y a-t-il pas ici une rupture dans la théorie du développement de la vie selon Darwin ? Les cellules doivent se rassembler directement en formes plus complexes et non en *paucicellulaires*. Mais on a besoin dans ce cas *en même temps* de quelques cellules qui semblent être nées d'un miracle, et qui dans les profondeurs d'une eau doivent d'abord se trouver ensemble *spatialement*. Miracle après miracle...

Plumes et vol

On cherche à prouver au moyen d'une chaîne d'indices que les oiseaux se sont développés à partir de dinosaures appelés théropodes. Il est exact qu'il y avait des espèces de sauriens qui portaient des plumes. Mais cela ne fait pas de cet animal un oiseau. Beaucoup de scientifiques sont encore sceptiques en raison du manque de preuves.

Des recherches sur des embryons sont censées montrer que dans le développement d'une main, ce sont d'abord les doigts extérieurs qui se réduisent. Cela correspond au phénotype de la main chez les oiseaux. Or il est établi que chez leurs prétendus ancêtres primitifs, les théropodes, le quatrième et le cinquième doigts situés l'un à côté de l'autre (annulaire et petit doigt) manquent. C'est pourquoi les théropodes (sauriens prédateurs) ne peuvent pas être les ancêtres des oiseaux actuels. Cette objection, que j'avais déjà formulée en 1998, a été confirmée dans le cadre d'une thèse de doctorat en 2002 (cf. p. 2 : i) : les oiseaux ne proviennent pas de sauriens prédateurs, et « beaucoup d'arguments suggèrent *que les oiseaux actuels ne proviennent pas des dinosaures*[134]» . Mais les biologistes ont besoin en urgence d'un chaînon manquant.

C'est pourquoi une nouvelle découverte a été célébrée depuis 1998 dans le monde entier, sous les flash des médias, comme étant celle du trait d'union, avant qu'il n'apparaisse deux ans plus tard que l'archéoraptor (= prédateur ancien) était une supercherie[135]. On avait composé un nouveau fossile à partir de deux fossiles radicalement différents. Il paraît déjà presque superflu d'indiquer que le poumon complexe des oiseaux ne peut pas s'être développé à partir d'un théropode. Dans *Spectre de la science*, on constate : « *On ne peut actuellement ni confirmer ni réfuter l'objection, parce que l'organe n'est pas conservé sous forme fossile. Mais il n'y avait pas non plus d'autre animal dont le poumon aurait pu servir de base au*

134 Nature, vol. 399, 17/06/1999, p. 679-682
135 (Science, vol. 290, 22/12/2000, p. 2224)

développement de l'organe extrêmement complexe des oiseaux (qui est différent de celui de tout autre groupe animal vivant)[136]». Ce qui vaut du poumon complexe des oiseaux vaut aussi pour d'autres organes *spéciaux* dans le règne animal : il manque tout simplement l'histoire du développement, car il faudrait mettre en évidence d'innombrables stades intermédiaires. Les vagues et lacunaires preuves par indice des évolutionnistes sont en vérité des présuppositions non prouvées qui se contredisent dans leur noyau.

Plantes toutes prêtes ?

Les plantes cultivées se sont-elles développées, ou ont-elles été créées comme des produits finis ? « *Les Huichol par exemple insistent sur le fait qu'ils ont reçu le maïs du dieu qui leur apportait la civilisation, Mayakuagy*[137]». On parle dans beaucoup de civilisations de dieux qui nous ont apporté la civilisation depuis le ciel. En dépit de recherches intensives, on n'a pas jusqu'à aujourd'hui réussi à clarifier la provenance du maïs ou du blé. Geise signale l'énigme d'une plante cultivée de survenue très soudaine : la banane. Elle contient un maximum de vitamines et d'oligoéléments qui sont une partie intégrante de l'alimentation humaine. On est donc censé pouvoir se nourrir uniquement de bananes. Comment cette plante hybride parfaite se multiplie-t-elle ? Non par des graines, mais par des rejets. Un fait très intéressant, car comment une plante peut-elle s'étendre aussi loin sans graines ? Il y a des bananes sur beaucoup de continents et sur les plus petites îles. Mais comment cette plante peut-elle se retrouver partout sans graines volantes ? La banane représente-t-elle une création ? « *D'après une légende indienne, elle aurait été apportée sur Terre en tant que Kandali (bananier) par les Manu, les " esprits " qui aident les hommes. Mais ce n'est là qu'une légende* ».

136 Spektrum der Wissenschaft, 4/1998, 43.
137 Geise, 1997.

Croissance géante

La Genèse (6, 4) explique la provenance des géants : « *En ces temps, il y avait sur la terre les géants, et aussi plus tard encore, après que les fils de Dieu furent allés avec les filles des hommes, et que celles-ci leur eurent donné des enfants.* » Dans la *Bible de Luther*, revue, ce passage est traduit de manière moins équivoque : « ... *elles leur donnèrent des enfants, qui devinrent les géants sur la terre*[138] ». À une certaine époque précédant le déluge, ou mieux jusqu'au déluge, il y avait une croissance géante. Les pétrifications et les découvertes fossiles les plus diverses en livrent le témoignage. La connaissance des dinosaures, qui se base sur des découvertes d'ossements, ne date que du XXe siècle, après que l'on eut rejeté au XIXe siècle comme relevant de la pure invention des traditions correspondantes, car l'évolution en progrès doit dans sa tendance être une voie à sens unique.

La notion de développement uniforme faisait qu'il n'y avait tout simplement pas de place pour des animaux ou des hommes géants plus développés dans les temps primitifs, au moins d'un point de vue global. Des catastrophes locales ne gênent pas un développement à l'échelle du monde. Conformément aux théories de Lyell et de Darwin, il n'y a pas eu de catastrophes mondiales. Mais comme on a pu mettre en évidence le gigantisme sur l'ensemble de la Terre, il devrait s'être agi d'un stade de développement déterminé sur l'échelle évolutive. Dans ce cas toutefois, il ne peut pas y avoir eu de développement uniformément constant des espèces, car l'évolution présenterait autrement une tendance rétrograde. Mais si le phénomène du gigantisme correspond d'un autre côté à un phénomène global, la fin abrupte de cette époque témoignerait des suites mondiales dévastatrices d'une catastrophe. Les deux possibilités réfutent l'exactitude de la doctrine de la descendance, mais surtout la théorie de Lyell.

---

138 « Die Bibel », 1985.

Les dinosaures et les hommes n'étaient pas les seuls à avoir autrefois une taille géante. Presque tous les animaux présentaient à cette époque un mégaformat : espèces de fourmi dont les ailes ont une envergure de 16 centimètres, éphémères d'une longueur de 20 centimètres, mille-pattes longs de plusieurs mètres, scorpions géants... En Patagonie, Amérique du Sud, on a trouvé les restes d'un tatou géant qui atteignait une longueur de plus de 4 mètres. Il est intéressant à ce sujet de savoir que l'on a trouvé des restes d'ossements et des peaux traitées par des hommes, appartenant à cet animal. Au moins, ce tatou énorme a été chassé par les hommes ou même traité comme un animal domestique. La coexistence d'animaux géants et d'hommes serait par conséquent documentée.

Ces animaux géants ne vivaient-ils donc pas dans les temps primitifs, il y a N millions d'années, mais il y a peu de temps encore, avant le déluge ? Des restes d'un humanoïde géant, gigantopithecus, ont été découverts à Java, Indonésie. Il s'agit de fragments de mâchoire, qui dépassaient de plus du double celles de l'homme normal. On peut en déduire qu'elles appartenaient à une créature haute de quatre mètres.

En farfouillant dans des pharmacies chinoises à Hong-Kong, un émigrant allemand, le Prof. Dr Franz Weidenreich trouva en 1939 des dents fossiles qui appartenaient au même type. La taille de ces instruments masticatoires est étonnante. Ils sont trois fois plus grands que ceux d'un homme moderne. Des découvertes similaires ont aussi été faites en Afrique de l'est et dans le sud de la Chine. Le Prof. Dr Weidenreich était en fonction à l'université de Chicago, et fut ensuite nommé à l'Institut de Pékin pour soutenir les fouilles sur le site de découverte du prétendu homme de Pékin. Il est fermement convaincu par la découverte de la dent que les mâchoires et les dents ne proviennent pas d'un grand singe anthropoïde, mais d'un homme géant. Cependant, des hommes ou même des singes anthropoïdes de très grande taille ne cadrent pas avec la doctrine de la descendance de Darwin, parce que le seul développement qu'il peut y avoir eu est celui qui mène d'un exemplaire petit et primitif à un plus grand et plus perfectionné. Or les découvertes décrites témoignent justement du contraire et contredisent la théorie de l'évolution.

Dans le sud-ouest de l'Afrique, on a trouvé des hachettes et des grattoirs extraordinairement grands, qui doivent avoir été utilisés par des hommes géants. Certains coins à poing étaient longs de 32 cm, hauts de 22 et pesaient 4,2 kilogrammes. On a trouvé en Syrie des exemplaires similaires d'un poids de 3,8 kilogrammes. On peut en conclure qu'ils correspondent à des êtres d'une taille de 4 mètres. Les mythes relatifs aux géants et aux Titans ne seraient peut-être pas inventés ou exagérés[139]?

Y a-t-il une limite génétiquement conditionnée à la croissance ? Selon un communiqué de presse du 27 août 1996, des scientifiques néo-zélandais ont découvert un gène de bœuf qui faisait croître les muscles deux fois plus vite que d'habitude[140]. La croissance ainsi que l'âge semblent limités par un guidage génétique. La question qui se pose à vrai dire est : pourquoi ? Quelqu'un a-t-il construit des limites artificielles pour les êtres vivants, ou la nature est-elle assez intelligente pour juger où se trouvent les lois du développement ? Apparemment, il ne s'agit pas d'un guidage naturel, car la croissance de la taille était autrefois normale, comme le prouvent les innombrables découvertes. Ne reste-t-il donc comme explication que la limite artificiellement introduite ?

Mais qui l'a introduite ?

139 Bürgin, 1995.
140 « Bild », 27/08/1998.

Le créateur biblique

S'il n'y a qu'une microévolution et pas de développement des espèces, une question décisive se pose : d'où proviennent l'homme et les espèces animales ? Si un chrétien croyant n'écoutait pas le Pape – qui a reconnu il y a peu de temps l'évolution et a ainsi abandonné pour des raisons populistes un pilier de la foi chrétienne, – mais croyait ce qui est écrit littéralement dans la Bible, alors la question trouverait une réponse définitive : ils ont été créés par Dieu. Il est écrit dans la Genèse (1, 20-27) : « *Et Dieu dit : que l'eau fourmille d'animaux vivants... Et Dieu créa... tous les animaux... et tous les oiseaux avec leurs plumes... Et Dieu fit les animaux des champs... Et Dieu dit : faisons l'homme, une image qui nous soit identique... et il créa... l'homme et la femme*[146]*...* ». Et plus loin (2, 7 et 21) : « *Alors Dieu le Seigneur fit l'homme avec la terre d'un champ et lui insuffla l'haleine de la vie dans le nez. Et ainsi, l'homme devint un être vivant... Et Dieu le Seigneur fit la femme à partir de la côte qu'il prit à l'homme*[146]*...* ». Il est remarquable que Dieu parle au pluriel. À l'époque, il n'était pas usuel que les dominants parlent d'eux-mêmes au pluriel, contrairement à l'usage linguistique de divers rois et empereurs de notre époque.

Il est indubitable qu'il y a dans la Genèse une description de la création des animaux et des hommes. Les énoncés de la Bible sont précisément en contradiction avec la théorie de l'évolution. Les dieux créèrent un homme d'après une image qui leur était identique, et sa compagne à partir de la côte de l'homme. Cette dernière constatation a coûté beaucoup de crédibilité à la Bible. Un être humain créé à partir d'une côte ? Impensable. Walter-Jörg Langbein propose dans son livre *Le syndrome du Sphinx* une explication plausible[141]. Le caractère cunéiforme sumérien *ti* pour *côte* a encore une autre signification : force vitale. S'agit-il d'une erreur de tradition ou de traduction ? On peut interpréter ce passage

141 Langbein, 1995.

du texte de façon moderne, au sens de la technique génétique possible de nos jours : « *Les dieux prirent de la force vitale d'Adam* ». Il y a encore 50 ans, on aurait rejeté cette interprétation du passage biblique cité dans le domaine d'une imagination exubérante. On doit dire aujourd'hui : pourquoi pas, c'est en tout cas pensable, et après réflexion plus poussée, le jugement pourrait être « *vraisemblable* », car d'où proviendrait autrement le deuxième exemplaire nécessaire à la reproduction ? Chaque cellule corporelle contient l'ADN. Pour engendrer un deuxième homme, on en a besoin car tous deux doivent être exactement semblables pour qu'ils puissent se multiplier. Ce qui éveille des souvenirs du film *Jurassic Park*.

Jusqu'à il y a environ 300 ans, il était clair pour la société de l'époque, conformément à la foi chrétienne, que notre monde avait été créé. La Bible a été plusieurs fois retravaillée et réécrite au cours des siècles. Ses interprétations et ses traductions furent influencées par l'esprit de l'époque concernée et par l'état de la technique d'alors. Si le Réformateur Luther avait dû traduire le mot *machine* au Moyen-Âge, il aurait peut-être choisi le mot *force*, car les machines n'étaient guère connues ou n'étaient pas inventées de cette manière à cette époque. De même, il n'est pas question, dans le texte original de la Bible en vieil hébreu, de Dieu, mais des Elohim. La différence décisive se trouve dans la forme plurielle utilisée pour le créateur : plusieurs créateurs ou aussi un groupe assez important étaient présents. Nous pouvons lire en conséquence dans la Genèse (6, 2-4) : « *Quand les hommes commencèrent à se multiplier sur la terre, et quand des filles leurs furent nées, les fils des dieux virent combien les filles des hommes étaient belles, et ils s'en prirent pour femmes, comme il leur plaisait... celles-ci leur avaient donné des enfants... les héros des temps d'avant...* »

Soit il y a des malentendus dans ces traditions, soit les dieux étaient des êtres comme nous, de chair et de sang. Le verset 3 confirme : « *... car l'homme aussi est de chair* ». Le mot *aussi* se rapporte au moins aux fils des dieux et vraisemblablement aussi au créateur lui-même, puisque ses fils étaient de chair et de sang. Les descendants des fils de dieux et des humains étaient les demi-dieux, dont les artères brassaient un sang en partie divin (extraterrestre) et humain. Comme il est expressément mentionné que les fils de Dieu étaient des êtres corporels, il faut prendre au sérieux le concept de demi-dieux dans les mythologies. Il ne s'agit pas d'invention ou de représentation de conte de fée.

On trouve dans presque toutes les traditions des peuples les plus différents des dieux ou aussi des demi-dieux. Dans l'*Épopée de Gilgamesh* » le héros est présenté comme une créature humaine à un tiers et divine à deux tiers. Une description très précise, peut-être trop exacte. Pourquoi se donne-t-on la peine d'indiquer une *proportion mixte* ? Il y a dans presque toutes les mythologies des exemples de demi-dieux. Manetho, un grand prêtre égyptien de 300 av. JC, a rédigé un ouvrage en 3 tomes sur l'histoire de l'Égypte. Il rapporte 13 900 ans de domination des dieux et à la suite 11 000 ans de domination des demi-dieux sur l'Égypte[142].

En outre, la mention de géants dans la Bible paraît étonnante. Il en est question non seulement dans le livre de Moïse, mais aussi dans le livre d'Ézéchiel, dans le texte apocryphe d'Hénoch et dans l'*Épopée de Gilgamesh*. Dans les textes apocryphes du prophète Baruch, le nombre des géants qui sont morts lors du déluge est même explicitement indiqué : 4 090 000. La mention des géants est importante, car lors des fouilles à Glen Rose et à d'autres endroits, on a trouvé des traces de pieds pétrifiées allant jusqu'à 50 cm de long. La taille des traces de pieds pétrifiées, qui ne nous est pas habituelle, a souvent été considérée comme un indice de falsification. Mais si l'on veut falsifier quelque chose, pour-

142 Däniken, 1989 et Waddel, sans indication d'année.

quoi fabriquer justement quelque chose d'incroyable ? L'existence d'hommes plus grands est confirmée dans de nombreux écrits anciens, et l'on a même trouvé des squelettes de « géants ». S'agit-il simplement d'imaginations et d'exagérations, quand le monde des légendes que nous connaissons fourmille de géants, de Titans et d'autres Cyclopes ? Ces créatures ont-elles réellement existé ? Les traces pétrifiées semblent le prouver radicalement. La croyance en Dieu comme créateur a été relayée par la théorie de Darwin, parce que l'on avait, dans l'évolution, avec la doctrine d'un développement merveilleux qui conduit depuis les composés chimiques jusqu'à l'homme, quelque chose de plus tangible qu'une création miraculeuse par un être spirituel.

Nous sommes capables, au moyen de la technologie génétique actuelle, de créer les dispositions génétiques et par là des variantes d'une espèce, et même des êtres mixtes : notre entendement est prêt pour la création. *Depuis le début de la vie*, un plan de construction universel fonde la vie organique, c'est-à-dire tous les organismes et l'être humain : le code génétique qui n'est constitué que de quatre bases. C'est pourquoi l'on trouve soudain, dans des couches âgées de plus de 500 millions d'années, des formes de vie (= explosion cambrienne) qui présentent comme venus du néant des systèmes d'organes complexes comme des yeux, des branchies, et d'autres structures très développées. Ces organes ne se distinguent en aucune manière de ceux des animaux semblables d'aujourd'hui. Même si l'on étendait l'*explosion cambrienne* sur un laps de temps plus long, le manque de temps ferait qu'il ne peut pas y avoir eu de développement lent et évolutif de structures complexes.

Comme le code génétique était déjà présent au début de la vie, la coexistence de l'homme, des dinosaures et des grands mammifères est possible (cf. p. 2 : j et k). L'humanité récente est censée provenir d'un couple unique, qui vivait il y a 140 000 ans dans le sud-est de l'Afrique. L'homme ne s'est donc pas obligatoirement développé partout dans le monde. L'histoire biblique d'Adam et d'Eve s'impose. Mais qui était au courant, il y a quelques centaines d'années, de notre connaissance scientifique moderne d'une mère primitive unique ?

Les créateurs des Sumériens

On pense en général que l'histoire de la création propre aux Sumériens préfigure l'Ancien Testament, car diverses représentations de la Bible sont déjà inscrites sur les tablettes d'argile sumériennes/babyloniennes, plus anciennes. On sait que les Israélites se sont trouvés pendant plusieurs années en captivité à Babylone, et qu'ils ont ainsi eu l'occasion d'avoir un aperçu des vieilles traditions sumériennes. Dans plusieurs livres, l'orientaliste Sitchin a traduit littéralement les anciennes annotations et les a aussi interprétées. Il en résulte une variante intéressante et tout à fait réaliste de la genèse de notre race humaine, qui s'accompagne de toute sorte de détails et concorde avec notre savoir moderne.

Les Annunaki, les habitants de la 10ᵉ planète connue des Sumériens mais que nous n'avons pas encore découverte, la 12ᵉ selon le point de vue adopté, arrivèrent avec le corps céleste Nibiru dans notre système solaire. Ils avaient besoin d'or pour se protéger de notre atmosphère. Après avoir atterri sur la Terre, ils édifièrent leur première station en Mésopotamie, l'espace vital ultérieur des Sumériens. Ils trouvèrent de l'or dans l'eau du Golfe Persique. Mais la production d'or n'était pas assez abondante. C'est pourquoi ils commencèrent à creuser des mines en Afrique du Sud. L'or était affiné et apporté au moyen de vaisseaux spatiaux sur leur planète originaire Nibiru. Mais le travail dans les mines était difficile, et les Annunaki refusèrent de travailler. Il fut décidé de créer un ouvrier simple, qui devait assumer leur travaille pénible. Cette créature qu'il s'agissait de créer fut appelée Adamu, Adam dans la Bible. Ce nom signifie littéralement « *le terrien* ». L'homme au sens de l'ouvrier ou du serviteur s'appelait en sumérien « Lu ». L'être nouvellement créé est désigné par « Lulu », ce qui à proprement parler veut dire « *le mélangé*[143] ».

Curieusement, les indications des Sumériens concordent avec celles de nos scientifiques : l'homme est venu d'Afrique. En outre, on trouve justement dans la partie sud de l'Afrique des mines antiques, dont personne ne sait qui les a creusées. La Bible ainsi que l'histoire de la création des Sumériens confirment la création de l'homme à l'image du créateur. Il en résulte naturellement une similarité ou même une *identité de l'aspect extérieur des deux groupes*. La vieille question controversée de savoir pourquoi les occupants des OVNI observés aujourd'hui – à côté d'un petit type et d'un très grand – sont aussi décrits comme des êtres d'aspect humain trouverait ainsi une réponse. L'unicité de la nature de l'homme, conditionnée par les innombrables miracles de l'évolution, interdit – naturellement ? – un développement similaire sur une autre planète. Mais même s'il en allait fortuitement ainsi, ces autres êtres semblables à l'homme ne pourraient pas, selon nos connaissances actuelles, parvenir à nous en raison de l'immensité des distances.

Si l'homme, conformément aux traditions anciennes, a été créé par des extraterrestres à leur image, ce ne sont pas les extraterrestres qui nous sont fortuitement similaires, mais c'est précisément le contraire : *nous devons ressembler à nos créateurs*. Si l'histoire de la création des Sumériens est vraie, alors il n'y a pas un long chemin entre ces extraterrestres et nous. Des bases spatiales sur la lune, Mars ou d'autres corps célestes de notre système solaire seraient évidentes. Bien des énigmes – formations géométriques sur Mars, une vieille mine qui aurait été trouvée lors des visites de la lune, et bien d'autres – seraient susceptibles d'être résolues, et seraient à proprement parler évidentes. Mais la dernière

143 Sitchin, 1995 et Sitchin, 1996.

conséquence rend songeur. Les extraterrestres que l'on peut confondre avec nous tellement ils nous ressemblent doivent vivre parmi nous, et les OVNI sont un phénomène réel.

L'histoire de la création propre aux Sumériens contient d'autres indications d'une précision indescriptible sur notre système solaire, qui pour certaines n'ont été confirmées qu'au XXe siècle et au cours de ces dernières années grâce aux examens des sondes Voyager. Même le façonnage de l'homme, le lieu de la création et ses raisons ont été présentés de façon lumineuse par les Sumériens. Mais le lieu de provenance indiqué des Annunaki extraterrestres est inhabituel. Leur planète natale Nibiru est venue à l'origine de la profondeur de l'univers, et décrit aujourd'hui semble-t-il une trajectoire elliptique, semblable à celle d'une comète, avec une durée de rotation autour du soleil de 3600 ans. Cela signifie que ce corps céleste s'enfonce très loin dans l'univers glacial. Les températures basses de l'univers devraient faire geler la patrie des Annunaki. Il est difficile de s'imaginer que les Annunaki ont survécu sur cette planète. Mais si ces extraterrestres sont capables de créer des êtres vivants et de construire des engins volants techniquement avancés, les OVNI, ils pourraient aussi avoir résolu ce problème. L'histoire de la création donne un indice. L'atmosphère de Nibiru devait être protégée par de l'or, qui était trouvé en Afrique du Sud, pour que la survie des Annunaki soit assurée. Nos sondes elles aussi sont aujourd'hui protégées dans l'espace par des feuilles d'or. Un parallèle uniquement fortuit ? Comment les Sumériens savaient-ils donc cela ? Imagination et hasard uniquement ?

Les indications détaillées des anciennes tablettes d'argile ne peuvent que rendre pour le moins songeur un lecteur neutre, sans prévention ; ou alors s'agit-il seulement d'une histoire de science-fiction qui se trouve être bien inventée et vieille de 6000 ans ?

~ 13 ~
Un château de cartes s'effondre

Beaucoup de publications de ces dernières années font état de curieuses découvertes antiques, qui ne sont pas conciliables avec les conceptions de l'archéologie ou d'autres sciences, mais sont en complète harmonie avec l'image du monde que je présente. Je voudrais décrire ici quelques exemples représentatifs.

Haute technologie vieille de plusieurs millénaires

On trouve dans l'histoire de la création des Sumériens, que j'ai déjà présentée, des rapports exhaustifs et non équivoque sur des extraterrestres considérés comme des dieux, ainsi que sur des navires spatiaux, des bases et des fusées de tous les types connus. Les dragons volants, les chars célestes ou les chars de feu sont mentionnés dans tous les mythes de Chine, d'Inde, d'Égypte, d'Israël, d'Amérique centrale et d'Amérique du Sud, ainsi que de l'antiquité grecque. Des machines volantes, des bases spatiales dans l'univers et leurs guerres l'une contre l'autre sont décrites dans les anciens Veda indiens jusque dans des particularités et des détails incroyables. Un petit passage de l'épopée en vieil indien *Ramajana* rend de façon parfaitement distincte la précision des descriptions : « *Rama s'assit dans le char céleste... et se prépara au vol. Le véhicule avait deux étages et beaucoup de chambres et de fenêtres. Quand le véhicule s'éleva dans les airs, il fit entendre un long bruit. Le char céleste brillait comme un feu dans une nuit d'été, il ressemblait à une comète dans le ciel et flamboyait comme un embrasement rougeoyant*[144] ». On peut aussi lire dans la Bible beaucoup de rapports sur des objets volants et les vols de certains prophètes, en d'autres endroits de la Terre et en certains lieux du firmament. Comme des professeurs, les

144 Popowitsch, 1991.

dieux ont enseigné à nos ancêtres la fabrication d'objets techniques hautement développés. Ils utilisaient très vraisemblablement des appareils volants. C'était là peut-être une concession des dieux aux rois de cette époque, destinée à montrer supériorité de ces derniers au peuple. Le peuple normal n'aurait sûrement pas écouté un roi qui n'aurait pas pu opposer aux possibilités techniques supérieures des extraterrestres quelque chose d'approximativement équivalent. Je ne voudrais pas passer sous silence une autre acquisition des Égyptiens : le courant obtenu grâce à des batteries. Le livre *La lumière des Pharaons* de Peter Krassa et Reinhard Habeck traitent de la haute technologie et de l'utilisation du courant électrique dans l'Égypte ancienne. Ils sont convaincus de l'existence de véhicules aériens (barques solaires), d'armes de destruction (émetteurs de rayons), de satellites de radio et de télévision (oiseaux entendants et voyants) ainsi que d'appareils TV (miroir magique) dans l'ancienne Égypte il y a quelques milliers d'années[145].

Dans le temple de Séthos à Abydos, les figurations, visibles pour n'importe quel touriste, d'un hélicoptère, d'un tank, d'un sous-marin et d'une mitrailleuse déclenchaient jusqu'à présent de vives discussions. J'ai pu me convaincre moi-même de l'existence de ces hiéroglyphes lors de ma visite à ce temple. Celui qui peut voir ces images les identifiera directement avec les armes et les engins guerriers très modernes que j'ai indiqués. Le doute est pratiquement exclu. Dans les cryptes du temple d'Hathor à Dendera, on voit figurées des poires en forme de vésicule, transparentes, en position inclinée, posées sur des supports. Il se trouve, à l'intérieur de cette poire, un serpent qui sort du sommet d'une fleur située à l'extrémité inférieure de la poire. Des égyptologues l'appellent pierre au serpent, et les supports sont appelés piliers Djed. La question était : les serpents agressifs symbolisent-ils l'effectivité de l'électricité et les

145 Krassa et Habeck, 1996.

supports sont-ils des isolateurs de tension ? La fleur de lotus, d'où sort le serpent, était-elle une forme d'ampoule avec des cordons de câble ? En outre, le câble conduit à une boîte quadrangulaire. Était-ce une pile ou un générateur ? Une fois que les très anciens signes graphiques eurent été déchiffrés, ce modèle d'ampoule a été reconstitué, et il fonctionne effectivement. Le livre de Krassa/Habeck aborde de façon très détaillée ses particularités techniques, et il ne peut y avoir à proprement parler de doute quant à l'exactitude de l'affirmation et de l'interprétation de la présentation du temple de Dendera.

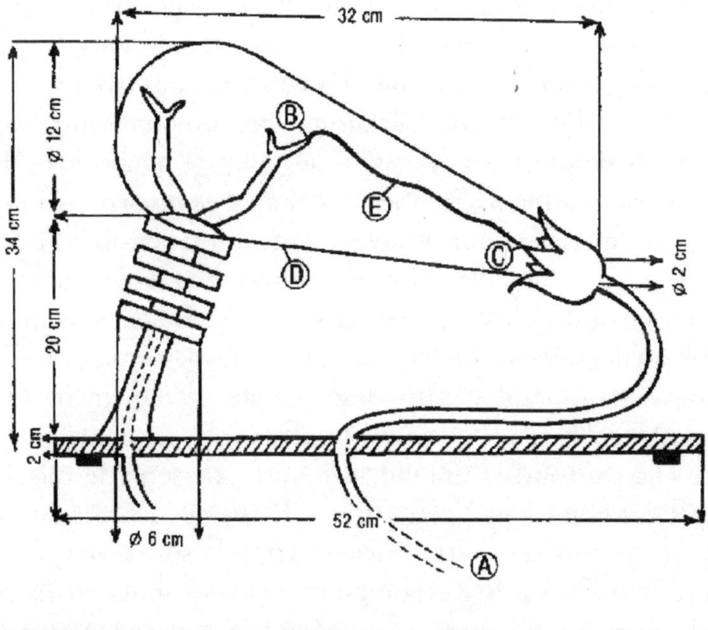

Ampoule électrique antique. Les auteurs Krassa/Habeck décrivent le fonctionnement de l'ampoule électrique de l'ancienne Égypte : « Nous savons aujourd'hui qu'avec ce que l'on appelle des éjecteurs (pompes à rayon) (A) on peut produire des vides relativement importants, spécialement quand les pompes sont placées en cascade — terme qui désigne le montage en série de parties constituées pareillement. Si l'on fait le vide dans une ampoule de verre, dans laquelle dépassent deux parties de métal (B), (C), on voit apparaître même pour des tensions considérablement basses, selon la taille du ballon de verre (D), une décharge. Pour une pression de 40 torr, un fil lumineux serpente d'une partie métallique à l'autre (E). Si l'on continue à évacuer, la ligne serpentine s'étend jusqu'à ce qu'enfin elle emplisse toute l'ampoule de verre. Cela correspond exactement aux représentations des chambres souterraines du temple d'Hathor[155]. »

En 1936, on a déterré en Irak un ancien vase de 15 cm de haut environ, vieux de 2000 ans, dans lequel se trouvait un cylindre de cuivre pris dans de la poix. Il y avait à son tour dans celui-ci une tige de fer, qui était isolée avec un morceau d'asphalte. Depuis, d'autres vases similaires, et même plus grands que celui que je viens de décrire, ont été trouvés et sont placés dans différents musées en Irak et à Berlin. Ces objets, à l'origine considérés comme des objets religieux, se sont révélés être des piles sèches, car après qu'on les eut pourvues d'un nouvel électrolyte, ils fonctionnèrent. Cet instrument, et le courant d'environ 1,5 volt qu'il produit, étaient utilisés à l'époque comme aujourd'hui encore dans les bazars, pour dorer et argenter des objets[146]. Le courant électrique pouvait-il être utilisé aussi à d'autres fins ? Des éclairages de temples, de bibliothèques et de bâtiments publiques seraient imaginables. La grande ampoule représentée dans le temple de Dendera en Égypte et plus tard reconstruite selon ce modèle constitue une preuve.

Même l'énigme de l'éclairage de couloirs souterrains profonds de plusieurs étages, situés sous de nombreux temples et de nombreux tombeaux connus, et que l'on n'a plus le droit de visiter pour des raisons incompréhensibles, pourrait être ainsi élucidée. On n'a jamais trouvé de traces de lampes à huile ou de flambeaux sur les plafonds et les murs, bien qu'il y ait profondément sous terre des images et des textes innombrables dans des couloirs extrêmement obscurs. L'explication courante, la seule que je connaisse, et que chaque touriste entend, nécessite une série de miroirs. Il y a des objections à cette thèse : le fait que les miroirs auraient dû sans cesse être orientés selon le soleil, et qu'il ne pouvait pas y avoir d'éclairage du tout les jours où le ciel était nuageux. En outre, ce procédé ne peut pas fonctionner techniquement, car les pertes de lumière de miroir à miroir à travers les couloirs sinueux dont la profondeur allait jusqu'à plusieurs étages auraient été trop importantes et n'auraient assuré qu'un éclairage minime, voire nul. En outre, les miroirs devraient être polis d'une façon parfaitement plane. Or on ne reconnaît pas aux anciens Égyptiens l'habi-

146 Berlitz, 1986.

leté technique correspondante dans la fabrication des miroirs, avec la perfection nécessitée ici. Dans les mythes et les anciens écrits des peuples les plus différents, on mentionne des lampes *éternelles*, qui servaient à éclairer. Cette énigme elle aussi pourrait être résolue par la lumière électrique. Mais peut-être que nos ancêtres antiques connaissaient encore d'autres possibilités d'application du courant électrique. Malheureusement, ce savoir disparut au plus tard un jour ou l'autre au cours du Moyen-Âge obscur, qui représente un minimum absolu en matière de savoir général et technique.

Une nouvelle image du monde

Il y a encore beaucoup d'autres curiosités similaires, dont la description remplirait plusieurs livres. Il faut accepter comme un véritable fait les connaissances des Sumériens relatives au système solaire, à la création de notre Terre et de l'homme lui-même, à la description de machines volantes dans l'antiquité et à l'époque actuelle, ainsi qu'à un déluge qui détruisit tout il y a seulement quelques millénaires. Ces découvertes et connaissances ont un point en commun, elles ne peuvent pas être conciliées avec l'image du monde que nous connaissons. L'exemple des dinosaures montre que la science scolaire n'est disposée à changer sa pensée que très lentement. Cela tient aux règles très strictes auxquelles nous avons volontairement soumis l'histoire de la Terre. Les dinosaures se sont définitivement éteints, prétend-on, il y a 65 millions d'années, et à cette époque, il était censé n'y avoir que de petits mammifères primitifs. Ce fait est maintenant considéré comme inébranlable et constitue actuellement un point de savoir valide. Mes enquêtes sur le terrain ont révélé la coexistence des dinosaures, des grands mammifères et des hommes. Le jour viendra sûrement où l'on pourra lire que des mammifères plus grands aussi doivent avoir vécu du temps des dinosaures. Mais les preuves de cette coexistence existent déjà depuis plusieurs années. Pourquoi les sites où l'on fait ces découvertes ne sont-ils pas examinés sur une base scientifique plus large ? La réponse est évidente. Les preuves que j'ai présentées, qui démontrent la coexistence de diverses espèces et de divers genres, contredisent la théorie du développement des espèces et par là la loi de Darwin. Coexistence et évolution s'excluent définitivement, car un développement par petites étapes dure tout simplement trop longtemps. À la fin du XVIIIe siècle, on était toujours convaincu de la création du monde et du déluge.

Je pense que nos aïeux avaient tout à fait raison. Vous pensez que la création est impensable ? Il a fallu un très long processus pour que j'arrive à cette conviction, bien que je n'aie encore jamais vu un ovni. Même si on ne pouvait pas se l'imaginer il y a quelques années, il existe aujourd'hui des modèles de pensée concrets destinés à créer une atmosphère vivable pour nous – terraforming – sur une autre planète, Mars. Dans ces circonstances, une colonie d'animaux et de plantes sur la planète rouge ne serait plus une utopie. Notre technologie génétique permettrait de créer des animaux radicalement nouveaux, qui seraient exactement adaptés aux conditions de vie sur Mars. Un processus correspondant a-t-il eu lieu il y a quelques milliers d'années sur la Terre, accompli par une intelligence extraterrestre, qui nous est identique dans son aspect extérieur ? Celui qui le veut peut naturellement aussi continuer à croire en Dieu, le tout puissant créateur, car au cas où des extraterrestres auraient créé l'homme, la question suivante persisterait : qui a créé les extraterrestres ?

~ Épilogue ~

Pendant que je participais aux fouilles de 1996, je croyais encore que la Terre était âgée et que les hommes, en raison de la coexistence des traces pétrifiées, vivaient déjà il y a 65 millions d'années, avec les dinosaures. Puis j'ai commencé à écrire ce livre. Mais des questions simples ne pouvaient *pas être résolues* dans le cadre de notre image scientifique du monde. Il fallait sans cesse d'innombrables hasards et d'innombrables miracles pour expliquer des phénomènes déterminés. Le système de l'évolution paraît évident, mais il semble que l'on n'ait pas le droit de poser des questions concrètes simples, si l'on veut recevoir des réponses logiquement concluantes au lieu du hasard, qui semble survenir partout positivement. Mais les *questions critiques ne doivent pas être posées*. Notre image rigide du monde est si friable qu'elle ne réchappe pas saine et sauve du moindre ébranlement. Comme notre savoir réel, contrairement à l'apparence officielle, est infime, une image du monde devrait être suffisamment ouverte et flexible pour que des connaissances nouvelles puissent être intégrées sans problème. Or on emprunte le chemin inverse, on défend les idées vieillies des biologistes et des géologues du XIXe siècle et l'on essaie de comprimer les connaissances scientifiques les plus récentes dans la petite boîte de la conscience de ces sommités spirituelles « antiques ».

Il s'est passé ce qui devait se passer, travailler à ce livre a changé ma conscience. Gernot Geise écrivait dans l'un de ses livres que l'on ne sait jamais, lorsque l'on a le projet d'un nouveau livre, comment cela va se terminer, et c'est précisément ce processus que j'ai traversé : une nouvelle image du monde s'est formée pour moi dans mes pensées. Des contradictions antérieures disparaissent dans cette nouvelle image, il faut simplement modifier le facteur temps, même si les conséquences semblent être incommodes.

Les principes de l'uniformité de Charles Lyell et Charles Darwin, que j'ai décrits ici, et qui constituent la base de notre image du monde formée par la science scolaire, ne peuvent en aucun cas être exacts, en raison des preuves, théories et réflexions que j'ai présentées. Si une seule des découvertes que j'ai décrites était scientifiquement reconnue, l'évolution progressive dirigée vers un but, conforme aux théories de l'uniformité, ne pourrait pas exister.

Ce sont le chaos et les catastrophes qui représentent l'état normal dans l'univers et dans l'histoire du développement de notre Terre, non un développement uniforme. Si l'on tient compte de ces états, il ne peut pas y avoir eu de macroévolution, mais seulement une microévolution. La Terre, *plus précisément la croûte terrestre*, ne peut pas être extrêmement ancienne. Elle s'est formée à neuf par poussées pendant les catastrophes qui l'ont frappée alors qu'elle se trouvait dans un état de plasticité et d'élasticité : le déluge qui engloutit tout avec ses catastrophes consécutives était réel.

Le corps terrestre situé sous la croûte terrestre est plus ancien et constituait probablement la partie d'une planète plus grande, qui fut détruite par une collision planétaire il n'y a que quelques milliers d'années. Des indices d'ordre géologique et mythique accordent certes un certain degré de probabilité à ce scénario, et il permet de résoudre logiquement beaucoup d'énigmes cosmiques dans notre système solaire, mais la preuve définitive ne peut pas encore être apportée. La mise en évidence d'une ou de plusieurs catastrophes terrestres contredit d'une façon patente les lois de Lyell et de Darwin qui fondent notre image scientifique du monde : fin du monde et évolution s'excluent. Il n'y a pas de solution intermédiaire : *une jeune Terre implique la création*, parce qu'il n'y a pas assez de temps pour un développement lent et constant.

Enfin, il n'est pas important de savoir si les processus que j'ai décrits ont eu lieu exactement sous cette forme. Le moment parfaitement exact est tout aussi peu déterminant. Que la fin du monde n'ait pas eu lieu il y a tout au plus 10 000 ans, mais il y a 100 000 ans ou même 10 millions d'années, la constatation reste exacte : *Darwin se trompait*. Il n'y avait tout simplement pas assez de temps pour un lent développement des espèces et de l'homme. Dans l'ensemble, il faut un changement d'esprit, car les catastrophes étaient impliquées de façon déterminante dans le passé de la Terre et aussi lors du développement de notre système solaire.

La loi biogénétique fondamentale d'Ernst Haeckel a déjà été démasquée comme une falsification. Maintenant que ce fondement extrêmement important de la théorie de l'évolution s'est révélé pure invention, il est temps de réunir en un faisceau les nombreux doutes singuliers portant sur la doctrine de la descendance de Darwin et, les yeux ouverts, de reconnaître et de montrer que la macroévolution est la plus grande erreur de l'histoire de l'humanité.

Si les choses se passent selon les idées des législateurs conservateurs dans différents États fédéraux américains, la doctrine de l'évolution doit disparaître complètement des programmes d'étude des écoles. Dans les livres de biologie de l'État d'Alabama, on fait savoir aux étudiants que la doctrine de l'évolution n'est « *qu'une théorie contestée* » (*Der Spiegel*, 17/1998, page 171). Des protestations massives en avril 2004 en Italie firent échouer la tentative visant à supprimer la théorie de l'évolution du programme scolaire du cours moyen. Mais dans l'État du Kansas, l'autorité scolaire a prescrit en 2005 d'enseigner dans les écoles, à côté de la doctrine de l'évolution et avec les mêmes droits, l'*Intelligent Design*, le nouveau courant principal du néo-créationnisme (doctrine de la création).

Les preuves de la coexistence de grands mammifères, d'hommes et de dinosaures, que j'ai documentée lors des fouilles au Texas, démontrent l'inexactitude de la théorie de l'évolution. Mais on a vivement contesté, de source scientifique, que des mammifères de grande taille, complexes, aient vécu en commun avec les dinosaures. Pourtant, le 30 avril 1998, alors que la première édition de ce livre était sous presse, parut le communiqué dans *Nature*[147] apprenant que les biologistes américains Sudhir Kumar et Blair Hedges, après examen de substance terrestre, soutenaient l'opinion que la plupart des mammifères existaient il y a plus de 100 millions d'années, et étaient donc les contemporains des sauriens. En Asie, sous la conduite du Musée Américain, on a collecté des centaines de mammifères fossiles qui montrent que la diversité des mammifères existait déjà au Crétacé, à l'époque où vivaient les dinosaures, et non après, comme les évolutionnistes le disaient jusqu'à présent[148]. D'un autre côté, la survenue des premiers mammifères primitifs s'accomplit 20 à 40 millions d'années *plus tard* qu'on ne l'admettait jusque-là, donc à une époque où les dinosaures, déjà totalement développés, sont censés avoir commencé leur domination mondiale (« Nature », vol. 398, 25/03/1999, p. 283). D'autres découvertes actuelles prouvent que de grands mammifères vivaient déjà 100 millions d'années *avant* la date proclamée par la théorie de l'évolution, en commun et même en concurrence avec les dinosaures (cf. p. 2 : j et k).

Entre-temps, les développements apparemment controversés de ce livre ont été scientifiquement étayés. Mais où et comment l'évolution a-t-elle eu lieu ensuite, avec une coexistence des sauriens et des grands mammifères ? Pour le dire clairement et nettement : coexistence et évolution s'excluent !

---

147 « Nature », vol. 392, 30/04/1998, p. 917-920.
148 « Nature », vol. 398, 25/03/1999, p. 283 ; cf. vol. 396, 03/12/1998, p. 459-463

L'idée de la collision planétaire que je diffuse devient elle aussi, peu à peu, plus vraisemblable. Dans le magazine scientifique « P.M. » (6/1998), on en trouve une confirmation : « Un corps céleste gigantesque se précipite sur la Terre et ruine une grande partie de notre planète. » Même des recherches récentes confirment la collision de la Terre avec une planète grosse comme Mars, dont est censé être né il y a 4,5 milliards d'années un « enfant commun », notre lune (« Science », 04/07/2003, vol. 301, p. 84-87).

On ne peut manquer de voir les parallèles avec mes exposés. Seuls les laps de temps gigantesques doivent être encore réduits, pour que les contradictions éclatantes de l'image du monde propre à la science scolaire disparaissent : tout à eu lieu seulement il y a quelques milliers d'années, et notre espace vital terrestre, plus précisément la croûte terrestre, a été transformé et réorganisé en grandes parties à neuf par une série de catastrophes naturelles puissantes. La Terre, telle que nous pouvons la voir, est donc jeune...

Glossaire des termes techniques importants

Calibrage : établissement de la relation entre deux grandeurs ou deux séries de mesure différentes.

Conglomérat : roche sédimentaire composée de galets mastiqués.

Consistance : qualité des matières relative à la conservation de leurs particules et au comportement vis-à-vis de modifications de forme.

Darwin : doctrine de la descendance de Charles Darwin, voir évolution.

Demi-vie : dans ce laps de temps, la matière de départ se désintègre de la moitié de la valeur de départ. Dans la désintégration radioactive, on appelle demi-vie la durée pendant laquelle la moitié des atomes originaires se désintègre. Pour chaque isotope, elle est, dans des conditions uniformes (théorie de Lyell), une grandeur caractéristique indépendante des circonstances extérieures.

Dendrochronologie : détermination de l'âge de découvertes archéologiques par la détermination des cernes annuels d'arbres trouvés dans la même zone.

Détermination de l'âge (indirecte) : datation d'événements géologiques ou de découvertes préhistoriques. Les méthodes purement géologiques (stratigraphie), dans lesquelles des couches spatialement séparées sont rangées l'une par rapport à l'autre grâce à des fossiles-guides, donnent des âges relatifs ; elles échouent pour les couches très anciennes sans pétrifications. D'autres méthodes, comme par exemple le dénombrement des varves (couches annuelles des argiles varvées) ou la dendrochronologie, donnent des valeurs d'âge absolues, étant présupposé que les théories de l'uniformité sont validesi.

Développement embryonnaire : la loi biogénétique fondamentale d'Ernst Haeckel (1866) dit que chaque être vivant répète toute l'histoire de la lignée de ses ancêtres pendant son développement embryonnaire. C'est pourquoi les embryons de poissons, de poulets, de porcs ou d'hommes sont censés être indifférenciables. Mais cette doctrine repose sur des dessins falsifiés et a entre-temps été démasquée comme une supercherie.

Doctrine of Uniformity : théorie de l'uniformité (voir cet article).

Écliptique : le plus grand cercle dans lequel le plan de la trajectoire que la Terre décrit autour du soleil coupe la sphère du ciel pensée infiniment grande.

Épicentre : lieu de formation (foyer) d'un tremblement de terre.

Évolution : le développement phylogénétique (de l'espèce) des êtres vivants depuis des formes simples jusqu'aux formes hautement développées, pendant de grandes périodes, par un changement d'espèce, les facteurs évolutifs les plus importants étant la mutation, la recombinaison, la sélection naturelle et l'isolation (théorie de Darwin).

Genèse : terme grec désignant la création. Désignation gréco-latine du 1er livre de Moïse, premier livre du Pentateuque et de la Bible en général. Elle se divise en deux parties principales : l'histoire primitive (par exemple création, paradis et chute) et l'histoire des Patriarches Abraham, Isaac et Jacob, Joseph et ses frères.

Halo : phénomène lumineux survenant sous forme d'anneaux, parfois aussi de bande ou de tache.

Impact : point de chute d'une météorite.

Isotope : les atomes d'un élément peuvent avoir un nombre différent de neutrons. On les appelle isotopes nuclides ou simplement isotopes.

Leap second : seconde intercalaire. Une échelle de temps TAI (abréviation de « Temps atomique international ») uniforme définie par des horloges atomiques (horloges au césium) se distingue du temps rythmique (rotation) de la Terre - UTC (abréviation de Coordinated Universal Time) = temps universel coordonné - par une durée qui n'est pas supérieure à 0,9 secondes103. Mais comme la rotation de la Terre (durée du jour) se ralentit ces dernières années constamment, il faut, pour conserver cette relation, insérer à des intervalles d'actuellement 500 jours, une seconde supplémentaire. La première seconde intercalaire (leap second) a été introduite le 30 juin 1972.

Méthode au radiocarbone : méthode importante de détermination directe de l'âge, la méthode au carbone 14 (méthode au C-14, méthode au radiocarbone) a été développée par W. F. Libby. Elle repose sur le fait que sous l'effet du rayonnement cosmique, il se forme, à partir de l'azote de l'air, du carbone 14C qui est oxydé en dioxyde de carbone (14CO2). Par échange de CO2 entre le dioxyde de carbone atmosphérique et le bicarbonate dissout dans l'océan, 96% du 14C aboutissent par un courant régulier dans l'océan, 2 autres % sont stockés dans des organismes végétaux et donc aussi animaux, si bien que seuls 2% restent dans l'atmosphère. Il y a équilibre dans l'ensemble du réservoir de C. Le 14C perdu par désintégration est remplacé par du C nouvellement produit. Si du matériel contenant du carbone est éliminé du réservoir 14C (mort d'un organisme ou défaut de calcaire dans l'océan), alors le rapport d'isotope correspondant à la chute de l'équilibre [14C] : [14C] est de 1 : 1012 (valeur récente), avec 5730 ans de demi-vie. Pour déterminer un âge, on mesure le rapport entre l'activité spécifique-b du carbone testé et celle du carbone récent, par exemple dans du bois frais, et l'on calcule à partir de là le temps passé depuis l'élimination de l'échantillon du réservoir-14C (jusqu'à environ 50 000 ans)157.

Méthode au Potassium-Argon : une méthode de détermination directe de l'âge. On part de l'isotope K 40 contenu à 0,012% dans le potassium naturel K, qui avec une demi-vie de 1,28 · 109 années se désintègre entre autres pour donner l'isotope stable Ar 40 ; laps de temps appréhendable : 105 à 1010 années.

Missing link : chaînon manquant, une forme de transition (degré de développement) encore manquante, au sein de la succession d'un développement en biologie et en anthropologie.

Moyen liant : matière servant à fixer ou mastiquer sur une base minérale, chimique ou organique ; par exemple ciment pour la fixation de l'eau et des matières ajoutées dans le béton.

Nuclide : sorte d'atome caractérisé par certains nombres d'ordre atomique et de masse (protons, neutrons)157. Voir Isotope.

Nutation : oscillation de la Terre vers le pôle céleste.

Perptuum mobile : machine fonctionnant éternellement sans apport d'énergie.

Précession : le mouvement de toupie rétrograde de l'axe de la Terre dure précisément 26 000 ans. Elle cause le mouvement rétrograde du point d'intersection (équinoxe de printemps) entre équateur céleste et écliptique.

Principe de Lyell : la théorie de Charles Lyell (géologie) défend l'idée que la modification de la surface terrestre est uniquement secondaire à des forces actuelles infimes, et ne laisse aucun espace à de grands événements cataclysmiques comme un déluge mondial. Cette théorie constitue avec la loi biogénétique d'Ernst Haeckel le soutien le plus important de la théorie de l'évolution.

Prise d'une matière : processus de durcissement.

Roche éruptive : roche solidifiée (roche incandescente). Ces roches magmatiques sont le résultat de la fusion rocheuse dans le manteau terrestre supérieur et dans la croûte terrestre : granite et basalte.

Roche incandescente : voir Roche éruptive.

Roches métamorphiques : les roches métamorphiques sont aussi appelées, en raison de leur structure, schistes cristallins. Elles proviennent de roches solidifiée et de roches sédimentaires par métamorphisme, c'est-à-dire par une reformation d'intensité différente due à la pression et à la température. Apparaissent ainsi à partir du granite des orthogneiss, à partir des roches argileuses des paragneiss, à partir des roches calcaires des marbres. Le métamorphisme peut aller de la fusion partielle (anatexie), pendant laquelle se forme les migmatites (roches mixtes), jusqu'à la fusion complète (palingenèse), pendant laquelle du magma se forme de nouveau.

Sédiments : les roches sédimentaires (roches stratifiées) se déposent sous forme de roches meubles (sable, limon, gravier) et sont solidifiées par diagenèse. Elles sont divisées, en fonction du lieu de leur provenance, en sédiments marins (dépôts de mer superficielle et de mer profonde) et en dépôts continentaux (c'est-à-dire sur la terre ferme et dans ses eaux), ou descriptivement en roches ruiniformes comme le loess, le grès, le grauwacke, le till et quelques calcaires, en sédiments chimiques, qui sont dégagés par des réactions chimiques comme par exemple les roches salines et les roches gypseuse, quelques calcaires et dolomites, et en sédiments organogènes, qui sont constitués d'organismes. Les plantes produisent par exemple les charbons et les calcaires d'algues, les animaux du calcaire corallien, de la radiolarite157.

Série de désintégration : matières (nuclides) ou noyaux d'atomes éminemment radioactifs en raison d'une désintégration nucléaire progressive. Les séries de désintégration naturelles sont les séries de l'uranium et du thorium.

Théories de l'uniformité : la base de notre image du monde est constituée par les dogmes (articles de foi) de Charles Lyell (géologie) et de Charles Darwin (biologie). Ils partent d'un développement toujours uniforme de notre Terre et des créatures, sans catastrophes terrestres (voir aussi Principe de Lyell).

UA : unité astronomique. Définie comme la distance moyenne Terre-Soleil comptant 149600 millions de kilomètres.

UTC : temps universel coordonné (Coordinated Universal Time). L'heure solaire moyenne du méridien zéro (temps local moyen de Greenwich) sert de temps universel auquel toutes les zones horaires se réfèrent.

Varve : déposée sous forme d'argile en couches (argile varvée) dans des bassins d'eau de fonte à l'avant des glaciers. Une couche claire et une couche sombre (varve) constituent à chaque fois le résultat de sédimentation d'une année et permettent une détermination d'âge par dénombrement, pour autant que la théorie de l'uniformité est valide.

~ Bibliographie ~

Agassiz, L. : Études sur les glaciers. Neuchâtel 1840.

Anderson, W. : Die nordasiatischen Flutsagen. Dorpat 1923.

Assereto, A.P. : Ica y el Perú Precolombino. Tome I. 1968.

Baugh, C. : Dinosaur, Scientific Evidence that Dinosaurs and Men walked together. Orange 1987, réédition 1991.

Berlitz, Ch. : Der 8. Kontinent. München 1986.

Berlitz, Ch. : Die Suche nach der Arch Noah. Wien/Hamburg 1987.

Blöss, C. et Niemitz, H.-U. : C-14 Crash. Gräfelfing 1997.

Bord, J. et C. : Unheimliche Phänomene des 20. Jahrhunderts. München 1989.

Brown, W. : In The Beginning. Phönix 1980.

Buckland, W. : Reliquiae Diluvianae ; or Observations on the Organic Remains Contained in Caves, Fissures and Diluvial Gravel and Other Geological Phenomena, Attesting the Action of an Universal Deluge. London 1824.

Bürgin, L. : Götterspuren. München 1995.

Bürgin, L. : Mondblitze. München 1994.

Buttlar, J. von : Adams Planet. München 1991.

Buttlar, J. von : Leben auf dem Mars. München 1987.

Buttlar, J. von : Schneller als das Licht. Düsseldorf 1996.

Chorlton, W. : Eiszeiten, dans la série « Time-Life ». Gütersloh 1983.

Däniken, E. von : Beweise. München 1974.

Däniken, E. von : Die Augen der Sphinx.

Däniken, E. von : Meinz Welt in Bildern. Düsseldorf/Wien 1973.

Darwin, C. : The Origin of Species. London 1859.

Dougherty, C.N. : Valley of the Giants. Cleburn 1971, réédité 1984.

Ercivan, E. : Das Sternentor der Pyramiden. München 1997.

Erman, A. : Travels in Siberia. London 1848.

Fiebag, J. : Die Anderen. München 1993.

Friedrich, H. : Jahrhundertirrtum Eiszeit ? Hohenpeißenberg 1997.

Geise, G. : Woher stammt der Mensch wircklich ? Hohenpeißenberg 1997.

Gentry, R.V. : Creations Tiny Mystery. Knoxville 1992.

Hancock, G. : Die Spur der Götter. Bergisch Gladbach 1995.

Hapgood, C.H. : Maps of the Ancient Sea Kings. New York 1966 et London 1979.

Hapgood, C.H. : The Path of the Pole. New York 1970.

Helfinstine, R.F. et Roth, J.D. : Texas Tracls and Artifacts. Autopublication, USA 1994.

Heuvelmans, B. : In the Wake of the Sea-Serpents. London 1968.

House, P.K., Webb, R.H., Baker, V.R. et Levish, D.R. : Ancient Floods Modern Hazards. Washington DC, 2002.

Krassa, P. et Habeck, R. : Das Licht der Pharaonen. München 1996.

Langbein, W.J. : Bevor die Sintflut kam. München 1996.

Langbein, W.J. : Das Sphinx-Syndrom. München 1995.

Lyell, C. : The Principles of Geology : Being an Attempt to Explain the Former Changes of the Earth's Surface, by Reference to Causes Now in Operation. London 1830, réédition 1865.

Lyell, C. : Das Alter des Menschengeschlechts. Leipzig 1864.

Moore, R. : Die Evolution, in « Life-Wunder der Natur ». 1970.

Morris, J.D. : The Young Earth. Coloradon Springs 1994.

Muck, O.H. : Alles über Atlantis. Düsseldorf/Wien 1976.

Petersen, D.R. : The Mysteries of Creation. El Dorado 1986.

Petratu, C., et Roidinger, B. : Die Steine von Ica. Essen 1994.

Popowitsch, M. : UFO Glasnost. München 1991.

Queiser, H.S. : Nachrichten aus der Eiszeit. Hamburg 1988.

Rätselhafte Vergangenheit. Rastatt 1993.

Riem, J. : Die Sintflut in Sage und Wissenchaft. Hamburg 1925.

Sagan, C. : Blauer Punkt im All. München 1996.

Sitchin, Z. : Am Anfang war der Fortschritt. München 1991.

Sitchin, Z. : Das erste Zeitalter. München 1984.

Sitchin, Z. : Der zwölfte Planet. München 1995.

Sitchin, Z. : Stufen zum Kosmos. Frankfurt/Berlin 1996.

Sitchin, Z. : Versunkene Reiche. München 1992.

Steiger, B. : Mysteries of Time and Space. West Chester, Pennsylvania/USA 1989.

Sudhoff, H. : Sorry, Kolumbus. Bergisch-Gladbach 1990.

Thompson, R.C. : The Reports of the Magicians and Astrologers of Ninive and Babylon. XVIII.

Tollmann, A. et E. : Und die Sinflut gab es doch. München 1993.

Tomas, A. : Wir sind nicht die ersten. Bonn, sans indication d'année.

Velikovsky, I. : Erde im Aufruhr. Frankfurt/M. 1994.

Velikovsky, I. : Welten im Zusammenstoß. Frankfurt/Berlin 1994.

Vollmer, A. : Sintflut und Eiszeit. Obernburg 1989.

Waddel, W.G. : Manetho. Cambridge, sans indication d'année.

Wright, G.F. : Man and the Glacial Period. New York, 1987.

Zillmer, H.-J. : Der fossile Hammer aus der Zeit der Dinosaurier. EDOFON Dokumentation n°38, Hohenpreißberg 1998.

Zillmer, H.-J. : Irrtümer der Erdgeschichte. Müchen 2001. Troisième édition 2003.

Zillmer, H.-J. : Dinosaurier Handbuch. München 2002.

Zillmer, H.-J. : Kolumbus kam als Letzter. München 2003. Deuxième édition 2004.

Zillmer, H.-J. : Die Evolutionslüge. München 2005.

Table des matières

13 Remerciements

15 Des idées confirmées depuis la première édition

19 Prologue

23 chapitre 1: Artéfact ou supercherie ?

27 chapitre 2: Le marteau fossile *La visite à Glen Rose. Description du marteau. Examen du marteau. Origine naturelle de l'acier ? Quand a-t-il été produit ? Une autre théorie.*

39 chapitre 3: Toutes les espèces existaient simultanément *Roches semblables au béton. Découvertes des 100 dernières années. Recherches de ces dernières années. Nouvelles recherches. Nouvelle visite à Glen Rose.*

55 chapitre 4: Énigme temporelle *Dinosaures sur la surface de la Terre. Trilobites. Histoire terrestre abrégée ? Découvertes dans le monde entier. Découvertes extraordinaires dans des veines de charbon. Mount St. Helens. Le paradoxe temporel et l'évolution.*

87 chapitre 5: Des monstres chronophages *Charniers collectifs. Détermination assurée de l'âge ? Chronologies manipulées. La datation erronée des découvertes anorganiques. Durcissement rapide des roches sédimentaires. Les petits monstres et les séries de désintégration. Réacteur atomique dans la nature.*

119 chapitre 6: La Terre danse *Cartes antiques. Instruments de navigation antiques. Pôle sud dépourvu de glace. La fin soudaine des mammouths. Durée de l'année solaire. Axe terrestre*

chancelant. Points cardinaux changeants. L'arrêt du soleil. Plusieurs catastrophes. Mythes des Hopis.

163 chapitre 7: Inversion des pôles *Théories inutilisables. Période glaciaire ou déluge ? Les moraines. Une autre atmosphère.*

185 Cahier Photos

203 chapitre 8: Naissance forcée de la Terre *Impacts cosmiques dans le monde entier. Planétoïdes. Naissance violente de notre Terre ? Carte céleste de Thèbes. La douzième planète.*

225 chapitre 9: Géologie et mythe *La géologie dans le miroir du temps. Mythes du déluge. Récit de Platon. Contradiction du déplacement continental ?*

249 chapitre 10: Le déluge global *Déroulement du déluge. La terre brûle. Les raz de marée. L'obscurité. Chute des températures, neige et pluies abondantes. Conséquences nocives du déluge. Production du charbon et du pétrole. Formation de l'ambre. L'Amérique du Sud bascule-t-elle ? Plissement des montagnes.*

273 chapitre 11: Témoins du temps *Détermination temporelle du déluge. Consommation de matière première. Particularités géologiques. Écran protecteur plus faible. Le sel des mers. Érosion des continents. Cavernes de stalactites. Coraux tropicaux. Dinosaures aquatiques vivants ? Fossiles vivants. Mokele-mbembe. Représentations antiques de dinosaures.*

305 chapitre 12: Évolution ou création ? *Le principe d'entropie. Microévolution. Êtres vivants tout prêts ? Plumes et vol. Plantes toutes prêtes. Croissance géante. Le créateur biblique. Les créateurs des Sumériens.*

333 chapitre 13: Un château de cartes s'effondre *Haute technologie vieille de plusieurs millénaires. Une nouvelle image du monde.*

339 Épilogue

345 Glossaire des concepts spécialisés importants

351 Bibliographie

VOUS AVEZ AIMÉ CE LIVRE ?

VOUS ALLEZ PARTICULIÈREMENT AIMER DU

Dr Immanuel VELIKOVSKY

« Mondes en Collision »

« Les Grands Bouleversements Terrestres »

« Le Désordre des Siècles »

Chapitres en ligne : www.jardindeslivres.com

Est-il exact que la Terre a été bouleversée par des cataclysmes sans précédent ? Comment explique-t-on la présence de mammouth en Sibérie alors que leur examen prouve qu'ils vivaient dans un climat tempéré ?

Et pourquoi ont-ils tous été décimés d'un seul coup ? D'où viennent les palmiers retrouvés dans les pôles ? Pourquoi 2000 ans avant J-C, les astronomes ne dessinaient-ils jamais la planète Vénus? Comment expliquer le mythe grec de la « Naissance de Vénus » si merveilleusement illustré par Botticelli ? Pourquoi les romains disaient-ils qu'Athéna est née de Jupiter pour aller se battre avec Mars ? Pourquoi les océans se sont-ils massivement déplacés et les jungles transformées en désert ?

Comment expliquer que le papyrus égyptien Ipuwer, en plus des textes aztèques, chinois et mayas, confirment ce que la Bible présente sous forme des dix plaies d'Egypte ? Pourquoi les scientifiques enregistrent-ils des inversions de polarité dans les rochers anciens ?

Et pourquoi cet ouvrage est-il le plus combattu de tous les temps ?

Dans ce livre, le plus censuré de l'histoire de l'édition moderne, le Dr Immanuel Velikovsky répond de manière si révolutionnaire qu'on en ressort avec le choc intellectuel de sa vie car le travail de cet homme, reconnu maintenant comme l'un des plus grands génies du XXe siècle, a osé aborder ce que notre amnésie collective veut à tout prix oublier : *« Je trouve la concentration de légendes accumulées par Immanuel Velikovsky stupéfiante. Si*

20% des concordances légendaires sont réelles, il y a quelque chose d'important à expliquer » **Dr Carl Sagan Cette nouvelle édition contient la biographie de Velikovsky, l'histoire du livre, des documents, des listes, une liste de ses découvertes incroyables ? confirmées depuis par les sondes spatiales ?, et bien-sûr le « Mondes en collision » lui-même, avec les sources.**

Revue de Presse

(quelques extraits de 1950 jusqu'à 2005 sur plus de 250.000 articles avec l'analyse de **Robert Rickard parue dans « Fortean Times »**)

« Un tremblement de terre littéraire » **New York Times** « Le Dr Velikovsky a rassemblé dans un travail monumental, des preuves issues des premières civilisations sur les cataclysmes gigantesques ayant touché la Terre en 2000 et 1000 ans avant J.C. (...) Un panorama stupéfiant d'histoires terrestres et humaines. (...) Un ouvrage magnifique » **New York Herald Tribune** « Si le Dr Velikovsky a raison, ses livres sont la plus grande contribution jamais faite aux études des civilisations anciennes » **Dr Robert H. Pfeiffer, Harvard University** « "*Mondes en Collision*" n'est que mensonges et rien que des mensonges. - Question : *Vous l'avez lu* ? - Non, je n'ai pas lu ce livre, et je ne le lirai jamais ! » **Dean MacLaughlin, Harvard University** « Aussi fascinant qu'un roman de Jules Verne... » **Reader's Digest** « Ridicule » **Times magazine** « Si vous voulez un choc intellectuel, lisez "*Mondes en Collision*" du Dr Immanuel Velikovsky » **Book of the Month Club News** « Ce livre aura un effet explosif dans le monde scientifique » **This Week** « Excitant, étonnant, surprenant, incroyable et certainement une histoire révolutionnaire de l'Univers » **Dallas Times Herald** « Ce livre pourrait affecter la manière de penser de ce siècle » **Louisville Courier Journal** « Un livre étrange et merveilleux » **Detroit News** « Gigantesque, sensationnel, génial » **Glasgow Daily Record** « Rien dans les dernières années n'a excité autant l'imagination du public » **Pageant** « Ses conclusions finales sont encore plus terrifiantes » **Newsweek** « La science elle-même, bien que la plupart des scientifiques aient considéré que son cas était définitivement enterré, se dirige dans la direction montrée par Velikovsky. Ses propos, qui semblaient tellement scandaleux et choquants lorsqu'il les a tenus à l'époque, sont maintenant très communs. La mise à l'écart de Velikovsky, ainsi que son lynchage par la communauté académique, nécessite maintenant un véritable réexamen par les scientifiques » **Harper's Magazine, août 1963** « Les travaux du Dr Immanuel Velikovsky doivent être reconsidérés » **The New Scientist, Angleterre, 1972** « Nous demandons à la communauté scientifique, dans la tradition de la véritable recherche, de continuer, sans aucun parti pris, à examiner le formidable challenge présenté par le Dr Velikovsky » **Pr Trainor, Department of Physics of Toronto, 1974** « Des thèses totalement ridicules (...) et qui ne respectent aucune loi physique »

Bulletin of the Atomic Scientist, 1964 et... « Velikovsky pourrait bien avoir raison » **Bulletin of the Atomic Scientist, 1975** (!!!) « Velikovsky fut le scientifique le plus controversé de ce siècle... mais l'acceptation de ses travaux est maintenant inévitable » **Industrial Research & Developement, 1979** « Les observations de Vénus par la sonde Pioneer n'ont pas confirmé toutes les prédictions de Velikovsky sur sa nature (...) mais Velikovsky a aussi correctement prédit les changements de pôles de la Terre, les caractéristiques de la surface de Mars, les ondes radio de Jupiter, la température de Vénus. (...) A lui seul, Velikovsky a influencé tout le programme spatial de la NASA grâce à ses idées. L'intérêt croissant pour l'exploration des planètes dans les années 70 a été lancé et inspiré par ses théories et ses analyses » **Transactions of the American Geophysical Union, 1980** « Lorsqu'il a publié en 1950 son premier best-seller " *Mondes en Collision* " , Immanuel Velikovsky a déclenché la fureur du monde académique. Bien des mythes anciens de dévastation ou de déluge, affirmait-il, représentent une réalité factuelle des cataclysmes causés par des événements cosmiques. Et les batailles des dieux reflètent les trajectoires des objets célestes d'après lesquels ils étaient nommés » **E. Krupp, dans « Search of Ancient Astronomies » 1980** « Les recherches du Dr. Velikovsky dans les textes anciens ont révélé des histoires de feu et de cendres tombant du ciel... de lave dégoulinant de la terre... des pluies de bitume... des tremblements de terre... des océans bouillonnants... des raz-de-marée et des nuages épais de poussière recouvrant la face de la Terre. Des témoignages similaires apparaissent dans les légendes de peuples dispersés autour du monde, de la Méditerranée aux Caraïbes en passant par le Mexique » **Robert Jastrow, « Héros ou Hérétique? » in Science Digest, Oct. 1980** « Il semble que tous les mille ans nous assistons à une sorte de mini-âge glaciaire, résultat d'un bombardement provenant de l'espace. Les histoires de feu tombant du ciel dans les mythes, légendes et les archives historiques doivent être prises au pied de la lettre. Plutôt que d'être exceptionnelles, ces catastrophes sont normales tout le long de l'histoire humaine. (...) La Grande-Bretagne a vécu ces périodes de destructions massives, suivies par des années de migrations, des cieux noirs et des années sombres. Pourquoi était-ce si grave ? Les références chinoises parlent d'une comète dans l'année 442 et une pluie catastrophique de météores au cours de l'année 524. (...) Ce qui est curieux, est le niveau de la civilisation: il faut attendre 1300 ans pour retrouver le même niveau de développement. Est-ce que l'humanité a failli suivre le même chemin que les dinosaures ? » **Dr Victor Clube, Oxford University, in « The New Scientist », Angleterre, dans le numéro "anniversaire" de la catastrophe de Tungushka - Sibérie - paru le 8 septembre 1988.** « (Depuis Velikovsky) le catastrophisme est devenu très à la mode » **« Catastrophic Episodes in Earth History » par Claude Albritton, Ed. Chapman and Hall, London, 1989.** « Parmi tous ces érudits qui ont voulu réécrire l'histoire du monde, l'un d'entre eux est particulièrement célèbre. C'est Immanuel Velikovsky qui a brossé, dans ce qu'il a appelé un "*essai de cosmologie historique*", une fresque qui a obtenu un succès commercial mondial, mais non sans contrepartie. Son livre fameux, "*Worlds in Collision*", paru en 1950, a eu un double effet. Il a plu au grand public par son côté mystérieux et par le parfum d'érudition qu'il dégage en première lecture. Mais, revers de la médaille, il a contribué à faire passer Velikovsky pour un charlatan qui s'est mis la quasi-totalité de la communauté scientifique de l'époque à dos. Car il faut le redire, même si cet auteur passe encore parfois pour un martyr de la science, son livre est inacceptable sur le plan scientifique, bien que la partie historique soit assez remarquable. La méconnaissance de Velikovsky sur la partie *astronomique* du sujet est flagrante. Vouloir faire de Vénus une ancienne *comète* éjectée par Jupiter, il y a seulement quelques milliers d'années, a fait crier à l'imposture tous les astronomes » **Michel-Alain Combes, Docteur en Astronomie, dans son livre « *La menace du ciel* », chapitre 17, Paris 1999** « Les orbites des planètes ne sont plus inscrites dans le marbre. (...) Il semble que les planètes Saturne, Uranus et Neptune aient étendu leurs orbites depuis le début du système solaire, alors que Jupiter a réduit la sienne. (...) Les interactions entre Neptune et Pluton ont poussé les planètes plus petites à passer d'une orbite circulaire à une orbite plus excentrique et cela avec un plan plus incliné par rapport aux autres planètes » **Renu Malhotra, Scientific American, 1999** « *Je ne suis pas d'accord avec ce que vous dites, mais je ferai tout ce qui est en mon pouvoir pour que vous puissiez continuer à le dire* » . Voltaire à Rousseau. Ce fut vraiment un choc entre mondes différents ! Comment un psychiatre osait-il non seulement écrire sur l'astronomie mais de plus, citer comme une évidence les écritures hébraïques ? (...) " *Mondes en collision* " affola à ce point les astronomes professionnels qu'ils en vinrent à un acte extraordinaire : ils se liguèrent pour empêcher le succès de ses ouvrages et les censurer, et ce à plusieurs occasions au cours de deux décennies. Le grand exploit de Velikovsky était de montrer comment les catastrophes naturelles -principalement les collisions manquées de peu avec des comètes- marquèrent l'histoire humaine, sans en appeler à Dieu, au paranormal ou aux extraterrestres. De nos jours, ces idées sont tellement répandues qu'elles forment la structure de films populaires, mais dans les années cinquante elles étaient aussi dangereuses que de la dynamite (...) Velikovsky poursuivit ses recherches depuis son domicile de Princeton, jusqu'à sa mort survenue le 17 novembre 1979. Pleinement satisfait d'instruire une nouvelle génération d'historiens, d'astronomes et de physiciens planétaires qui, il l'espérait, échapperaient à l'étroitesse d'esprit de leurs prédécesseurs. **Robert Rickard, in "The Fortean Times" n°118 de janvier 1999. Traduit de l'anglais par Marcelle Gerday. Avec l'aimable permission de Mr Robert Rickard pour le Jardin des Livres.** « L'influence de Velikovsky a été significative dans le monde anglo-saxon (USA, Canada, Angleterre, Australie et Nouvelle Zelande) alors que le monde latin y échappa, sans doute par manque d'intérêt pour les sujets bibliques. En Italie, rappelons que Velikovsky a reçu un accueil positif du grand mathématicien Bruno de Finetti, et que l'historien Federico Di Trocchio lui a consacré un chapitre conséquent dans son livre " *Il Genio Incompreso* " » . **Pr. E. Spedicato, Université de Bergamo, Italie, 2000** « Russe d'origine, ce génie scientifique ami d'Albert Einstein a publié, entre 1950 et 1979, une série d'ouvrages qui ont agité et agitent toujours le monde scientifique. Pour Velikovsky, l'histoire de l'humanité est jalonnée de catastrophes naturelles d'origine cosmique qui éclairent d'un jour nouveau nombre de grands mythes du passé, tels les plaies d'Egypte et le déluge » **Kadath, Cahiers des civilisations anciennes N° 92, France, 2001** « Les théories d'Immanuel Velikovsky concernant l'histoire géologique de la Terre exposées dans « *Mondes en Collision* » sont récemment devenues très très à la mode, merci aux trajectoires des divers et très larges corps célestes qui ont joué avec nos nerfs. Est-ce que notre planète a été façonnée par un bombardement de météorites et des débris cosmiques ? Est-ce qu'ils sont responsables de la soudaine période glaciaire et de l'extinction des dinosaures ? La toute jeune science du catastrophisme, basée sur le travail précurseur de Velikovsky répond à ces questions et tend à confirmer les mystères de l'Ancien Testament comme le déluge ou l'ouverture de la mer Rouge » **Richard Metzger, Disinfo, Angleterre, 2001** « Velikovsky souleva immédiatement la colère des astrophysiciens qui clamèrent à juste titre que Vénus n'avait jamais pu être une comète. (...) Pour ma part, je n'ai aucune honte à dire que la lecture du livre hérétique de Velikovsky lorsque j'étais adolescent a puissamment contribué à ma vocation d'astrophysicien ! » **Jean-Pierre Luminet in « Le Feu du Ciel » , page 246, Editions Le Cherche-Midi, 2002.** « Velikovsky était une sorte de prophète » **Jean-Pierre Girard, Le Monde Inconnu, 2002** « Le trio mythique Freud-Einstein-Velikovsky est recomposé. Mais on pourrait aussi dire que le cerveau de Velikovsky est le résultat hallucinant de ce qu'aurait pu donner l'union intime entre Sigmund Freud et Albert Einstein. Freud représente l'irrationnel, l'inconscient, l'intuition, l'instinct et nos peurs ancestrales. Einstein représente le rationnel, la logique, les mathématiques, la déduction empirique, bref la science avec un grand « S » . Velikovsky, dans une formidable intuition s'est servi de l'un pour expliquer l'autre : au lieu de considérer les rédacteurs des textes bibliques comme des demeurés avides de surnaturel, il a démontré avec une *maestria* sans égal dans l'histoire de la littérature et des sciences humaines que les mythes religieux qui agissent toujours en arrière-plan, proviennent tous des observations factuelles du ciel et des planètes. Dans " *Mondes en Collision* " , on assiste, fasciné, à la naissance des dieux et des déesses que l'on pensait être une création poétique des Romains et des Grecs. Velikovsky transforme le lecteur en astronome car son livre, métamorphosé en télescope, permet d'observer le « Big Bang » religieux. C'est un pur chef d'œuvre dans lequel les mythes humains s'opposent violemment à la pure logique des mathématiques. Bien qu'il ne l'ait pas fait exprès, Immanuel Velikovsky n'a eu qu'un seul tort, humilier tous les astrophysiciens de son époque, époque d'autant plus difficile que la course à l'espace n'avait pas encore commencée et qu'une partie du public était persuadée que des martiens habitaient la planète rouge. En déclarant, entre autres, en 1950, qu'il y avait eu des océans sur Mars, Velikovsky s'était suicidé » **Présentation de « Mondes en Collision » , janvier 2003. A propos de l'eau sur Mars :**]« La NASA s'apprête à envoyer un robot sur Mars afin de trouver son eau. L'appareil est un véritable géologue ambulant capable d'analyser seul tout ce qu'il trouve. Le reportage de... » **Claire Chazal, journal de 20 heures, TF1 samedi 18 janvier 2003** « **Une météorite provenant du coeur de Mars contiendrait de l'eau.** La pierre martienne a été trouvée par deux chercheurs français (...) « *C'est très intéressant pour nous car c'est une manière indirecte d'observer l'eau martienne* » explique Philippe Gillet directeur de l'Institut National des Sciences de l'Univers (INSU) , une des principales branches du CNRS » **Le Monde,** 12 juin 2001.

LE MENSONGE UNIVERSEL

Le texte sumérien qui a servi à composer le jardin d'Éden et comment il a été modifié par l'auteur de la Bible pour nous culpabiliser **de Pierre Jovanovic**

Le plus grand mensonge de l'histoire des religions est celui du Livre de la Genèse dans lequel il est écrit qu'Ève est née d'une côte d'Adam, et qu'à cause de la pomme mangée dans le jardin d'Eden, elle a conduit l'Humanité à sa perte. Pourtant, une tablette sumérienne (antérieure de 1500 ans à l'invention de l'écriture hébraïque) prouve que le rédacteur du Livre de la Genèse a plagié le texte et l'a modifié pour exclusivement se venger des femmes. - Le « serpent » était en réalité un conseiller qui a encouragé un dieu à séduire des jeunes déesses. - Ce dieu s'était empoisonné dans un jardin en mangeant des plantes. - Il a été maudit par une déesse. Et bien-sûr : - De la côte de ce dieu est née... une autre déesse. Conséquence de ce plagiat soi-disant dicté par Dieu à Moïse, et universellement répandu par les Hébreux, par saint Paul et par saint Augustin: les prêtres, les rabbins et les imams ont avili, culpabilisé et manipulé hommes et femmes en brandissant le « péché originel » accusateur qui, finalement, n'est qu'un pur mensonge. Le Mensonge Universel comprend l'analyse du texte sumérien, son historique, l'adaptation littéraire, la table des correspondances, et bien-sûr la traduction de la tablette originale, réalisée par un grand spécialiste, le Pr. Attinger, assyriologue de l'Université de Berne.

La race de la Genèse

de Will Hart

L'Homo-Sapiens, l'espèce qui a émergé après la disparition du Neandertal, a vécu pendant des millénaires sous forme primaire de chasseurs-cueilleurs. Et soudain vers 4000 av. JC, la première des six grandes civilisations a jailli avec ses pyramides, sa technologie et son écriture, suivie par les autres. Leur apparition soudaine et les similitudes de leur développement remettent en cause la théorie darwinienne car, entre ces hommes évolués et les chasseurs primaires qui les ont précédés, il n'existe aucune trace d'un Homo-Sapiens intermédiaire. Alors comment ont-ils soudain obtenu un savoir technologique aussi avancé ? Le *Livre de la Genèse* serait-il exact ? Avec les dernières découvertes génétiques, associées aux découvertes archéologiques, Will Hart montre que l'hypothèse des dieux descendus du ciel pour donner l'intelligence et le savoir aux humains, exactement comme Eve recevant soudain la Connaissance par la pomme du jardin d'Eden, est plus que plausible. Et la preuve se trouverait dans l'ADN. Ce qui expliquerait pourquoi toutes les grandes civilisations possèdent le même mythe créatif dans lequel les dieux sont descendus sur terre pour façonner les hommes à leur image, et pour leur enseigner le savoir.

La *Race de la Genèse* est une enquête fascinante qui bouleverse toutes les idées reçues, et qui nous entraîne aux quatre coins du monde pour briser le mystère des 7 filles d'Eve, la célèbre étude scientifique sur l'ADN qui a établi que toute la race humaine descend de seulement 7 femmes (ou 7 mères) différentes.

Le Grand Dérèglement du Climat

par Art Bell et Whitley Strieber

Nous vivons en ce moment des changements de climat que les météorologues officiels se gardent bien de commenter : fontes de glaciers grands comme la France, tornades jamais vues en Floride comme en Bretagne ou en Alsace, réchauffement soudain de la Méditerranée, vents de plus en plus violents, tempêtes et pluies diluviennes, inondations soudaines et dramatiques, etc., etc. Pour Art Bell et Whitley Strieber en revanche, ces changements ne sont que les prémices d'un immense bouleversement climatique en raison du réchauffement progressif des courants marins qui risquent tout simplement de s'arrêter et d'inverser aussi le climat.

Best-seller mondial, une minuscule partie de ce livre a directement inspiré le film *Le Jour d'Après* avec plus de 200 millions de spectateurs. A lire absolument.

Le Livre Mystérieux de l'Au-Delà

de Johannes GREBER

Strict prêtre catholique ne croyant absolument pas au surnaturel, Johannes Greber a vécu une expérience unique en Allemagne : il a communiqué avec des esprits qui lui ont expliqué avec beaucoup de détails comment leur monde « spirituel » agissait sur notre monde « matériel ». Ensuite, ces esprits ont révélé au Père Greber comment les textes bibliques ont été modifiés au fur et à mesure des siècles pour plaire à chaque pouvoir politique, tout en lui expliquant la véritable nature des textes originaux avec presque 40 ans d'avance sur les découvertes et traductions des Manuscrits de la Mer Morte et d'autres codex ! **Véritable trésor caché de la littérature spirituelle, Le *Livre Mystérieux de l'Au-Delà* reste à ce jour un ouvrage majeur et furieusement contemporain: dans plusieurs pays, ce livre est régulièrement imprimé depuis 70 ans.** Nouvelle traduction de la version originale allemande. A LIRE ABSOLUMENT.

L'EXPLORATEUR DE L'AU-DELA

d'Anne-Marie BRUYANT et Pierre JOVANOVIC

« Après avoir traversé bien des zones, je peux avouer que je reviens vraiment de très loin. Dans vos langues, ces zones ne possèdent pas de nom puisqu'elles ne se trouvent nulle part. Aussi, en m'efforçant d'être aussi bref et clair que possible, j'aimerais vous raconter mon voyage dans l'au-delà afin que ceux qui s'apprêtent à prendre le même chemin que moi sachent ce qui les attend »

L'Explorateur de l'Au-delà commence là où les biographies normales se terminent : debout à côté de son cercueil, Franchezzo, un aristocrate richissime, découvre qu'il est mort. N'étant guère familier avec les questions spirituelles, il refuse son état, puis, dépité, commence à explorer son environnement jusqu'à découvrir progressivement les différentes sphères qui composent ce que les Evangiles appellent « *les nombreuses demeures* » de l'Au-delà. *Témoignage unique sur le fonctionnement des diverses strates de l'après-vie,* l'Explorateur de l'Au-delà *(qui a inspiré les films « Ghost » et « Au-delà de vos rêves ») est le plus grand texte disponible à ce jour parce qu'il emporte le lecteur dans un véritable tourbillon ; alors il ne demande qu'une seule chose, que la lecture dure éternellement.*

Voie Express pour le Paradis
de Ned DOUGHERTY

Membre de la jet-set, millionnaire, cocaïnomane et un peu alcoolique, rien ne prédisposait Ned Dougherty à s'occuper de choses spirituelles jusqu'à ce que son cœur le lâche brutalement sur le trottoir de sa discothèque. Sanglé dans l'ambulance avec des urgentistes au-dessus de lui tentant de le réanimer, l'homme d'affaires se sent soudain quitter son corps et flotter au-dessus de lui-même. Il ne comprend pas et cherche aussitôt sa Rolex lorsqu'un tunnel lumineux s'ouvre devant lui et dans lequel se trouve un ami, mort pourtant 15 ans auparavant; Ned Dougherty traverse le tunnel « hors du corps » et là commence son incroyable odyssée : il se retrouve en présence de la **Femme de Lumière** qui lui montre son avenir personnel, ainsi que celui du monde. Dans ces visions, l'homme d'affaires assiste à des scènes apocalyptiques, difficilement plausibles pour lui, comme par exemple celle des *Twin Towers* s'effondrant presque ensemble dans un fracas assourdissant de débris et de sirènes, ou celle d'une vague haute comme un immeuble, décimant toute la côte Est, déclenchant la chute économique des Etats-Unis par les faillites des compagnies d'assurance entraînant, dans leur sillage, celle des banques.

350.000 exemplaires
La Divine Connexion +
Le Contact Divin du Dr Melvin Morse
Chapitres en ligne sur www.lejardindeslivres.com

Après quinze années de recherches, le Dr Melvin Morse, médecin urgentiste et pédiatre, affirme que 1) nous disposons tous dans notre lobe temporal droit d'un circuit biologique spécialement conçu pour dialoguer avec Dieu et que 2) les souvenirs de notre vie ne se trouvent pas dans notre cerveau ! S'appuyant sur les dernières découvertes médicales et scientifiques, son livre explique pour la première fois avec une logique implacable l'ensemble des phénomènes surnaturels et mystiques, tout comme les vies passées, les sensations de déjà vu, l'intuition, les guérisons spontanées et surtout le don de « voir » des parcelles de l'avenir. De façon simple et claire, le Dr Morse donne des cas précis et raconte comment il est parvenu à ses conclusions après avoir travaillé sur les expériences aux frontières de la mort infantiles. Salué par la presse anglo-saxonne comme une avancée majeure pour le XXIe siècle, ce livre ouvre des portes insoupçonnées et donne une dimension, nouvelle, phénoménale à la spiritualité. Des pilotes de chasse aux épileptiques, des neurologues aux physiciens et des médecins aux magnétiseurs, sa thèse prend vie et s'impose comme une évidence. Ce livre monumental peut changer votre vie. Version mise à jour et avec une préface française du Dr Melvin Morse ainsi que du Dr Charles Jeleff.

La découverte du « Point de Dieu »

(début du chapitre 1 de la « Divine Connexion »
du Dr Melvin Morse)

Les neurologues de l'University of California de San Diego ont annoncé en 1997, avec beaucoup de courage, qu'ils venaient tout juste de découvrir dans le cerveau humain une zone « *qui pourrait être spécialement conçue pour entendre la voix du Ciel* ». Avec des recherches spécialement élaborées pour tester cette zone, les médecins ont établi que certaines parties du cerveau, le lobe temporal droit pour être exact, s'harmonisent avec la notion d'Etre suprême et d'expériences mystiques... Ils ont donc baptisé cette zone « *le module de Dieu* », précisant qu'elle ressemblait à un véritable « *mécanisme dédié à la religion* ». Si bien des scientifiques furent ravis de cette découverte, l'un d'eux, Craig Kinsley, neurologue à l'University of Virginia de Richmond, fit cette remarque pleine de bon sens : « *Le problème est que nous ne savons pas si c'est le cerveau qui a créé Dieu ou si c'est Dieu qui a créé le cerveau. Néanmoins, cette découverte va vraiment secouer les gens* ». Je comprenais parfaitement ce qu'il voulait dire. Dans mes trois livres précédents sur les expériences aux frontières de la mort, j'avais déjà identifié le lobe temporal droit comme l'emplacement de ce point de contact entre l'homme et Dieu. C'est là qu'Il semble habiter en chacun de nous, dans une zone au potentiel illimité et inexploité que j'appelle le « *Point de Dieu* » ou le « *Point Divin* » ; il permet aussi bien la guérison du corps que le déclenchement de visions mystiques, de capacités médiumniques et d'expériences spirituelles inoubliables. En clair, le lobe temporal droit nous permet d'interagir directement avec l'Univers. Bien que les événements vécus au cours d'une expérience aux frontières de la mort (EFM) soient considérés aujourd'hui comme notre dernière communication et interaction avec la vie, il semble que rien ne puisse être aussi inexact. L'EFM est seulement une expérience spirituelle qui se déclenche lorsqu'on meurt. Mais en étudiant ces expériences, nous avons appris que chaque être humain possède ce potentiel biologique pour interagir avec l'univers et ce à n'importe quel moment de sa vie. Pour cela, nous devons simplement apprendre à activer notre lobe temporal droit, là où habite Dieu. En tant que pédiatre, j'ai vu ce qui se passait lorsque cette zone était activée chez les enfants passés « *de l'autre côté* ». J'ai aussi remarqué combien ils étaient marqués à vie par leur expérience : ils devenaient plus équilibrés non seulement au niveau mental et physique, mais aussi au niveau spirituel ! Ils mangeaient une nourriture plus saine, obtenaient de meilleurs résultats scolaires et possédaient plus de maturité que leur camarades. Ils sont conscients de lien avec l'Univers alors que la plupart de leurs camarades ignorent jusqu'à son existence. Ces enfants ont même le sentiment absolu d'avoir une tâche à accomplir sur terre. Ils ne craignent plus la mort. Mieux, ils suivent en permanence leurs intuitions et savent qu'ils peuvent retrouver cette présence divine aperçue dans leur EFM à tout moment, sans être obligés de mourir à nouveau. « *Une fois que vous avez vu la lumière de l'autre côté, si vous essayez, vous pouvez la revoir* » m'a dit l'un de mes jeunes patients. « *Elle est toujours là pour vous* » .

Où se trouve le Point de Dieu ? Ne le cherchez pas dans un livre d'anatomie, la science médicale contemporaine ne le reconnaît pas, pas plus qu'un autre d'ailleurs, comme étant celui de Dieu. En fait, les livres classiques de neurologie décrivent le lobe temporal droit simplement comme étant le « *décodeur* », l'interprète de nos souvenirs et de nos émotions. Dans ce livre, nous allons montrer que le lobe temporal droit fonctionne plutôt comme une zone « *surnaturelle* » procurant des capacités d'auto-guérison, de télépathie et surtout de communication avec le divin. Comme ces capacités sont « *paranormales* », elles sont donc controversées.

Mais comment cela est-il possible ? Comment pouvons-nous ignorer, et ce depuis des millénaires, quelque chose d'aussi important que la faculté de communiquer avec Dieu ? La réponse la plus simple pourrait être la suivante : « *nous sommes au Moyen-âge de la spiritualité* » et devons encore évoluer pour en sortir. En effet, l'histoire humaine comporte d'innombrables cas d'aveuglements intellectuels. Ce sont les (suite dans le livre)

Ce livre demeure une référence absolue sur le dialogue avec Dieu et les Anges. Une expérience mystique, assortie de la plus extraordinaire sortie hors du corps jamais racontée. Pour la première fois en France depuis 1898, un livre fait le point sur les dernières découvertes à propos d'Enoch en proposant les textes complets en langage contemporain (versions éthiopienne et slavonique) avec des interviews du professeur James C. Vanderkam et surtout de Joszef Thadeus Milik, le paléographe des Manuscrits de la Mer Morte.

Analysé depuis plus de 150 ans par des linguistes et des théologiens, le Livre d'Enoch est un véritable livre magique, raison pour laquelle il survit depuis au moins 2700 ans. Indispensable à tous ceux qui cherchent le dialogue avec Dieu et ses Anges.

Le Livre des Secrets d'Enoch

La version bilingue slavonique du Pr. André Vaillant
avec un nouveau dossier historique
de Pierre Jovanovic

Premiers chapitres en ligne : www.jardindeslivres.com

Dans ce livre unique, la recherche historique est axée uniquement sur la version slavonique qui livre des informations révolutionnaires. Où l'on découvre que la seule ambition de l'Eglise a consisté à empêcher chaque personne de trop réfléchir, que les premiers livres de l'Ancien Testament ne sont que des pâles copies de textes sumériens bien plus anciens, et surtout qu'ils ont été modifiés vers les 600 av. JC dans le but de nous culpabiliser avec la notion du péché. La version bilingue (vieux slavonique à gauche, français à droite) du Pr. Vaillant, professeur des Langues Orientales, a été respectée et reproduite *in extenso*, avec un dossier historique de plus de 100 pages.

Nouvelle version :

Enquête sur l'Existence des Anges Gardiens, 600 pages

de Pierre Jovanovic

Lors d'un reportage à San Francisco, alors qu'il se trouvait dans une voiture, Pierre Jovanovic se jette soudain sur la gauche, une fraction de seconde avant qu'une balle ne pulvérise son pare-brise. En discutant avec ses confrères journalistes, il découvre d'autres histoires étranges similaires: journalistes arrachés à la mort par miracle alors qu'elle était inévitable, temps qui «ralentit» mystérieusement, «voix intérieures» qui avertissent d'un danger, sentiment d'insécurité, gestes «inexpliqués» qui sauvent. Tout le monde connaît au moins une histoire totalement incompréhensible de ce genre, et ce livre recense les différentes variantes de ces faits quotidiens inexplicables. «Enquête sur l'Existence des Anges Gardiens» est également le premier ouvrage qui étudie d'une manière approfondie les apparitions d'Anges dits «gardiens» dans les expériences aux frontières de la mort (EFM), révélées par le docteur américain Raymond Moody. Les résultats de cette investigation de 6 ans dans le domaine des EFM ont poussé Pierre Jovanovic a examiner les apparitions d'Anges chez les grands mystiques chrétiens et à les comparer à celles des EFM, ce qui constitue également une première. La presse internationale, d'une voix unanime, a qualifié cet ouvrage d'exceptionnel: le lecteur est progressivement plongé dans l'impénétrable des EFM, parce que la démonstration est mené à la façon d'une enquête policière. Une fois l'ouvrage commencé, le lecteur ne peut plus s'arrêter, emporté par la curiosité et la volonté de savoir s'il possède, lui aussi, son Ange gardien. **FIGARO LITTERAIRE:** «La présence angélique est évidente» Laurence Vidal, **PARIS MATCH:** «Peut-on croire aux Anges ?» Marie-Thérèse de Brosses. **JOURNAL DU DIMANCHE:** «Une enquête de six ans que vous lisez comme un policier», **LE REPUBLICAIN LORRAIN:** «Ce livre laisse le lecteur fasciné» Gaston Schwinn, **AISNE NOUVELLE:** «Une enquête de détective» **CENTRE PRESSE:** «On demeure perturbé lorsqu'on le finit». **COURRIER PICARD:** «Les anges en 6 ans d'enquête» **L'EST REPUBLICAIN:** «Une enquête par un journaliste scientifique» **NICE MATIN:** «Une enquête avec beaucoup de distance et d'humour» **OUEST-FRANCE:** «Ne l'appelez pas «hasard». **LE COURRIER DE L'OUEST:** «Le premier livre sur les anges gardiens dans les NDE» **TELE 7 JOURS:** «Un best-seller», **TF1 MAGAZINE:** «Les anges flottent». **LE POINT:** «Pierre Jovanovic a importé les anges en France...» Stephanie Chayet. **LE CANARD ENCHAINE:** «Les ailes du délire». **ELLE:** «Une enquête de police... ». **MARIE-CLAIRE:** «Le livre le plus détaillé sur les Anges» Isabelle Girard. **MADAME FIGARO:** «Des mystiques aux NDE, on y est presque», **FEMME:** «Une enquête très sérieuse» Judith Belisha, **BULLETIN DES MEDECINS:** «Une première...»,

MYSTERES: «Enquête détaillée», **FAMILLE CHRETIENNE:** «Le premier livre sérieux sur les anges» Luc Adrian, **ROYALISTES:** «Un retour doctrinal» Gérard Leclerc, **REPONSE A TOUT:** «Vous devez lire ce livre», **JEUNE AFRIQUE:** «Une enquête sur les anges faite par un journaliste» Jean-Claude Perrier, **Radio CANADA:** «Un livre extraordinaire» Richard Cummings **LE SOIR ILLUSTRE -BRUXELLES:** «Vous pouvez le lire» Patrica Hardy, **Tv Ad-Lib CANADA:** «Un livre impressionnant» Jean-Pierre Coalier, **TV-5 ESPAGNE:** «Une enquête impressionnante» Benigno Morilla, **ELLE-ITALIE:** «Un travail exceptionnel» Michela Cristallo.

La Vierge du Mexique

ou le miracle le plus spectaculaire de Marie

(préface de Didier Van Cauwalaert)

par le Père François Brune

Premier chapitre en ligne : www.jardindeslivres.com

Un journaliste de France-Info expliquait récemment à l'antenne que « *même les Mexicains qui ne croient pas en Dieu, croient en la Vierge de la Guadalupe* ». Cette phrase, assez mystérieuse pour nous, ne prend toute sa dimension qu'à la lecture de ce livre remarquable du Père Brune. En effet, à côté de l'apparition mexicaine de la Vierge, celle de Lourdes semble tout à coup bien terne car les preuves hallucinantes -surnaturelles- laissées par Marie (pigments de couleur extra-terrestres, yeux "vivants", entre bien d'autres choses) sont aujourd'hui prouvées par des scientifiques médusés. Si le Père Brune qualifie cette apparition de « *Bombe à retardement* », c'est tout simplement parce que ces preuves n'ont pu être découvertes que récemment grâce aux nouvelles technologies ! Un livre qui doit être lu par tous ceux qui désirent avoir une « preuve » de l'existence de Dieu ou de Marie. Ou simplement par ceux qui veulent qu'un « miracle » leur soit prouvé.

La Vierge de l'Egypte

du père François Brune

Depuis 1968, la Vierge apparaît régulièrement en Egypte et les millions de musulmans, comme de chrétiens, se sont véritablement frotté les yeux en découvrant la Mère du Christ flottant au-dessus de l'église de Zeitoun, de Choubra ou encore d'Assiout. Ainsi, la Vierge est apparue pendant presque trois ans à Zeitoun et elle a été vue chaque soir par plus de 100.000 croyants ou athées, y compris le président égyptien de l'époque,

Nasser. Encore plus étrange, elle a repris ses apparitions spectaculaires en 2000, à Assiout. Mais en Europe, ce fut le silence. Pourtant, et pour la première fois dans l'histoire des apparitions mariales, elles ont été photographiées et certaines même filmées par la télévision égyptienne.

Le Père François Brune a enquêté en Egypte auprès d'innombrables témoins et nous livre dans cet ouvrage quasi-surnaturel le résultat de son incroyable enquête. **290 pages avec photos noir et blanc + un cahier de photos couleurs des apparitions de l'an 2000 à Assiout.**

Le Dictionnaire des Anges

de Gustav Davidson

plus de 4000 entrées & 133 illustrations

« *Unique !* » **Isaac B. Singer, Prix Nobel de Littérature.**

« *Sublime. Le fruit de quinze années de recherches en littérature biblique, talmudique, gnostique, cabalistique, apocalyptique, grimoires,...* » **Wall Street Journal**

« *Le Triomphe du savoir universitaire* » **New York Times**

« *Magnifique ! Un bonheur sans fin* » **The Times of London**

Conservateur à la Bibliothèque du Congrès de Washington, Gustav Davidson a passé sa vie à rechercher les Anges dans toutes les bibliothèques du monde, nationales ou privées, y compris celles des châteaux et des couvents les plus isolés. Papyrus, codex, textes saints, grimoires, formules magiques, écrits apocryphes, rites cabalistiques, incantations, etc., il n'a négligé strictement aucun domaine. Au bout de 15 années de travail acharné, il a dressé le tableau des habitants des quatre coins du Ciel en rédigeant la fiche de plus 4.000 Anges, Archanges, Dominations, Vertus, Puissances, Trônes, Principautés, Chérubins et Séraphins, sans jamais tenir compte de la distance qui les sépare du Trône de Dieu.

Le Principe de Lucifer

le livre « phénomène » sur la violence de Howard Bloom

www.jardindeslivres.com/05bloom1.htm

468 p., «*Du caviar pour l'esprit*», «*Le livre qui fait sensation*». Les lecteurs seront émerveillés par le miroir que Bloom tend à la condition humaine et fascinés par la masse éclectique de données qui surgissent avec la grâce et la furieuse intensité de la volée d'une balle de tennis. Son style est attirant, plein d'esprit et vif. Il se repose sur une douzaine d'années de recherches dans une véritable jungle de spécialités universitaires diverses... et prouve méticuleusement chaque information...» **The Washington Post** Un immense plaisir à lire et débordant d'informations fantastiques. **The New York Review of Books** «Ce livre couvre un sujet que les sources plus timides et plus conventionnelles n'osent pas confronter: la nature et les causes de la violence humaine.. vigoureux.. fervent... une théorie fraîche et viable sur l'évolution de l'humain social». **The Washington Times** «Le travail de Bloom rassemble une telle quantité d'évidence, qu'il rappelle «l'Origine des Espèces» de Darwin». **Wired** «Provoquant... explosif... fringuant... un assemblage de grenades rhétoriques qui remettent en cause nos innombrables formes de satisfaction de soi». **The Boston Globe** «Howard Bloom bouleverse toutes nos idées préconçues, et au passage libère notre manière de penser, nous permettant de voir le monde différemment».**Los Angeles Weekly** «Le tour de 'science' et d'histoire de Howard Bloom Bloom est fascinant... une idée grandiose, extraordinaire» **The Detroit Free Press** «Elegant... Un dîner quatre étoiles pour le cerveau... Une nouvelle vision révolutionnaire de la nature humaine... Un travail monumental d'un penseur merveilleux et original. Tout simplement extraordinaire». Newark Star-Ledger. «Un regard philosophique sur l'histoire de notre espèce, qui alterne entre le fascinant et l'effrayant. Le lire fut comme lire du Stephen King. Je n'ai pas pu le poser. Exceptionnel». **Rocky Mountain News** «Howrad Bloom a un telle maîtrise de se son sujet, et une telle facilité à communiquer de manière attrayante que ce livre est quasiment enivrant... L'Histoire entre les mains de Bloom devient tellement excitante qu'on en devient sceptique. Mais chaque exemple d'information difficile à croire, comme par exemple ces 30.000 Japonais qui se sont suicidés en sautant d'une falaise d'Okinawa, est soutenue par les sources en annexes. On y trouve également une bibliographie impressionnante. Howard Bloom nous a fait une faveur: son livre passionnant et quelque peu choquant pulse avec des ponctions bizarres dans l'histoire, la sociologie, et l'anthropologie» **The Courier-Mail** «Un travail fascinant. La théorie de Howard Bloom peut être résumée de la manière suivante: Premièrement les replicateurs (les gènes par

exemple) qui produisent leur matière si facilement de façon exponentielle que le résultat à leur bout, entre autre, c'est moi, c'est vous. Deuxièmement, les êtres humains, comme toutes les formes de vie des mongeese aux singes, existent à l'intérieur d'un superorganisme: Nous sommes, dit Bloom, des composants jetables d'un être plus important que nous mêmes. Troisièmement, les Memes, ces grappes d'idées qui se répliquent d'elles-mêmes, devenues la colle qui maintient les civilisations. Quatrièmement, le réseau neuronal, le groupe de pensée qui nous transforme en une massive machine d'apprentissage. Enfin, le dernier point, l'ordre de préséance qui existe chez les hommes, les singes, les guêpes et même les nations qui explique pourquoi le danger des barbares est réel, et pourquoi les idées de notre politique étrangère sont souvent fausses». **Los Angeles Village View** «Un livre dérangeant (...) de la nourriture pour l'esprit, plutôt que raison de désespoir». **Booklist** «Saisissant... Habile... Gracieux... Howard Bloom est quelque chose qu'on ne rencontre plus beaucoup de nos jours: un esprit universel. Le principe de Lucifer est vraiment épatant à lire, ce type de livre qui donne l'envie d'attraper le téléphone pour avoir une bagarre avec l'auteur pratiquement toutes les trois pages, simplement pour voir ce qui va se passer... Hérétique... Enervant... Divertissant et engageant, ce qui est - selon ma définition - une bonne description d'un compagnon agréable». **The Phœnix** «Se repose solidement sur des preuves biologiques et anthropologiques pour montrer que les êtres humains ne sont pas par nature des individualistes, ou des isolés, mais qu'au contraire ils ont une puissante et naturelle inclinaison pour le groupe social, et que la plupart de la violence et de la cruauté qui a caractérisé l'histoire humaine est ancrée dans la compétition entre groupes pour le statut (social) et la domination». **Foreign Affairs** «Le Principe de Lucifer est devenu une sensation 'underground' dans les communautés scientifiques et littéraires». **The Independent Scholar** «Le Principe de Lucifer est devenu l'un des livres de sciences le plus influent depuis sa publication, salué par 22 scientifiques de renommée mondiale comme étant un ouvrage majeur. Le livre est tellement annonté, mais facile à lire, et accessible - une preuve du talent d'écrivain de Bloom-. Peu de livres changent votre vie ou vos concepts de la vie de cette manière. Mais celui-ci, oui, définitivement». **Disinfo.com.** «Howard Bloom a écrit une «Histoire du Monde» avec un nouveau point de vue reposant sur la structure psychologique et les prédispositions naturelles de la pensée humaine. Son récit est une formidable alternative à celles qui reposent sur des assomptions politiques ou théologiques». **Pr. Horace Barlow, Royal Society Research Cambridge University** «Le livre de Howard Bloom est puissant, provoquant, un plaisir à lire, et, j'espère, qu'il a au moins à moitié tort». **Pr. Ellen Langer, PhD, Prof. Psychology Harvard University** «Un summum de l'écriture. L'un des meilleurs livres contemporains que j'aie lus». **Pr. Paul C. Edwards Stanford University** «Un puissant outil de réflexion, complexe et ambitieux, franc, avec une capacité exceptionnelle à intégrer, à travers un incroyable spectre d'informations scientifiques. Je me suis retrouvé moi-même avec des «Ahhh» et des «Ohhh». **LE TOME 2 EST SORTI**

Bon de Commande (France métropolitaine uniquement)

Titre	Prix	Q	Ss-Total
La Divine Connexion	19,9		
Le Contact Divin	19,9		
La Vierge du Mexique	21		
La Vierge de l'Egypte	21		
Voie Express Paradis	19,9		
L'Explorateur de l'Au-delà	19,9		
Derrière les portes de la Lumière	19,9		
Le Livre Mystérieux de l'Au-Delà	22,7		
Enquête Anges Gardiens 600 p.	28,8		
Enoch, Dialogues avec Dieu	22,7		
Le Livre des Secrets d'Enoch	22,7		
Biographie de Gabriel	22,7		
Mondes en Collision	22,7		
Les Grands Bouleversements Terr.	22,7		
Le Désordre des Siècles	22,7		
La Race de la Genèse	22,7		
Le Principe de Lucifer	22,7		
Le Principe de Lucifer T2	22,7		
Hiver Cosmique	22,7		
Jésus le Nazaréen	24,9		
Rome	24,9		
Encyclopédie Mysticisme T1	30		
Encyclopédie Mysticisme T2	30		
Le Mensonge Universel	19,9		
Saint Jude	19,9		
Le Grand Dérèglement du Climat	19,9		
Le Dictionnaire des Anges 660 p	29,9		
L'Escholier de Dieu	24,9		
L'Etrusque	24,9		
Le Serviteur du Prophète	24,9		
ss-total:			
Frais de port : 2,90 Euro pour le 1er livre, + 1 Euro pour le 2e et +0,5 E pour le 3e.	Gratuit à partir de 4 livres		
TOTAL:			

Les envois sont faits en toute sécurité avec *Colissimo*

Votre Prénom et Nom : ______________________________

Votre Adresse : ____________________________________

Code Postal : __________ Ville : ______________________

Un téléphone (au cas où) : ___________________

Observations particulières : ___________________________

Visa CB Mastercard : ____ ____ ____ ____ Exp : ____

Les 3 derniers chiffres au dos : ___

Si vous le souhaitez, votre chèque peut être encaissé en fin de mois, dans ce cas n'oubliez pas de l'indiquer.

Renvoyez ce bon (ou recopiez que les titres qui vous intéressent) avec votre règlement à l'adresse suivante:

Le Jardin des Livres
243 Bis Blvd Pereire 75857 Paris Cedex 17

Tél : 01 44 09 08 78

Recevez notre catalogue couleurs sur le web, par lettre, ou par téléphone : 01 44 09 08 78

Vous pouvez lire les livres et les commander sur notre site sur Internet avec plus de 1400 pages à lire sur :

www.lejardindeslivres.fr

Achevé d'imprimer en janvier 2009
sur les presses de l'imprimerie Barnéoud
pour le compte des éditions Le jardin des Livres
Boîte Postale 40704, Paris 75827 Cedex 17
Dépôt Légal : janvier 2009
N° d'édition : ED0109